普通高等教育"十四五"规划教材

冶金工业出版社

材料类学科专业课程思政案例集

汤玉斐　刘照伟　赵康　编著

北　京
冶　金　工　业　出　版　社
2025

内 容 提 要

本书基于我国材料类学科专业人才培养的需求和特征,结合西安理工大学材料学院课程思政的具体教学实践,充分挖掘了多门本科与研究生专业课的思政元素,总结和凝炼出 60 个材料类学科专业课程思政案例,旨在深入探讨高校课程思政的核心价值与实践路径,并通过丰富多样的材料类学科专业课程思政案例,展现思想政治教育与专业课程教学有机结合的无限可能,在传授知识的同时,潜移默化地引导学生具备家国情怀和创新意识,养成不畏艰难、勇攀高峰的追求精神,形成严谨认真、追求卓越的科学素养。

本书可供高等院校材料类学科专业的师生阅读,也可供从事课程思政设计的教师和研究人员参考。

图书在版编目(CIP)数据

材料类学科专业课程思政案例集/汤玉斐,刘照伟,
赵康编著. -- 北京:冶金工业出版社,2025. 6.
(普通高等教育"十四五"规划教材). -- ISBN 978-7
-5240-0158-4

Ⅰ. TB3;G641

中国国家版本馆 CIP 数据核字第 20250PU706 号

材料类学科专业课程思政案例集

出版发行	冶金工业出版社	**电　话**	(010)64027926
地　　址	北京市东城区嵩祝院北巷 39 号	**邮　编**	100009
网　　址	www. mip1953. com	**电子信箱**	service@ mip1953. com

责任编辑　郭冬艳　美术编辑　吕欣童　版式设计　郑小利
责任校对　梅雨晴　责任印制　禹　蕊
北京富资园科技发展有限公司印刷
2025 年 6 月第 1 版,2025 年 6 月第 1 次印刷
787mm×1092mm　1/16;12.5 印张;301 千字;187 页
定价 80.00 元

投稿电话　(010)64027932　投稿信箱　tougao@cnmip. com. cn
营销中心电话　(010)64044283
冶金工业出版社天猫旗舰店　yjgycbs. tmall. com
(本书如有印装质量问题,本社营销中心负责退换)

前　言

在当今这个充满活力的时代，高等教育正站在一个新的起点上，其中，课程思政教育扮演着不可或缺的角色。它对于塑造德才兼备的社会主义建设者和接班人，具有深远的影响。正如党的二十大报告所强调的："用社会主义核心价值观铸魂育人，完善思想政治工作体系，推进大中小学思想政治教育一体化建设。"材料类学科专业，作为工程技术领域的基石，对国家的科技进步和经济发展起着至关重要的作用。因此，将课程思政教育融入材料类学科专业课程，对于培育学生的社会责任、创新精神和实践能力，显得尤为重要。

本书的作者依托国家级课程思政示范教学团队、全国党建工作样板支部、陕西省优秀教学团队，结合多年在材料类学科专业领域的教学和科研实践经验，以培养具有深厚家国情怀、创新精神、科研精神、文化传承和责任意识的材料类专业创新人才为核心目标，提出了专业课程思政教育的教学理念、教育目标、评价标准及实施策略。本书旨在实现从理论到实践的跨越，从教学设计到教学反思的深化，并特别增加了延伸阅读部分，为一线教师在课程思政教学的设计与实践中提供理论支撑和具体指导。

本书由西安理工大学汤玉斐、刘照伟和赵康共同编写。其中，汤玉斐负责第1、4、7、8章的编写，刘照伟负责第3、5、6、9章的编写，赵康负责第2、10章的编写。此外，张国君、陈文革、李均明、武涛、田娜、宫溢超、孟庆男、焦华、谭长生、潘艳、王涛、于晓婧等多位任课教师为本书提供了丰富的案例资料。博士研究生钟欢、雷留名，硕士研究生罗紫芸、王思怡、何雨璇、卢佳欣，以及本科生矫谨泽、景灏、李湃等也参与了本书的课程思政案例编写和校对工作。

在本书的编写过程中广泛参考了相关文献资料和网络资料，在此向其作者表示最诚挚的感谢。

由于编者水平所限，书中不足之处，敬请同行专家和读者批评指正。

编著者

2024 年 11 月

目　　录

1 绪 论

　　课程思政在高校中扮演着至关重要的角色，它不仅仅是传授知识的工具，更是塑造学生价值观、人生观和世界观的重要途径。思想政治教育与专业课程教学相结合，旨在培养学生的综合素质，包括正确的价值观念、强烈的社会责任感和前瞻性的创新精神。这种教育模式强调全员、全过程、全方位的育人理念，确保学生在各个学科领域都能接受到思想政治教育的熏陶。课程思政教育是一个全面、深入、持续的过程，它要求教师和学生共同努力，通过多样化的教学方法和学习策略，实现知识传授与价值引领的有机统一，培养出德才兼备、全面发展的社会主义建设者和接班人。课程思政案例的思维导图，见图 1-1。

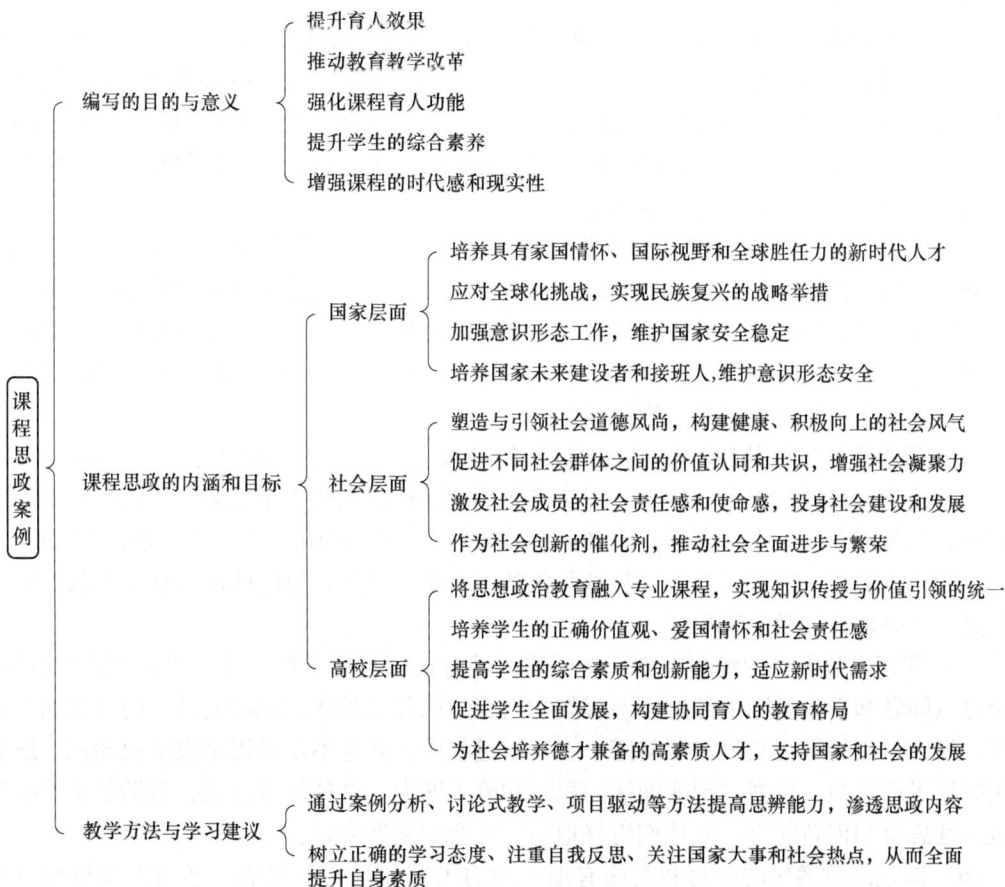

图 1-1　课程思政案例的思维导图

1.1　编写的目的与意义

编写高校课程思政案例的目的在于将思想政治教育与专业课程教学有机结合，通过潜移默化的方式，将价值观教育融入知识传授的全过程，提升育人效果。这一过程不仅仅是简单的知识传递，而是通过引导学生在学习专业知识的过程中，树立正确的价值观、人生观和世界观，从而实现德才兼备的人才培养目标。

课程思政强调以课程为载体，将思想政治教育融入各个学科教学中，做到润物细无声，使学生在潜移默化中受到思想政治教育的熏陶。通过课程思政案例的编写和实施，可以帮助教师更好地挖掘和利用各类课程中的思想政治教育资源，推动教育教学的创新与改革，提升课程的育人功能。

（1）编写课程思政案例旨在提升高校的育人效果。高校的核心任务不仅仅是传授专业知识，更重要的是育人，因此，将思想政治教育与专业课程紧密结合，可以在学生掌握专业知识的同时，引导他们形成正确的价值观。这种育人效果的提升，不是通过强制性的政治学习来实现的，而是通过课程内容的潜在引导，使学生在接受专业教育的同时，逐渐形成科学的世界观、人生观和价值观。

（2）课程思政案例的编写有助于推动教育教学改革。随着时代的发展，传统的教育模式已不能完全适应新时期人才培养的需求。通过编写和实施课程思政案例，教师可以在课程设计、教学内容和教学方法上进行创新，探索更加符合学生认知规律和成长需求的教学方式。这种改革不仅能够提高课堂的吸引力和教学效果，还能够使思想政治教育更加生动、具体，增强学生的认同感和参与感。

（3）课程思政案例的编写有助于强化课程的育人功能。在高校教学中，每一门课程都承载着专业知识传授的使命，但同时也具有育人功能。通过编写课程思政案例，教师可以深入挖掘各门课程的思政元素，将其融入到教学过程中，使课程教学不仅仅是知识的传递，更是价值观的引导和思想的塑造。这样的教学模式，可以更好地发挥课程的育人功能，实现知识传授与价值引领的有机结合。

（4）课程思政案例的编写和实施有助于促进教师队伍建设。教师是课程思政的关键，教师的政治素养、教学能力和育人意识直接影响到课程思政的实施效果。通过编写课程思政案例，教师需要深入理解课程内容和思想政治教育的内在联系，增强课程思政意识，提升自身的育人能力，这不仅有助于教师队伍整体素质的提高，也能够激发教师在教学中创新思路，更好地开展教学工作。

（5）课程思政案例的编写有助于增强课程的时代感与现实性。通过将国家大政方针、社会热点问题和学生实际生活融入课程教学内容，课程思政案例能够使教学内容更加贴近现实，增强学生的学习兴趣和参与感。在学习过程中，学生不仅可以掌握专业知识，还能够更好地了解社会，增强对现实问题的思考和解决能力。这种教育方式，有助于培养学生的批判性思维和创新能力，使他们更好地适应社会的发展变化。

（6）课程思政案例的编写和实施有助于助力国家和社会的发展。通过课程思政教育培养德智体美劳全面发展的社会主义建设者和接班人，能够为国家的发展和社会的进步提供坚实的人才保障和智力支持。教育的根本任务是培养人，尤其是培养德才兼备、全面发展的人才。通过课程思政的实施，可以使教育回归育人的本质，为国家培养更多具备高尚品德和专业能力的栋梁之材。

总的来说，编写课程思政案例不仅是提升育人效果的有效手段，也是推动教育教学改革、强化课程育人功能、促进教师队伍建设的重要举措。它在实现全员、全过程、全方位育人目标的过程中，培养学生的综合素养，增强课程的时代感与现实性，最终为国家和社会的发展提供有力的支持。课程思政教学模式，见图 1-2。

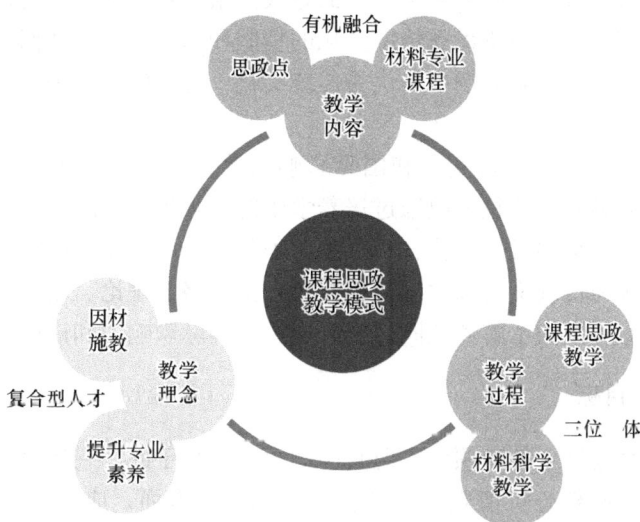

图 1-2　课程思政教学模式

1.2　课程思政的内涵和目标

1.2.1　课程思政的内涵

课程思政的内涵的深远意义不止于教育领域的革新，而是深刻关联到国家的发展大局与未来走向，它不仅是高等教育体系中的一项创新实践，更是国家为应对全球化挑战、实现民族复兴而精心布局的战略举措。

（1）课程思政肩负着培养具有家国情怀、国际视野和全球胜任力的新时代人才的重任。在全球化深入发展的今天，国家间的竞争日益激烈，而人才的竞争则是其中的核心。课程思政通过在各学科教学中融入思想政治教育，旨在引导学生深刻理解国家的历史文化、发展现状和未来愿景，激发他们的爱国情感和国家认同感，从而培养出既懂得国际规则，又具备本土情怀的复合型人才，这些人才将能够在全球舞台上代表国家发声，推动国际合作与交流，为国家的繁荣发展贡献力量。

（2）课程思政是国家加强意识形态工作、维护国家安全稳定的重要抓手。在信息爆炸的时代背景下，各种思潮和价值观纷繁复杂，对青年学生的思想观念产生了深远影响。从国家发展的角度来看，课程思政是培养国家未来建设者和接班人的重要途径，在新时代背景下，国家的发展需要一代又一代有理想、有本领、有担当的青年人。课程思政通过在各门课程中融入思想政治教育，引导学生树立正确的世界观、人生观和价值观，培养他们的爱国情怀、社会责任感和创新精神，使他们成为能够担当民族复兴大任的时代新人。

（3）课程思政注重培养学生的社会责任感和公民意识，引导他们关注社会热点问题、参与社会公益事业，为构建和谐社会、推动社会进步贡献力量。

（4）课程思政承载着传承和弘扬中华优秀传统文化的重要使命。中华优秀传统文化是中华民族的精神命脉和宝贵财富，对于增强民族自信心、凝聚人心、推动社会进步具有重要意义。课程思政通过深入挖掘各学科中的思政元素，将中华优秀传统文化融入教学过程中，引导学生了解和学习中华优秀传统文化的精髓和内涵，培养他们的文化自信和民族自豪感，这不仅有助于传承和弘扬中华优秀传统文化，还能够推动中华文化的创新发展和国际传播。

（4）课程思政是提升国家软实力和国际影响力的重要途径。在全球化的今天，国家间的交流与合作日益频繁。课程思政通过培养学生的国际视野和跨文化交流能力，使他们能够更好地适应国际社会的发展变化，积极参与国际竞争与合作。同时，课程思政还注重引导学生了解中华优秀传统文化和中国特色社会主义道路、理论、制度、文化等方面的优势，增强国际社会对中国的了解和认同，提升中国的国际影响力和话语权。

1.2.2　课程思政的目标

课程思政，虽然起源于教育领域，但其影响力远不止于此。它通过倡导和践行社会主义核心价值观，将这些核心价值观融入社会生活的各个方面，成为引导社会成员行为规范、塑造社会风气的重要标尺。这种融入，不仅仅是通过学校的课堂教育来实现，更通过媒体宣传、文化活动、社区服务等多元化的渠道，渗透到社会的每一个角落。

在高校教育体系中，课程思政的内涵被赋予了更为深刻与丰富的意义，它不仅是传统思想政治教育在课堂上的延伸，更是高等教育全面育人理念的重要体现。高校作为人才培养的摇篮和思想文化的高地，课程思政在这里扮演着塑造学生价值观、提升综合素质、促进学科交叉融合的关键角色。深化思政教育，融入专业课程是课程思政的核心，在高校这一知识与思想的殿堂中，课程思政不仅是对传统思想政治教育模式的一次深刻变革，更是高等教育向全面育人、深度育人目标迈进的坚实步伐。

高校课程思政的目标是将思想政治教育融入到各类专业课程的教学过程中，实现知识传授与价值引领的有机统一，培养德智体美劳全面发展的社会主义建设者和接班人。在新时代背景下，课程思政不仅仅是高校思想政治理论课的任务，更是各类专业课程的重要组成部分，旨在通过"润物细无声"的方式，把思想政治教育贯穿于每一门课程之中，让学生在潜移默化中接受思政教育，培养正确的世界观、人生观和价值观。

（1）培养学生的正确价值观。在现代社会，价值观的多元化和复杂化对青年学生的思想产生了深刻影响，高校教育不仅要传授专业知识，更要引导学生形成正确的价值判断和选择，树立积极向上的人生目标。通过课程思政，教师在教授专业知识的同时，结合实际案例和社会热点问题，引导学生思考和讨论人生的意义、社会责任、道德规范等问题，使学生在学习过程中内化正确的价值观念。

（2）培养学生的爱国情怀和社会责任感。在全球化背景下，青年学生面临着多元文化的冲击和价值观的挑战，高校教育有责任增强学生的文化自信和民族自豪感。通过课程思政，教师可以在讲解专业内容时，融入中华优秀传统文化、革命文化和社会主义先进文化的元素，引导学生感受中国文化的深厚底蕴和独特魅力，增强他们的民族认同感。同时，课程思政还强调培养学生的社会责任感，鼓励他们积极参与社会实践，关心国家发展，树立为国家和社会奉献的信念。

（3）提高学生的综合素质和创新能力。新时代对高素质创新型人才的需求越来越迫切，高校作为人才培养的主阵地，必须肩负起培养学生创新精神和实践能力的责任。课程思政通过将思想政治教育内容与专业知识相结合，使学生在学习过程中既能掌握扎实的专业知识，又能培养批判性思维和创新能力。

（4）促进学生全面发展。高校教育不仅是知识的传授，更是人的全面发展的重要阶段。课程思政强调"德育为先、能力为重、全面发展"的教育理念，致力于培养学生的综合素质，通过课程思政，教师在传授知识的同时，注重培养学生的思想道德素质、科学文化素质、身体素质和心理素质。课程思政不仅要求学生掌握专业知识和技能，还要具备良好的心理素质和健全的人格，能够在未来的学习、工作和生活中正确处理各种关系和矛盾，具备良好的沟通能力、团队合作精神和社会适应能力。

（5）构建协同育人的教育格局。课程思政不仅是某一门课程的任务，而是高校教育体系的整体要求。实现这一目标，需要全校上卜共同努力，形成全员育人、全过程育人、全方位育人的教育格局。

总之，高校课程思政的目标是实现全员、全过程、全方位育人，将思想政治教育贯穿于各类专业课程的教学过程中，培养学生的正确价值观、爱国情怀、社会责任感和综合素质，促进学生全面发展，为国家和社会培养德才兼备的高素质人才。在未来的发展中，高校课程思政将继续探索创新，为新时代中国特色社会主义事业培养更多合格的建设者和可靠的接班人。

1.3　教学方法与学习建议

1.3.1　教学方法

课程思政教学方法与学习建议应围绕如何将思政教育内容有效地融入各类课程的教学过程中展开，以最大限度地发挥各类课程在学生思想政治教育中的积极作用。

（1）在教学方法中，教师首先应当充分认识到课程思政的重要性，并在教学设计中主动考虑如何将思政内容融入课程教学，这需要教师在备课时不仅关注知识点的讲授，还要注重对思政元素的挖掘，将其有机地与课程内容结合起来。例如，教师可以在授课过程中，通过讲述学科相关的历史发展、重大科技成果背后的科学精神或社会影响等，引导学生思考这些内容背后的思想政治内涵，进而在潜移默化中增强学生的爱国情怀和社会责任感。

（2）在教学过程中，教师应注意教学语言和教学态度的示范作用，教学语言是教师在课堂上进行教学的工具，也是教师传递思想政治内容的重要载体。因此，教师应当使用准确、得体的语言来表达思想政治教育内容，使其能够自然地融入课程教学中。教学态度则是教师通过自身的言行举止，向学生传递正确的价值观和人生观，因此，教师应以身作则，言行一致，用实际行动影响学生，引导他们树立正确的思想政治观念。

（3）在教学建议方面，教师应加强自身的思想政治修养，不断提高自身的思想政治素质，只有教师自身具备了良好的思想政治素质，才能在教学中有意识地将思政内容融入课程教学中，并能够通过言传身教对学生产生积极的影响。此外，教师应加强对课程思政相关理论的学习，了解如何在各类课程中有机融入思想政治教育内容，从而在教学中得心应手。

（4）在课程设置上，学校应重视各类课程与思想政治教育结合的程度，将其作为课程评价的重要指标之一，学校应在课程设置时，注重学科课程与思想政治教育的有机结合，合理安排课程内容，使其既能够满足专业知识的传授要求，又能够发挥思想政治教育的作用。此外，学校还应加强课程思政的督导与评价，通过多种形式的评价机制，如课堂观察、学生反馈等，及时了解课程思政的实施效果，并根据反馈不断改进和优化教学方法。

（5）在实施过程中，教师还应注重学生的主体性，充分发挥学生的主动性和创造性。学生是课程思政的受众，也是课程思政的主体，因此，教师在教学过程中应注重引导学生参与课程思政的内容设计与讨论，让学生在参与中加深对思想政治内容的理解和认同。教师还可以通过设置具有挑战性的问题，激发学生的思维，引导他们在解决问题的过程中自觉地将思想政治内容融入思考中，从而提升课程思政的实效性。

总之，课程思政作为新时代思想政治教育的重要形式，要求教师在教学过程中主动将思政内容融入各类课程的教学中，通过多种教学方法和手段，达到知识传授与价值引领的目的。在这一过程中，教师不仅要具备良好的思想政治素质，还要善于运用多种教学方法，将思想政治内容自然地融入课程教学中，最终实现全员、全程、全方位育人的目标。同时，学校应通过提供资源支持和政策保障，促进课程思政的有效实施，从而全面提升学生的思想政治素质和社会责任感。

1.3.2 学习建议

关于课程思政的学习建议，学生是主体，他们的积极参与和深入思考对于实现思想政治教育的目标至关重要。

（1）树立正确的学习态度。课程思政不仅仅是理论知识的学习，更是一种价值观念的培养和实践能力的锻炼。学生应该认识到学习思政课程的重要性，将其视为个人成长和未来职业发展的重要组成部分。通过积极主动地参与课程学习，学生可以更好地理解和吸收课程内容，形成正确的世界观、人生观和价值观。

（2）培养批判性思维。在课程思政的学习中，学生不应该只是被动接受知识，而应该学会独立思考，对所学知识进行深入分析和批判。这不仅有助于学生更好地理解和掌握知识，还能够培养他们的创新意识和解决问题的能力。学生可以通过课堂讨论、小组合作、撰写论文等方式，锻炼自己的批判性思维。

（3）注重理论与实践的结合。课程思政的学习不应该局限于课堂，学生应该将所学知识应用到实际生活中，通过参与社会实践、志愿服务等活动，将理论知识转化为实际行动。这样的实践活动不仅能够加深学生对课程内容的理解，还能够帮助他们培养社会责任感和团队合作精神。

（4）学会跨学科学习。在当今多元化的社会中，许多问题都需要跨学科的知识来解决。学生应该利用课程思政的学习机会，拓宽自己的知识视野，学习不同学科的知识，培养跨学科的思维能力。这不仅有助于学生更好地理解复杂的社会现象，还能够为他们未来的学术研究和职业发展打下坚实的基础。

（5）注重自我反思。在课程思政的学习过程中，学生应该定期对自己的学习进行反思，思考自己的学习目标、学习方法和学习效果，以及如何将所学知识应用到实际生活中。通过自我反思，学生可以更好地认识自己，明确自己的发展方向，不断调整和优化自己的学习策略。

（6）与教师、同学进行频繁的交流和讨论。学生应该学会有效沟通，有效的沟通能力不仅能够帮助学生更好地表达自己的观点，还能够促进他们与他人的合作和交流。学生可以通过课堂发言、小组讨论、学术报告等方式，锻炼自己的沟通能力。

（7）培养终身学习的习惯。在知识更新迅速的今天，终身学习已经成为每个人必备的能力。学生应该将课程思政的学习视为终身学习的一部分，不断更新自己的知识体系，适应社会的发展变化。通过阅读书籍、参加讲座、上网课程等方式，学生可以持续地丰富自己的知识储备。

（8）关注国家大事和社会热点。课程思政的学习不仅仅是学习书本知识，更重要的是关注国家的发展和社会的进步。学生应该通过阅读新闻、关注时事、参与社会讨论等方式，了解国家政策和社会动态，增强自己的社会责任感和历史使命感。

课程思政案例的引入方式，如图 1-3 所示。

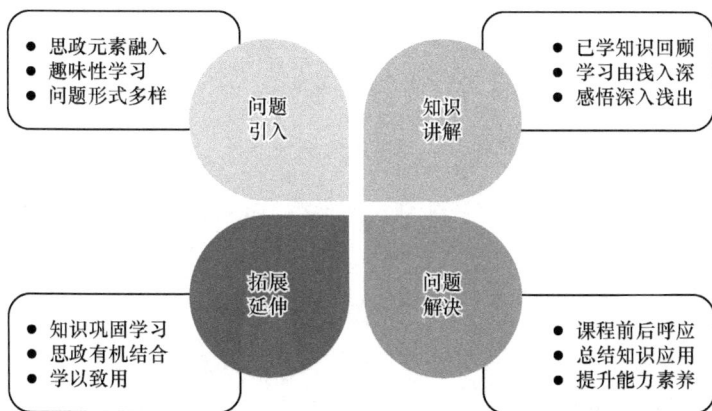

图 1-3 课程思政案例的引入方式

综上所述，课程思政的学习是一个全面、深入、持续的过程。学生应该通过树立正确的学习态度，培养批判性思维，注重理论与实践的结合，学会跨学科学习，注重自我反思，学会有效沟通，培养终身学习的习惯，以及关注国家大事和社会热点，全面提升自己的思想政治素质和综合能力。通过这样的学习，学生不仅能够更好地掌握知识，还能够为成为德才兼备的社会人才打下坚实的基础。

思 考 题

1. 在当今社会的快速发展和全球化背景下，如何通过课程思政教育有效地引导学生在学习专业知识的同时，树立正确的世界观、人生观和价值观？

2. 请结合国家、社会、高校三个层面，思考并阐述课程思政在培养新时代人才中的重要性。

3. 如何在你的专业课程中有效融入思想政治教育，使学生在学习专业知识的同时，提升其社会责任感和道德素质？

2 课程思政的理论基础

课程思政作为一种新的教育理念，是新时期加强高校人才培养和思想政治教育的新要求、新举措、新方向，从根本上回应了"为谁培养人、培养什么样的人、怎样培养人"等重大理论与实践问题。近年来，课程思政逐步在高等学校推行和实施，强调以德树人为目标，以"全员、全程、全方位"育人为引领，推进各类专业课程与思想政治理论课同向同行。课程思政建设的基础在课程，根本在思政，重点在课堂，关键在教师，成效在学生。高校要通过专业课程的课堂教育进行思想政治教育，将协同育人功效植入整个课程体系中，不能忽视专业课程所发挥的思想政治教育作用。在高校课程体系当中，专业课程是增长知识、培养人才的最重要载体，在各类课程中体现着思想政治教育元素，能够实现最广泛也最具有针对性的思想政治教育。课程思政的理论基础思维导图，见图 2-1。

2.1 思想政治教育的重要性

课程思政在国家、社会和高校层面都具有重要意义。从国家层面来看，课程思政有助于培养合格的社会主义事业接班人，这直接关系到国家的未来和命运。在新时代背景下，国家需要的不仅仅是掌握专业知识技能的人才，更需要具有坚定理想信念、高尚道德情操、深厚家国情怀和强烈社会责任感的人。课程思政通过将思想政治教育有机融入各类课程，帮助学生在获得专业知识的同时，也能够深刻理解并认同社会主义核心价值观，继承和弘扬中华优秀传统文化、革命文化和社会主义先进文化。

从社会层面来看，课程思政在促进社会和谐稳定方面具有重要作用。它通过系统地将思想政治教育融入高等教育体系，不仅关注个体的成长与发展，更关注社会整体的和谐与稳定。通过强调社会主义核心价值观的培育和践行，课程思政为学生构建了坚实的道德基石和价值导向，引导学生树立正确的道德观念和价值取向。这种价值观引导有助于减少社会矛盾和冲突，构建和谐的人际关系，为社会稳定奠定坚实的道德基础，此外，课程思政还注重培养学生的社会责任感和历史使命感，通过社会实践和志愿服务等活动，引导学生将个人理想融入国家发展大局，为社会的和谐稳定和可持续发展贡献力量。

从高校层面来看，课程思政有助于提高人才培养质量，在高等教育迈向高质量发展的新时代背景下，培养具有高度社会责任感、创新精神和实践能力的复合型人才成为教育工作的核心任务。课程思政作为这一目标的重要抓手，通过将思想政治教育融入专业课程教学的全过程，使学生在掌握专业知识的同时，也能够接受正确的价值观引导，塑造健全的人格和良好的道德品质。

课程思政的理论基础

思想政治教育的重要性 —— 融合

国家层面
- 培养合格的社会主义事业接班人，关系国家未来和命运
- 培养具有坚定理想信念、提升国家软实力和国际影响力
- 增强文化自信，提升国家软实力和国际影响力
- 继承和弘扬中华优秀传统文化、革命文化和社会主义先进文化

社会层面
- 促进社会和谐稳定，减少社会矛盾和冲突
- 引导学生树立正确的道德观念和价值取向，构建和谐人际关系
- 培养学生的社会责任感和历史使命感，为社会和谐稳定和可持续发展贡献力量
- 提升公民素质，支撑社会文明进步

高校层面
- 提高人才培养质量，创新精神和实践能力的复合型人才
- 推动高等教育教学质量提高，注重学生全面发展
- 促进教学模式变革，更新教育观念，创新教学方法
- 构建全面覆盖、类型丰富、层次递进、相互支撑的课程思政体系
- 营造浓厚的育人氛围，提升教师的育人意识和能力
- 激发教育的内在活力，鼓励教师创新教学，培养创新精神和实践能力

专业教育 —— 融合
- 课程内容整合
- 教学方法创新
- 实践环节优化
- 师资队伍建设
- 综合素质培养
- 教育目标实现

案例教学法的应用

定义
- 案例教学法是一种通过分析典型案例，提升学生分析和解决问题能力的教学方式

重要意义
- 结合理论与实践，提高学生的学习兴趣与参与度
- 培养学生的批判性思维、沟通能力和团队协作能力
- 促进学生自主观念认同和价值情感认同的形成
- 加强学生的社会责任感

具体方法
- 精心挑选或设计具有时代性、针对性和启发性的案例
- 准备充分的案例材料，如背景、信息、数据、图片、视频等
- 鼓励学生自我反思，检视个人价值观念和行为模式
- 培养学生的社会责任感和历史使命感，激发为国家和社会奉献的热情，会需求奋斗的热情

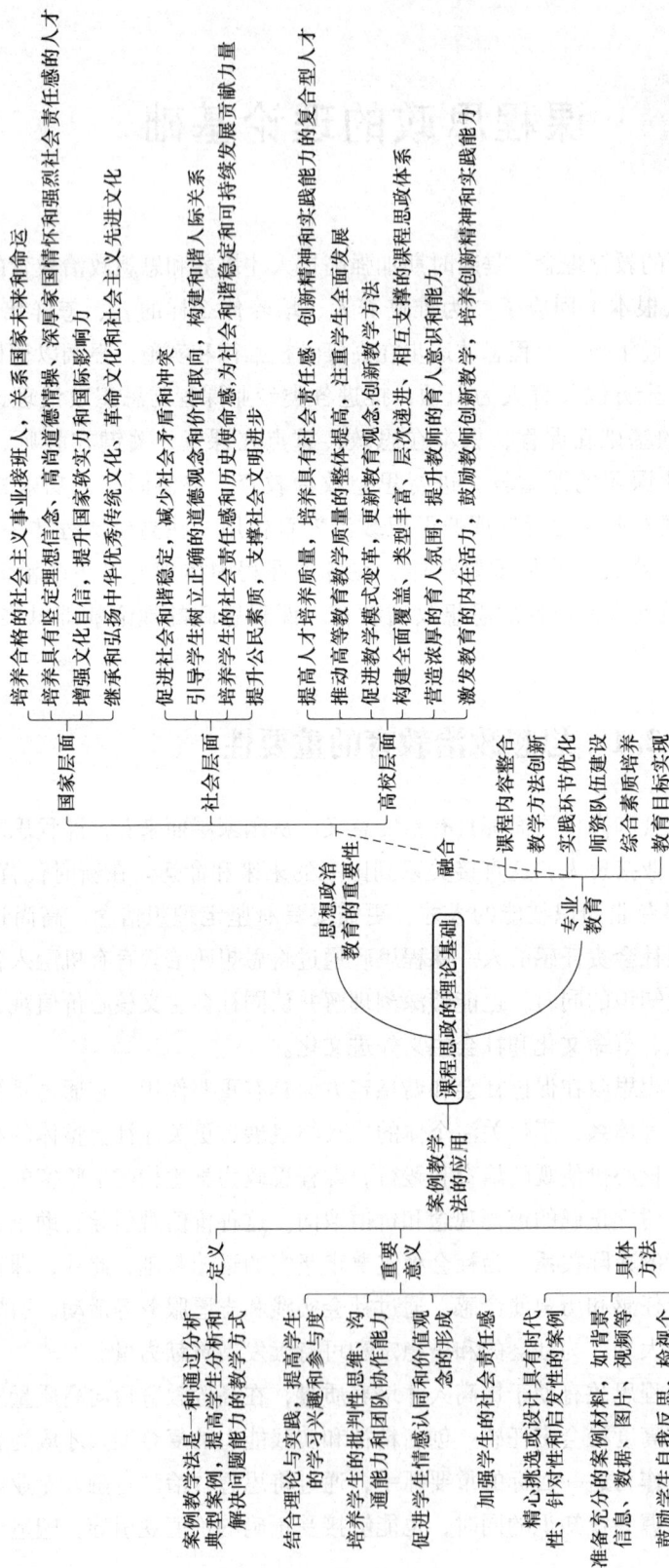

图 2-1　课程思政的理论基础思维导图

2.2　课程思政与专业教育的融合

在新时代教育改革的背景下，课程思政成为推动高等教育质量提升的重要举措。它不仅关注知识的传授，还注重价值观的引领，旨在将思想政治教育与专业课程紧密结合，形成全方位育人的教育模式。对于材料专业教育而言，课程思政的有机融合具有深远的意义，这不仅能够提升学生的思想道德素养，还能促进其对材料科学的深入理解和社会责任感的培养。课程思政与教育融合的方式，见图2-2。

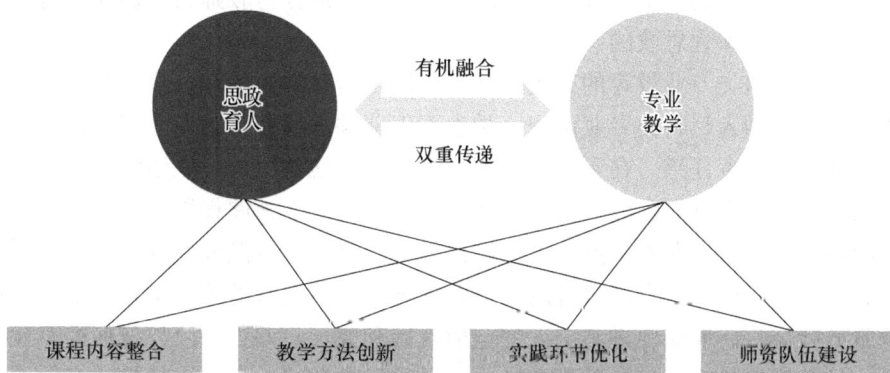

图 2-2　课程思政与教育融合的方式

材料类专业主要包括材料科学与工程、材料物理、材料化学等，其教育目标是培养掌握材料基础理论和应用技术的专业人才。材料科学涉及的内容广泛，包括材料的结构、性能、加工与应用等方面。材料类专业的学生需要具备扎实的理论知识和实践能力，同时还需要具备创新精神和解决实际问题的能力。材料类专业教育的特点包括以下几点：首先，材料科学具有较强的应用性和实践性，学生不仅需要学习理论知识，还需要通过实验和工程实践来加深理解。其次，材料科学的前沿研究与国家发展密切相关，涉及能源、环境、国防等多个领域，因此，材料类专业的学生需要具备较强的社会责任感和创新能力。最后，材料科学的进步往往依赖于技术的突破和应用的创新，这要求学生在学习过程中不仅掌握现有知识，还要具备不断探索和解决新问题的能力。将课程思政与材料专业教育有机融合，需要从以下几个方面着手：

（1）课程内容的整合。在材料类专业课程中融入思想政治教育内容，可以通过案例分析、专题讲座等形式，将国家发展战略、科技创新政策、社会责任等与材料科学的实际应用相结合。在研究材料的应用案例时，可以探讨这些技术如何服务于国家重大工程和社会需求，从而增强学生的使命感和责任感。

（2）教学方法的创新。在教学过程中，可以采用多样化的教学方法来实现课程思政的目标。例如，通过翻转课堂、小组讨论、社会调研等形式，鼓励学生主动思考和讨论材料科学与社会发展的关系，在实验教学中，可以设计与社会需求相关的课题，培养学生解决实际问题的能力。同时，通过引导学生参与科技创新项目，激发他们的创新精神和实践能力。

（3）实践环节的优化。材料类专业的实践环节是课程教学的重要组成部分，也是进行课程思政教育的重要途径。在实践教学中，可以将思想政治教育融入到实验设计、数据分析和项目实施等各个环节，例如，可以组织学生参观国家重大工程或高科技企业，了解材料科学在实际应用中的重要性，以及相关企业在社会责任方面的实践。通过这些实践活动，学生不仅能加深对材料科学的理解，还能认识到自身工作对社会的影响。

（4）师资队伍的建设。课程思政的有效实施离不开高素质的教师队伍，教师不仅需要具备扎实的专业知识和教学能力，还需要具备较强的思想政治素养和教育引导能力。因此，材料类专业的教师应当加强思想政治理论的学习，不断提高自身的思想政治素养，以更好地将课程思政融入到教学过程中。同时，学校也应加强对教师的培训和支持，鼓励教师在教学中积极探索课程思政的有效方法。

课程思政与材料类专业教育的有机融合，有助于培养学生的综合素质和创新能力。通过将思想政治教育融入材料类专业课程，学生不仅能够掌握扎实的专业知识，还能够树立正确的价值观和社会责任感。在参与实际项目时，学生能够更加自觉地将社会需求和国家战略目标结合起来，提升自己的创新能力和实践水平。此外，课程思政的融合还能够促进学生的全面发展，通过在课程中融入思想政治教育内容，学生能够在专业学习的同时，增强对国家和社会的认同感，提高自身的社会责任感，这不仅有助于学生在未来的职业生涯中更好地服务社会，还能够促进其个人的全面发展和成长。课程思政与材料类专业教育的有机融合，是新时代教育改革的重要举措。通过将思想政治教育融入材料类专业课程，可以有效提升学生的思想道德素养、创新能力和社会责任感。这一过程需要从课程内容、教学方法、实践环节和师资队伍等方面进行综合考虑和优化，只有通过不断探索和实践，才能实现课程思政与材料类专业教育的有机融合，培养出既具备高水平专业技能，又具备正确价值观和社会责任感的高素质人才，为国家的发展和社会的进步贡献力量。

2.3　案例教学法在思政教育中的应用

2.3.1　案例教学法的定义

案例教学法也叫实例教学法或个案教学法，是在学生掌握了有关基本知识和分析技术的基础上，根据教学的目的和要求，在教师精心策划和指导下，运用典型案例将学生带入特定场景进行分析和创作，通过学生与老师、学生与学生的双向或多向互动以及积极参与、平等对话和共同探讨，学生在独立思考或集体协作过程中，提高其识别、分析和解决某一具体问题的能力，培养学生的沟通能力和协作精神的一种教学方式。案例教学法的核心目的是通过模拟现实世界的问题和情境，帮助学生发展批判性思维、解决问题的能力以及决策技巧，案例教学法强调将理论知识与实际问题相结合，以增强学习的实用性，从而更好地理解理论知识在实际中的应用。

2.3.2　案例教学法在思政教育中应用的重要意义

案例教学法在思政教育中的应用，是一种将理论与实践紧密结合的教学策略，它通过选取具有代表性和启发性的案例，引导学生深入分析和讨论，从而实现思想政治教育的目标。这种方法能够有效地激发学生的学习兴趣，提高他们的参与度和主动性，使得抽象的思想政治理论变得具体而生动。在案例分析的过程中，学生不仅能够理解理论的内涵，还能够看到理论在实际生活中的应用，这种从实践中来到实践中去的学习方式，极大地增强了理论的实践性和指导性。

在思政教育中，案例教学法的运用，能够培养学生的批判性思维能力，这是现代教育中极为重要的一环。学生在分析案例时，需要从多个角度审视问题，这不仅锻炼了他们的思维能力，也有助于他们形成独立思考的习惯。此外，案例教学法通过模拟真实的社会情境，让学生在安全的环境中尝试不同的解决方案，接受教师和同伴的反馈，这种互动性强的教学方式，有助于提高学生的沟通能力和团队协作能力。

同时，案例教学法还能够促进学生的情感认同和价值观念的形成，通过分析和讨论具有情感共鸣的案例，学生能够更深刻地体会到社会主义核心价值观的重要性，从而在情感上产生认同。这种情感上的认同，对于培养学生的社会主义核心价值观具有重要作用，并且案例教学法通过展示不同的道德困境和价值冲突，促使学生进行道德判断和价值选择，这种过程有助于学生形成正确的世界观、人生观和价值观。

在思政教育中，案例教学法的应用还有助于加强学生的社会责任感。通过分析社会问题和公共事件的案例，学生能够更加清晰地认识到个人行为与社会的关系，从而增强社会责任感。这种责任感的培养，对于学生未来成为社会的有用之才，具有重要的意义。总之，案例教学法在思政教育中的应用，不仅能够提高教育的实效性，还能够促进学生全面发展，培养他们成为具有社会责任感和批判性思维能力的社会主义建设者和接班人，这种教学方法的运用，是思政教育现代化、科学化的重要体现，对于提高思政教育的质量和效果，具有不可替代的作用。

2.3.3　案例教学法在思政教育中应用的具体方法

在思政教育中应用案例教学法的具体实施方案，首先需要教师根据教学大纲和学生的认知水平，精心挑选或设计具有时代性、针对性和启发性的案例，这些案例可以是历史事件、社会现象、法律案例、道德困境等，旨在引导学生深入理解社会主义核心价值观和中国特色社会主义理论体系。在案例的选择上，教师应确保案例的真实性、复杂性和多样性，以激发学生的思考和讨论。

教师需要准备案例材料，包括背景信息、相关数据、图片、视频等，以丰富案例内容，增强教学的直观性和互动性。在课堂教学中，教师可以采用分组讨论、角色扮演、模拟决策等多种形式，鼓励学生积极参与，通过小组合作来分析案例、探讨问题、提出解决方案。

在讨论过程中，教师应扮演引导者和促进者的角色，适时提出问题，引导学生从不同角度思考，培养学生的批判性思维和问题解决能力。同时，教师还应鼓励学生进行自我反思，通过案例分析来检视自己的价值观念和行为模式，从而实现自我教育和自我提升。

在案例教学的评估环节，教师可以通过观察学生的表现、收集学生的反馈、分析小组讨论的结果等方式，对教学效果进行综合评价。教师还应根据评估结果，不断调整和优化案例内容和教学方法，以提高教学的针对性和有效性。在整个案例教学过程中，教师还应注意培养学生的社会责任感和历史使命感，引导学生将个人发展与国家和社会的需求相结合，激发学生为实现中华民族伟大复兴的中国梦而努力奋斗的热情。

思 考 题

1. 课程思政如何在国家、社会和高校层面发挥协同作用，以培养既具备专业能力又具有社会责任感和道德素养的复合型人才？

2. 在材料类专业教育中，如何通过课程思政的有机融合，培养学生在掌握专业技能的同时，增强他们的社会责任感和创新能力？

3. 在思政教育中，如何通过案例教学法有效激发学生的批判性思维和社会责任感，使他们能够将理论知识应用于实际社会问题的解决？

3 课程思政案例库的构建原则

课程思政案例库的组织结构和分类紧密围绕课程思政的教育目标，通过多层次、多维度的案例设计，使学生在学习专业知识的同时，能够深入理解和践行科研精神、工匠精神、文化自信、创新思维、团队协作和历史文化传承等重要价值观念。每一节的案例设计都既有明确的主题，又紧扣整体结构，形成了一个完整而有机的教育体系。课程思政案例库的构建，见图 3-1。

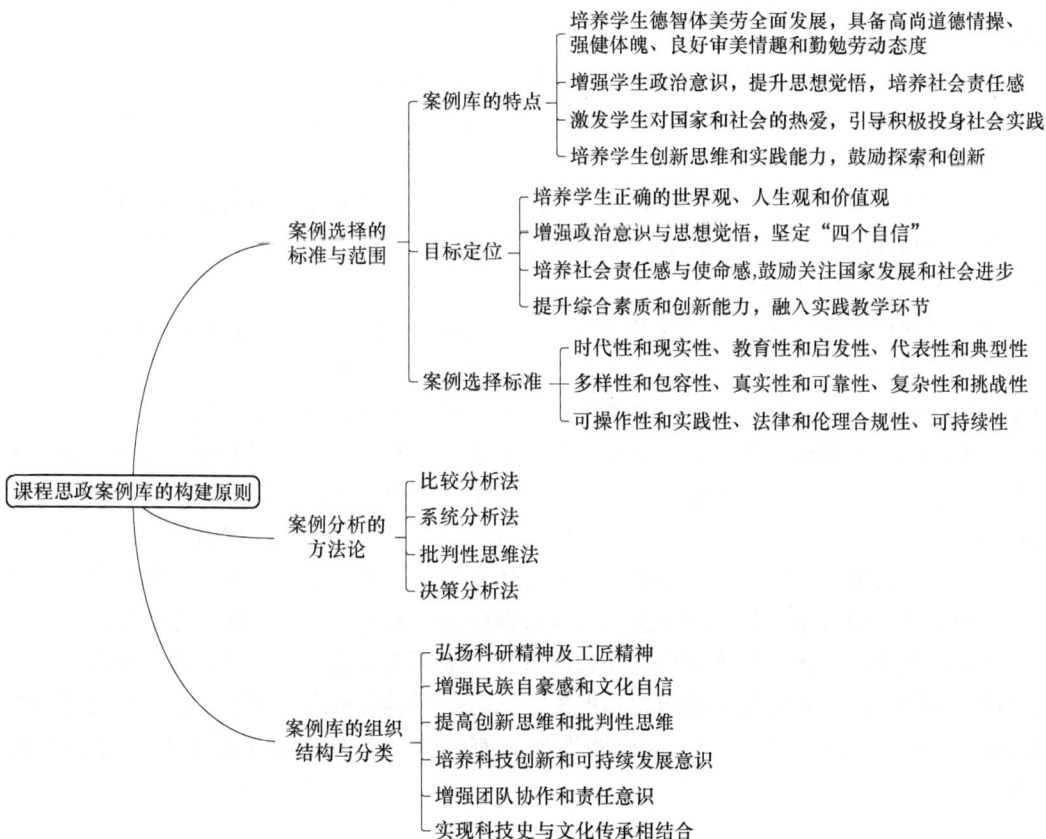

图 3-1 课程思政案例库的构建

3.1 案例选择的标准与范围

构建思想政治理论教育课程案例库是坚持社会主义办学方向、落实立德树人根本任务的重要举措，高校作为培养社会主义建设者和接班人的重要阵地，其思想政治理论教育课程体系必须坚持正确的政治方向，引导学生树立正确的世界观、人生观和价值观，确保他们成为符合社会主义事业发展需要的人才，同时，立德树人是高等教育的根本任务，而构建完善的思想政治理论教育课程案例库则是实现这一任务的关键。

首先，课程致力于培养学生树立正确的世界观、人生观和价值观，通过系统的思想政治教育，引导学生形成积极向上的人生态度，明确个人价值与社会责任的统一，使他们在面对复杂多变的社会现象时能够做出正确的价值判断。

其次，注重增强学生的政治意识与思想觉悟，通过深入学习中国特色社会主义理论体系，使学生加深对中国特色社会主义道路、理论、制度、文化的理解和认同，坚定"四个自信"，即道路自信、理论自信、制度自信、文化自信，从而成为有理想、有本领、有担当的新时代青年。

再次，强调培养学生的社会责任感与使命感，鼓励学生关注国家发展和社会进步，积极参与社会实践，将个人理想融入国家发展大局之中，为实现中华民族伟大复兴的中国梦贡献自己的力量。

最后，注重提升学生的综合素质和创新能力，在传授理论知识的同时，融入实践教学环节，帮助学生将所学知识应用于实际，提升他们的创新思维和实践能力，为未来的社会发展和个人成长打下坚实的基础。

综上所述，高校思想政治理论教育课程的目标定位是培养德智体美劳全面发展的社会主义建设者和接班人，使他们具备正确的价值观念、坚定的政治信仰、强烈的社会责任感以及出色的综合素质和创新能力。

构建课程思政案例库是一项系统而复杂的工作，它要求案例的选择既要符合教育目标，又要贴近学生实际，同时还要具有时代性和前瞻性。在案例选择的标准上，首先需要确保案例的时代性和现实性，这意味着案例应当反映当前社会的发展状况和时代特征，与学生的生活经验相贴近，能够引起学生的共鸣和思考，案例应涉及当前社会热点问题、国家重大战略、科技进步、文化发展等方面，以确保教学内容的时效性和相关性。教育性和启发性是案例选择的另一重要标准，案例应具有明确的教育目的，能够引导学生深入思考社会主义核心价值观、中国特色社会主义理论体系等思政教育的核心内容，案例应能够激发学生的思考，促进学生的价值观念和行为习惯的正向发展，从而实现教育的深远影响。

在选择案例时，还应考虑其代表性和典型性，案例应具有广泛的代表性，能够涵盖不同领域、不同层次、不同群体的问题和现象，同时，案例应具有典型性，能够代表某一类问题或现象的普遍规律和特点，这样的案例更有助于学生理解和掌握思政教育的普遍原理。

3.2   案例分析的方法论

在构建课程思政案例库的过程中，案例分析的方法论是至关重要的，它不仅关系到案例教学的有效性，还直接影响到学生分析问题和解决问题能力的培养。案例分析方法论的运用，要求教师在教学过程中引导学生深入理解案例的内涵，挖掘案例背后的意义，并在此基础上形成自己的见解和判断。

首先，案例分析应以问题导向为核心，教师需要引导学生明确案例中的关键问题，这些问题可能是道德困境、价值冲突、社会现象等。通过问题的提出，学生能够更加聚焦地分析案例，从而深入理解案例的背景、原因和可能的解决方案，问题导向的方法有助于培养学生的问题意识和解决问题的能力，使他们能够在面对复杂问题时，能够迅速识别问题并提出有效的解决策略。

其次，历史分析法在案例分析中同样重要，教师应指导学生从历史的角度审视案例，理解案例发生的历史背景和社会环境，通过对比不同历史时期的相似案例，学生能够发现历史发展的规律和趋势，从而更好地理解案例的深层含义，这种方法有助于学生建立历史意识，增强他们的历史责任感和使命感。

比较分析法也是案例分析中常用的方法之一，通过将不同案例或同一案例中的不同元素进行对比，学生能够发现它们之间的相似性和差异性，从而更全面地理解案例，比较分析法能够培养学生的比较思维能力，使他们能够在面对不同情境时，灵活运用比较的方法，找出问题的关键所在。

系统分析法则要求学生将案例视为一个整体，分析案例中的各个组成部分及其相互关系，这种方法有助于学生理解案例的内在逻辑和动态变化，培养他们的系统思维能力。在系统分析的过程中，学生需要考虑案例中的各种因素，如社会、经济、文化、政治等，以及这些因素如何相互作用，共同影响案例的发展。批判性思维法要求学生在分析案例时，不仅要接受案例提供的信息，还要对其进行质疑和反思，教师应鼓励学生提出自己的见解，对案例中的假设和论点进行批判性分析。这种方法有助于培养学生的独立思考能力，使他们能够在面对各种信息时，能够进行理性的判断和选择。

道德推理法在分析涉及道德和伦理问题的案例时尤为重要。教师应引导学生运用道德推理法，探讨案例中的道德困境和价值冲突，这种方法有助于培养学生的道德判断力和伦理意识，使他们能够在面对道德问题时，做出正确的选择。决策分析法在分析需要做出决策的案例时非常实用，教师可以指导学生运用决策分析法，评估不同决策方案的利弊和可能后果，这种方法有助于提高学生的决策能力和风险评估能力，使他们能够在面对需要决策的情况时，做出明智的选择。

案例研究法是一种深入研究特定案例的方法，要求学生通过收集和分析大量数据，全面理解案例的各个方面，这种方法有助于培养学生的研究能力和分析能力，使他们能够在面对复杂问题时，进行深入的研究和分析。

反思性学习法在案例分析的最后阶段尤为重要。教师应引导学生进行反思性学习，总结案例分析过程中的收获和不足，以及如何将所学知识应用到实际生活中。这种方法有助于促进学生的自我成长和终身学习，使他们能够在不断学习和反思的过程中，不断提高自己的能力和素质。

跨学科分析法在分析涉及多个学科领域的案例时非常有效。教师应鼓励学生运用跨学科的知识和方法进行分析，这种方法有助于培养学生的跨学科思维能力和综合分析能力，使他们能够在面对跨学科问题时，灵活运用不同学科的知识和方法，进行有效的分析和解决。

综上所述，案例分析的方法论在课程思政案例库的构建中起着至关重要的作用。教师在教学过程中应灵活运用这些方法论，根据学生的具体情况和案例的特点进行调整和优化，以确保教学效果的最大化。通过这些方法论的运用，学生不仅能够深入理解案例，还能够培养出分析问题和解决问题的能力，为他们的未来发展打下坚实的基础。

3.3　案例库的组织结构与分类

　　课程思政案例库的组织结构旨在通过一系列全面、多层次的案例，全面展现科学研究和技术创新中的社会主义核心价值观和精神力量，激发学生的爱国热情、创新思维、团队协作能力以及文化自信，本案例库围绕着几大关键主题展开，每个主题下的案例既各自独立，又相互联系，共同构成了一个有机的整体，为课程思政的目标提供了强有力的支持。

　　（1）案例库从"弘扬科研精神及工匠精神"开始，设立了多个案例，探讨了在科学研究和技术创新过程中所体现的工匠精神。这一部分的案例，例如"做事精准有度，钝化护金妙术——金属的钝化"以及"科研路漫漫，坚韧塑辉煌——微弧氧化技术"，展示了科研人员在面对复杂技术难题时所表现出的细致入微的态度和孜孜不倦的追求。这些案例不仅强调了技术层面的精确性和可靠性，更加深了学生对科研人员如何通过反复实验和改进方法，以达到最佳结果的理解。这种精神和态度体现了工匠精神的精髓：专注于细节，追求卓越，持之以恒地致力于改进和完善。在整个案例库中，这种精神是贯穿始终的，成为各个案例中都要强调的社会主义核心价值观之一。

　　（2）案例库进入"增强民族自豪感和文化自信"的主题。这部分通过多样的材料工程案例，展示了科技创新与民族文化自信之间的紧密联系，例如，"细品生漆韵味，感悟文化自信——表面涂敷技术：中国生漆"和"创新碳纤维，筑梦中国强——碳纤维对战略领域的不可或缺性"等案例，展现了中国传统工艺与现代科技的结合如何增强民族自豪感和文化自信。这些案例通过生动的实例和详细的技术背景介绍，使学生不仅能了解相关技术的发展和应用，还能深刻感受到科技发展与文化传承的交织互动。通过这样的案例设计，课程不仅传授了知识，还通过科技成就的展示增强了学生的民族自豪感。

　　（3）案例库进一步通过"提高创新思维和批判性思维"的案例设计，推动学生发展创新和批判性思维能力。在这部分中，例如"创新思维破冰行，批判性思维稳基石——化学平衡的移动与勒夏特列原理"和"创新驱动发展，加热炉技术新飞跃——加热炉内辐射传热"，学生能够学习到如何在科学研究中质疑现有理论，发现问题并提出新的解决方案。案例中涉及的科学概念和技术挑战，为学生提供了一个锻炼和提升思维能力的具体平台，鼓励他们在面对复杂问题时，能够从不同角度进行分析和思考，激发他们的创造力和批判意识。

　　（4）案例库的组织结构转向了"培养科技创新和可持续发展意识"，这一部分着眼于通过科技创新实现可持续发展的目标，旨在使学生认识到科技进步与环境保护之间的关系。案例如"薄膜科技领航，共筑可持续梦——薄膜材料的应用及发展"和"科技防蚀新策，创新筑就绿色未来——防腐蚀领域的卓越创新"，展示了在当前全球化背景下，材料科学如何应对环境挑战、实现可持续发展目标。这些案例通过具体的科技应用实例，揭示了在解决环境问题的过程中，科技创新所扮演的重要角色，并进一步启发学生思考如何在未来的职业生涯中，将可持续发展作为一项重要的考量因素。

　　（5）案例库还通过"增强团队协作和责任意识"部分，强调了在科技创新过程中团队合作和责任意识的重要性。通过"责任为舵诚信为帆，考评承诺共筑协作航向——诚信考评体系的建设"和"团队共育分析才，责任铸就安全魂——安全生产意识的培育"

等案例，学生能够学习到如何在团队中发挥自己的作用，如何在协作中承担起应有的责任。这些案例通过展示实际科研团队中的分工协作和责任承担过程，帮助学生理解和实践团队合作的精神，培养他们在实际工作中成为合格的团队成员的意识和能力。

（6）案例库在"实现科技史与文化传承相结合"的主题下，通过一系列历史与现代科技相结合的案例，探讨了科技发展与文化传承的相互促进作用。例如，"古法今用，守护永恒——金属防护方法的发展过程""历史悠远，文脉长流——我国古代铅丸的制造"等案例展示了从古至今的科技发展历程及其背后的文化背景。这些案例不仅展示了现代科技如何借鉴和发展传统技术，还揭示了文化传统在科技创新中的重要性。这部分案例通过梳理科技发展的历史脉络，引导学生了解科技进步与文化传承的紧密关系，使他们在掌握现代科技的同时，也能深刻理解文化传承的重要性。

综上所述，这种结构设计不仅使学生能在具体的学习过程中得到丰富的知识和技能的提升，更能够在潜移默化中受到价值观念的引导和塑造，为他们未来的职业发展和人生规划打下坚实的基础。课程思政案例库通过这样的设计，真正实现了知识传授与价值引领的有机结合，达到了课程思政教育的深刻目标，同时，本案例库的组织结构与分类真正实现了课程思政教育与专业教育的有机融合，引导学生在学习专业知识的同时树立正确的世界观、人生观、价值观。

思 考 题

1. 在构建高校思想政治理论教育课程案例库时，如何平衡案例的时代性与现实性、教育性与启发性，以确保能够有效激发学生的思考和促进其全面发展？

2. 在案例分析中，教师如何有效地运用历史分析法与系统分析法，引导学生从历史背景和系统角度深入理解案例的复杂性，并形成全面的分析能力？

3. 在课程思政案例库中，如何通过"弘扬科研精神及工匠精神"和"增强民族自豪感和文化自信"两个主题的案例，帮助学生在掌握专业知识的同时，培养他们的工匠精神和文化自信？

4 专业课程与思政教育的结合点

材料类专业的课程思政教育和专业技能的培养是相辅相成的。通过这种教育模式，我们能够培养出既有深厚专业素养又具有高尚品德的复合型人才，他们将为国家的科技进步和社会发展贡献力量，成为推动社会向更加可持续、公正和繁荣方向发展的重要力量。材料类专业的课程思政教育是现代高等教育的重要组成部分，它不仅关注学生专业知识的传授，更重视学生价值观、社会责任感和家国情怀的培养。通过将思政教育融入材料专业的理论学习和实践操作中，可以激发学生的爱国情怀、使命感和创新精神，同时培养他们严谨的科学态度和良好的道德品质。专业课程与思政教育的结合点，见图4-1。

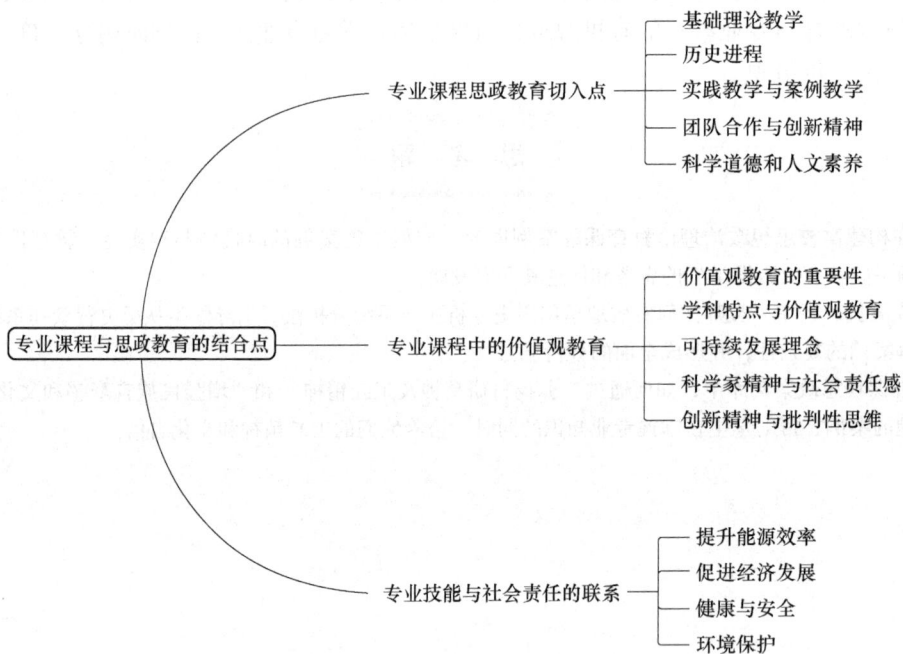

图4-1 专业课程与思政教育的结合点

4.1 专业课程思政教育切入点

材料类专业的课程本身蕴含着丰富的思政教育元素，在讲授材料科学基础知识时，引导学生认识到科学研究和技术创新的重大意义。例如，在讨论新材料的研发过程中，可以结合国家需求和时代背景，讲解我国在新材料领域的发展现状及面临的挑战，激发学生的爱国情怀和使命感。同时，可以通过分析我国在材料科学领域的历史进程，特别是改革开放以来取得的突出成就，让学生感受到国家科技实力的迅速提升，以及我国科技工作者在面对技术封锁和科研难题时所表现出的不屈不挠、敢于创新的精神。这种历史与现实的结合，不仅有助于学生了解我国在国际材料科学领域的地位和贡献，还能让他们树立坚定的"四个自信"。其次，在材料专业的实践教学中，思政教育同样具有重要意义，材料专业的实验课程和实践环节是培养学生动手能力和创新思维的重要途径。在实验过程中，可以通过设置具有社会实际背景的实验项目，让学生意识到材料科学技术在国民经济和国防建设中的重要作用。例如，关于高强度轻质材料在航空航天中的应用，可以结合我国航空航天领域的最新成果，引导学生思考如何通过材料创新来解决实际问题，进而增强他们的责任感和使命感。此外，在实验操作中，可以通过强调实验安全和科研伦理，培养学生严谨求实的科学态度和良好的道德品质。

此外，在材料类专业课程的教学过程中，还可以通过案例教学来融入思政教育。例如，在讲授高分子材料时，可以通过介绍环保材料的研发和应用，引导学生思考如何在材料选择和工艺设计中贯彻绿色发展理念，促进环境保护和可持续发展。这不仅可以增强学生的环保意识，还能让他们认识到科技进步与环境保护的协调发展是实现可持续发展的关键。在金属材料的课程中，可以结合国家重大工程和项目，例如港珠澳大桥、复兴号高铁等，讲解材料科学在这些重大工程中的关键作用，让学生感受到材料科学技术对国家建设和社会进步的巨大贡献，从而增强他们为国家富强、民族振兴而努力学习的动力。

再者，在材料类专业课程中应注重培养学生的创新精神和团队合作意识，材料科学的发展离不开创新和团队合作，这与现代社会的发展趋势高度契合。在教学过程中，可以通过小组讨论、团队项目等方式，鼓励学生合作探索和解决问题，培养他们的团队协作能力和创新意识。同时，通过对国内外材料科学领域重大科研成果的介绍，分析这些成果背后的团队合作和创新过程，帮助学生认识到科技进步离不开集体的智慧和力量。这种认识不仅能增强学生的团队合作意识，还能培养他们的集体主义精神和社会责任感。

最后，材料类专业的课程思政教育还应注重培养学生的科学道德和人文素养，材料科学作为一门高度实践性的学科，要求学生不仅要具备扎实的理论基础，还要具有良好的科学道德和职业素养。在教学中，可以通过科学家的事迹、科研工作的伦理规范等内容，引导学生树立正确的科研态度和职业道德。例如，可以通过讲述钱学森、邓稼先等科学家的爱国奉献精神和严谨治学态度，激励学生树立远大的科学理想和崇高的职业追求，同时，通过强调学术诚信和反对学术不端行为，帮助学生树立正确的价值观和行为准则，为其未来的科研工作打下良好的思想道德基础。

综上所述，材料类专业课程的思政教育不仅仅是专业知识的拓展和延伸，更是学生价值观、人生观和世界观的塑造过程。通过将思政教育有机融入材料专业的理论教学和实践教学中，能够有效提升学生的专业素养和综合能力，培养他们的创新精神和社会责任感，为我国新材料领域培养出更多德才兼备的创新型人才。

在具体实施过程中，需要根据课程特点和学生实际情况，灵活运用多种教学方法和手段，将思政教育与专业教学有机结合，达到润物细无声的教育效果。这种教学方式不仅能够增强学生对材料科学的兴趣，还能引导他们将个人的发展与国家和社会的需要紧密结合起来，从而实现自身的价值，为国家的科技进步和社会发展贡献力量。同时，专业课程思政教育是一项系统工程，需要教育者具备深厚的专业素养和敏锐的思政洞察力。通过深入挖掘课程中的思政元素、创新教学方法、加强实践环节等措施，我们可以将思政教育巧妙地融入专业课程之中，实现知识传授与价值引领的有机结合。这样不仅能够提升学生的专业素养和综合能力，更能够培养他们的家国情怀、社会责任感和道德情操，为国家的繁荣富强和民族的伟大复兴贡献青春力量。在未来的教育实践中，我们应继续探索和完善专业课程思政教育的有效途径和方法，为培养更多德智体美劳全面发展的社会主义建设者和接班人而不懈努力。

4.2　专业课程中的价值观教育

在材料类专业的教学过程中，不仅要传授学生专业知识和技能，还应注重培养他们的价值观，以引导他们树立正确的世界观、人生观和价值观，为未来成为具有社会责任感和使命感的科技工作者奠定基础。

首先，材料类专业本身的学科特点决定了价值观教育的重要性，材料科学强调对材料性能的理解和优化，涉及从基础理论研究到实际应用的完整链条。在教学过程中，教师可以通过讲解材料科学的基础原理和技术应用，引导学生认识到材料研究对于推动社会进步和改善人类生活的重要作用。同时，材料类专业课程中的价值观教育还应注重引导学生树立可持续发展的理念。此外，在材料专业的课程中，还可以通过介绍材料领域的科学家及其成就，来激发学生的爱国主义精神和社会责任感。在材料专业课程的实验教学中，价值观教育也有着重要的体现，实验课程是材料专业教育的重要组成部分，旨在培养学生的实际操作能力和创新思维。在实验过程中，可以通过强调实验安全和科研伦理，培养学生的科学态度和职业道德。然后，教师可以讨论科研工作的伦理规范和学术诚信，强调任何科研工作都必须建立在诚实和尊重他人工作的基础之上。这种教育方式可以帮助学生理解科研工作的基本准则，培养他们在未来职业生涯中坚持正直和诚实的行为准则。同时，材料专业课程还应通过跨学科的视角培养学生的综合素养和价值观。最后，培养学生的批判性思维，教会他们如何评估信息的可靠性、分析问题的本质、判断结论的合理性。

总之，材料类专业课程中的价值观教育是一个全面而深入的过程，旨在通过多种教学手段和教育方法，将价值观的培养与专业知识的传授紧密结合起来。在教学过程中，应注重通过理论知识的讲授、实践课程的引导、历史事例的分享等多种途径，帮助学生树立正确的世界观、人生观和价值观。这种价值观教育不仅能够增强学生对材料科学的兴趣和理解，还能引导他们将个人的专业发展与国家和社会的需要紧密结合起来，培养他们成为具有社会责任感和使命感的高素质科技人才。通过这种系统的教育模式，我们不仅能够提升学生的专业素养，还能为社会培养出更多德才兼备的创新型人才，助力国家科技进步和社会繁荣发展。

4.3　专业技能与社会责任的联系

材料类专业技能与社会责任之间有着紧密的联系，这种联系体现在多个方面。材料科学与工程领域的专业技能包括材料的选择、设计、制造和应用等，这些技能直接影响到社会的各个方面，例如可持续发展、能源利用效率、环境保护、健康与安全等。因此，具备材料专业技能的人员在履行社会责任方面具有独特的优势和义务。

首先，材料科学与工程专业人员在促进可持续发展方面起着关键作用，在当今世界，资源的有限性和环境问题日益突出，如何利用材料专业技能开发出环保、节能和可再生的材料成为社会关注的焦点。材料专业人员可以通过创新材料设计和制造工艺，减少材料的消耗和浪费，延长产品的使用寿命，从而减少资源的消耗和环境污染。

其次，材料专业技能在能源效率的提升和新能源开发中具有重要意义，随着全球能源需求的不断增加和传统能源资源的逐渐枯竭，开发高效节能和可再生能源技术成为社会的迫切需求。材料科学与工程在这一领域发挥了重要作用，通过开发高性能的储能材料、光伏材料和燃料电池材料等，能够显著提高能源的利用效率，减少对化石燃料的依赖，推动社会向绿色低碳方向转型。

材料专业技能可以为环境问题的解决提供技术支持，通过开发绿色材料和清洁生产技术，减少有害物质的排放。例如，开发高效的催化剂材料用于尾气处理，或是研发能够替代有毒化学物质的环保材料，都是材料科学与工程领域的专业人员在履行社会责任的具体体现。

在健康与安全方面，医疗器械的研发与生产离不开材料科学的支持，高性能的生物材料和纳米材料的发展为现代医学提供了更多可能。生物相容性好的材料可以用于植入医疗器械，纳米材料可以用于药物传递系统，这些创新不仅提高了医疗设备的性能，还能显著改善患者的治疗效果和生活质量。

此外，在建筑和交通领域，开发防火、抗震、高强度的材料可以显著提升建筑和交通工具的安全性，保护人们的生命财产安全。材料科学的发展有时可能带来社会伦理上的挑战，例如新材料的开发可能会引发知识产权纠纷或技术垄断，影响社会公平。因此，材料专业人员在从事科研和产业实践时，需要秉持伦理道德的原则，确保科研成果为全社会带来益处，并防止因技术垄断或不公平竞争导致的社会不公。

此外，材料专业技能在促进经济发展方面也不可或缺。材料科学与工程的创新可以催生新产业、新技术，推动经济增长。例如，新材料的研发可以带动高科技产业的发展，如半导体材料的发展推动了信息技术产业的革命性进步，先进复合材料的研发促进了航空航天工业的快速发展。这不仅为社会创造了经济价值，还为社会提供了大量就业机会，提升了人们的生活水平。

在全球化背景下，材料类专业人员的社会责任还包括促进国际合作与交流，材料技术的创新往往需要跨国界的合作，因为不同国家和地区拥有不同的资源、技术和市场优势。通过国际合作，可以更有效地利用全球资源，推动材料科学的进步和应用，促进全球社会的共同发展和繁荣。材料专业技能与社会责任密不可分，材料科学与工程专业人员在其职业生涯中，需要不断提升自身的专业技能，以应对社会的多重挑战。同时，他们还应时刻牢记自己的社会责任，通过创新和实践，为社会的可持续发展、能源效率提升、环境保护、健康与安全、伦理道德和社会公平等方面做出积极贡献，这不仅是对自身专业价值的体现，也是对全社会福祉的承诺。

思 考 题

1. 在材料专业的课程思政教育中，如何通过将材料科学的实践教学与国家的重大工程项目相结合，既提升学生的专业技能，又增强他们的家国情怀和社会责任感？

2. 如何将材料科学中的价值观教育有效融入实际课程中，以确保学生在掌握专业技能的同时，也能够树立正确的社会责任感和伦理观念？

3. 在材料科学与工程领域中，特别是在面对资源有限、环境污染以及伦理道德挑战时，如何平衡技术创新与社会责任？

5　科研精神与工匠精神案例

科研精神是科学研究的灵魂，它包含了求真务实、创新精神、批判性思维、严谨细致、团队合作、持之以恒、诚信守则、社会责任感、开放包容和终身学习等核心要素。这些要素共同构成了科研人员在探索未知、追求真理的过程中所展现出的精神风貌和价值追求。求真务实是科研精神的基石，它要求科研人员基于客观事实进行研究，避免主观臆断，确保研究的真实性和可靠性。创新精神则是科研进步的驱动力，鼓励科研人员不断探索新理论、新方法，推动科学前沿的发展。批判性思维让科研人员敢于质疑现有知识，通过逻辑推理和实证分析来验证真理，这是科学发展的重要机制。

工匠精神是一种深植于工匠心中的职业理念和价值追求，它涵盖了专注、精确、创新、坚持和传承等核心要素。这种精神追求卓越，强调对工作的热爱和对细节的极致追求，无论是传统手工艺还是现代制造业，都是品质和信誉的保证。专注是工匠精神的基石，它要求工匠们对自己的工作投入极大的热情和精力，长期专注于某一领域的技艺提升。精确则体现在对每一个细节的严格把控，追求产品的完美无瑕。创新是工匠精神的动力，鼓励工匠们不断探索和尝试，以适应时代的发展和消费者的需求。坚持是工匠精神的体现，它要求在面对困难和挑战时不轻言放弃，持之以恒地追求目标。传承则是工匠精神的延续，它要求将精湛的技艺和严谨的态度传递给后来者，确保工艺的生命力。

科研精神与工匠精神的结合是一种在现代社会中被大力提倡的专业态度和精神追求。科研精神强调的是创新、求真、协作和奉献，它鼓励科研人员不断探索未知，追求真理，同时要有团队合作精神和为科学事业奉献的精神。工匠精神则侧重于专注、精益求精、耐心和坚持，它要求从业者对自己的技艺不断打磨，追求每一项工作的完美无缺。将两者结合起来，意味着在追求科学真理的过程中，也要注重实践操作的精细和严谨，确保科研成果的精确性和实用性。这种结合对于科技创新尤为重要，因为科技创新不仅需要理论的突破，还需要工艺技术的支撑。科研人员需要具备工匠精神，以确保科研成果能够在实际应用中达到高标准。同时，工匠在实践操作中也需要科研精神，不断探索和尝试新的技术和方法，提高工艺水平。结合科研精神与工匠精神，可以促进科技与工艺的深度融合，推动科技成果的转化和应用，提升产品和服务的质量，增强企业和国家的竞争力。此外，这种精神的结合还有助于培养出既有创新能力又有精湛技艺的复合型人才，为社会和经济的可持续发展提供强有力的支撑。

5.1　做事精准有度，钝化护金妙术——有趣的金属钝化膜

5.1.1　课程思政育人理念与目标

通过专业课知识的学习引导学生树立正确的国家观、历史观、科学观、发展观与文化

观，通过扎实的学习过程使学生体会材料本身蕴含的人文精神以及材料发展对于个人、社会与国家的重要影响，从而使得科学育才与思政育人协同强化学生专业能力与思维能力。同时，本案例旨在通过"金属的钝化"这一具体科学现象，不仅传授专业知识与技能，更深入挖掘其背后的思政价值，倡导"做事精准有度"的科研精神，将科学严谨的态度融入每一次实验、每一项操作中，引导学生理解并实践精准控制对于提升品质、实现目标的重要性。课程目标体现在知识、能力与思政三个层面，具体如下：

知识目标：全面把握金属钝化的核心概念，需深入剖析其基本原理，涉及电化学、表面化学等多学科知识；同时，探讨影响钝化效果的关键因素。通过实例展示金属钝化在船舶制造、汽车工业、石油化工等防腐蚀领域的广泛应用，让学生深刻理解其在延长设备寿命、保障安全及节能减排方面的重大意义。

能力目标：培养学生的实验设计与操作能力，使其能够精准控制实验条件，解决金属腐蚀问题；同时，提升跨学科整合能力，将金属钝化知识与其他领域相结合，拓展思维视野。

思政目标：通过精准控制金属钝化的过程，引导学生树立做事严谨、追求完美的价值观，培养精益求精的科研精神。

5.1.2　课程思政元素与融入点

专业知识点	思政元素	课程思政的实施路径与方式
金属的钝化现象	做事精准有度，钝化护金妙术	依托互联网＋教学平台，开展线上线下的互动式体验教学

5.1.3　课程思政案例

（1）案例教学目标。通过学习金属钝化的核心概念和基本知识，学生能够理解金属钝化的基本原理及其在实际应用中的重要性，掌握控制钝化过程的关键因素，培养精准操作和科学探究的能力，同时增强对化学工程技术在保护金属资源方面作用的认识，更深层次了解工匠精神与科研精神的内涵。

（2）案例主要内容。在汽车制造业中，汽车的许多金属部件（如车身、底盘等）需要长期暴露在各种复杂的环境条件下，包括潮湿的空气、雨水、道路上的盐分等，这些因素会加速金属的腐蚀。因此，汽车制造商通常会对车身钢板等金属部件进行钝化处理。例如，通过铬酸盐钝化，在金属表面形成一层致密的钝化膜。这层膜主要成分是铬的氧化物和氢氧化物，它可以有效地阻止氧气和水分与金属基体接触。这种钝化膜的存在使得金属的腐蚀速率大大降低，能够延长汽车金属部件的使用寿命，减少维修成本，并且保持汽车外观的美观。钝化膜的形成改变了金属表面的状态，使金属的电极电位向正方向移动，从而使其化学活性大大降低，呈现出钝态。从微观角度看，钝化膜就像是一层紧密排列的"盾牌"，将具有腐蚀性的物质（如氧气和水）与金属原子隔开，阻止了氧化还原反应的发生，从而防止金属生锈。通过结合汽车制造业的金属钝化应用实例以及对金属钝化现象（硝酸浓度小于30％时，铁在稀硝酸中腐蚀速度随硝酸浓度的增加而增大；硝酸浓度＞40％，铁的溶解速度急剧下降，直到反应接近停止）的讲解（见图5-1），阐述"铁在浓硝酸中或经过浓硝酸处理后失去了原来的化学活性，金属变得很稳定，即使再放在稀硝酸中也能保持一段时间的稳定"的现象。中国传统文化强调中庸之道，即在处理事务时不偏不倚，恰如其分，恰到好处，正如金属钝化需要"恰到好处"的硝酸浓度，过度或者不足都会减弱钝化膜的防护作用，可钝化金属的典型阳极极化曲线示意图，见图5-2。此案例有利于引导学生对"适度"等中国传统文化的认识。

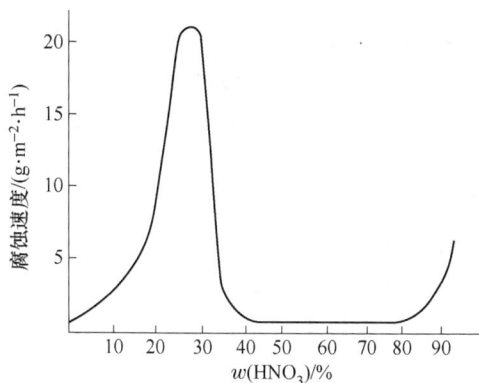

图5-1 铁在硝酸中的腐蚀速度

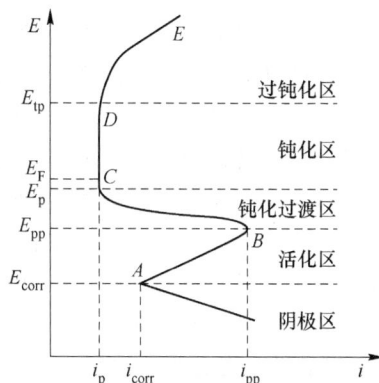

图5-2 可钝化金属的典型阳极极化曲线示意图

中华传统文化历来讲究"度"，如《中庸》中的"执其两端用其中"、《论语》中的"过犹不及"。工匠精神，不仅仅是对技艺的极致追求，更是对"度"的精准拿捏。它要求我们在日常工作中，如匠人雕琢艺术品一样，既不过度用力以免破坏其神韵，亦不敷衍了事而失其精致。正如中国共产党百年奋斗历程所展现的，每当我们在政策制定、工作执行中能够准确把握"度"，坚持实事求是，就能推动事业蓬勃发展，行稳致远。

纵观中国共产党百年发展历程，凡是我们"度"把握得当、能够做到实事求是时，党的事业就兴旺发达。掌握好"适度"的原则，要在日常工作中坚持唯物辩证法，提高辩证思维的能力，提升做事精准有度的能力，处理问题把握好决定事物性质的数量界限，确保干事创业行稳致远。

（3）教学反思。在教授"金属的钝化"这一章节时，将化学原理与中华传统文化中的"适度"哲学相结合，旨在引导学生不仅掌握科学知识，更能从中领悟人生哲理。通过讲解铁在浓硝酸中由活泼变得稳定的现象，引导学生思考"适度"在日常生活与工作中的重要性。教学过程中，学生们对金属的钝化现象产生了浓厚的兴趣，他们不仅积极参与讨论，还主动探索了更多关于金属腐蚀与防护的实例。同时，将抽象的科学知识与生动的现实案例相结合，能够有效激发学生的学习兴趣和探索欲。然而，在引导学生将化学原理与传统文化联系方面还有待加强。虽然通过《中庸》和《论语》中的经典语句来阐述"适度"的哲学思想，但部分学生仍难以将两者紧密结合，深刻理解。因此，在未来的教学中，需要更加注重跨学科知识的融合与渗透，帮助学生构建更加全面、立体的知识体系。同时，也要注重培养学生的批判性思维和创新能力，鼓励他们敢于质疑、勇于探索。

执其两端用其中

"子曰:'舜其大知也与!舜好问而好察迩言,隐恶而扬善,执其两端,用其中于民,其斯以为舜乎!'"

舜是上古"五帝"之一,继尧之后的部落联盟首领,历史上尧舜并称。舜从社会底层做起,当过农夫、陶工、渔夫,而之所以成为最高领袖,是因为他有优秀品格、高超智慧和出色才能。舜喜好"问"与"察"。问谁?一问手下,二问民众。问什么?一问事实,二问问题。察,是审察、辨析。迩言,是"浅近或身边亲近者的话"(《古汉语大词典》)。可以肯定,舜对他人之言分析判断之际,内心会有臧否和取舍。舜否定其中的错误意见,但他不予公开,不加批评;采纳其中的正确意见,并且竭力褒扬。而后,舜在掌握两种或多种不同主张的基础上,分别吸取有益部分,进行综合,找到最妥当、最合适的方法,付诸领导民众的实践之中。这是舜之所以成为舜的原因。孔子赞曰:"舜其大知也与!"舜可以说是有大智慧啊!

《孟子·公孙丑上》亦有一段赞语:"大舜有大焉,善与人同,舍己从人,乐取于人以为善。自耕稼、陶、渔以至为帝,无非取于人者。取诸人以为善,是与人为善者也。故君子莫大乎与人为善。"舜心有大善,虚怀若谷,乐于学习和采纳他人之优长,善于团结他人,偕同他人一起行善。

相形之下,孔子的论点更深刻,主要体现在"执其两端,用其中于民"。事物皆有两面性或多面性,问题皆有两种解决办法或多种解决办法。认识复杂事物,解决烦难问题,要全面,要辩证,要灵活,不能片面化、简单化,按孟子说法是不能"执一"。孔子说:"攻乎异端,斯害也已。"(《论语·为政》)致力于一种认识和一种办法,那就有害了。(亦有他解:否定、批判不同意见,一定会有后遗症。)关于"两端",还有一个小故事。孔子曾自嘲"无知",说有个粗浅之人问一个问题,自己答不上来,后来"我叩其两端而竭焉"(《论语·子罕》),推敲问题的正反、前后、表里两端还是没有答案。(亦有他解:推敲问题的两端才找到答案。)

后人把孔子赞扬舜的话简化为"执两用中",作为对中庸之道的精简概括。其作用与"无过无不及"相当。

理解"执两用中",以生活用水为例。首先,知道水有两端,一端是零摄氏度的水(然后固化为冰),一端是一百摄氏度的水(然后气化为汽)。其次,了解如何使用不同温度的水。用水一定是根据客观需要,灵活地变化。如炎热夏天将西瓜吊入深水井冷浸,水温四五摄氏度至七八摄氏度不等。如洗羊绒衫宜用温水,三十摄氏度上下。如泡澡要用热水,四十摄氏度左右。如冲茶必用高温水,而同是冲茶,水温要求亦不同,龙井、碧螺春是八十摄氏度,乌龙茶、铁观音是沸水。如此等等。种种不同的用水方法,其中的道理就是"执两用中"。

中,不是数学和物理的中间、一半、百分之五十,而是抽象的哲学概念,意在中正、不偏、适度、恰当。批判中庸之道是折中主义的人,实际并不懂得到底何为中庸之道。不过,鉴于"执两用中"极其复杂,很难把握,所以境界不达标、智慧不超群、原则不坚定的人，会动辄陷入模棱两可、是非不辨。这，是不得不令人警惕的。

如朱熹的灼见："两端未是不中。"中庸包括两端，在特定条件下"走极端"也属于中庸。

（资料来源：https://baijiahao.baidu.com/s?id=1674445609425234211，作者做了适当修改）

5.2 科研匠心筑梦，翼动未来翱翔——航空发动机单晶涡轮叶片的表面再结晶问题

5.2.1 课程思政育人理念与目标

秉承"科研精神筑基，工匠精神铸魂，家国情怀引领，绿色发展导向"的育人理念，旨在通过深入剖析航空发动机单晶涡轮叶片表面再结晶这一前沿科技问题，实现专业知识传授与思想道德教育的有机融合。本案例鼓励学生秉持探索未知、勇于创新的工匠精神，面对单晶涡轮叶片表面再结晶这一技术难题，敢于挑战，持续探索，不断突破。通过引导学生参与科研项目，培养他们的科研兴趣、创新思维和坚韧不拔的科研态度，为他们未来的科研道路奠定坚实的基础。课程目标体现在知识、能力与思政三个层面，具体如下：

知识目标：深入理解航空发动机单晶涡轮叶片的精细构造、卓越性能及其复杂的表面再结晶机理，同时紧跟国内外在该领域的最新研究成果与技术发展趋势，通过广泛阅读与深入分析，构建起全面而深入的理论体系。这一坚实基础将为学生未来的深入探索与研究提供强有力的支撑，推动航空科技领域的持续创新与发展。

能力目标：致力于培育学生科研创新思维，强化实验操作技能，提升问题解决策略，并着重锻炼团队协作能力。通过系统训练与实践项目，使学生不仅能够独立应对单晶涡轮叶片表面再结晶等复杂科研挑战，还能在团队中发挥关键作用，共同探索解决方案，全面培养其科研实践的综合能力，为未来科研道路奠定坚实基础。

思政目标：在课程中深度融合科研精神与工匠精神，激励学生追求科学真理，勇于探索未知，同时注重细节，追求卓越品质。通过学习，激发学生的爱国热忱，增强社会责任感，引导他们将个人发展融入国家科技进步之中。同时，树立绿色发展理念，培养学生在科研活动中注重环保、追求可持续发展的意识。最终，造就一批德才兼备、心怀家国的新时代科技精英。

5.2.2 课程思政元素与融入点

专 业 知 识 点	思 政 元 素	课程思政的实施路径与方式
航空发动机单晶涡轮叶片的表面再结晶问题	科研匠心筑梦，翼动未来翱翔	结合学生关注的社会热点问题，从专业的角度阐明道理，提升学生的价值判断和理性思维

5.2.3 课程思政案例

（1）案例教学目标。通过深入研究航空发动机单晶涡轮叶片表面再结晶问题，全面培养学生科研创新能力，掌握前沿的表面再结晶解决技术。同时，强化学生精益求精的工

匠精神，注重细节，追求卓越。最终，为推动我国航空科技的持续发展贡献力量，培养未来航空领域的栋梁之材。

（2）案例主要内容。F119 发动机是为美国 F-22 "猛禽"战斗机研制的先进航空发动机。F119 发动机采用了单晶涡轮叶片技术，这种叶片由镍基高温合金制成，具有出色的高温强度和抗蠕变性能，单晶结构消除了晶界，使得叶片在高温高压的恶劣工作环境下，能够承受更大的应力而不易变形和损坏。例如，在发动机的高压涡轮部分，单晶涡轮叶片能够在超过 1500 ℃ 的高温燃气冲击下稳定工作，保证了发动机的高效运行。但是，在发动机的工作过程中，叶片仍需要承受极高的温度和压力。在这种环境下，叶片的表面会经历显著的热应力和氧化，这可能导致表面晶粒的再结晶。本案例深度剖析了航空发动机核心部件——单晶涡轮叶片所面临的表面再结晶难题，同时，深入探讨了叶片内部应力的复杂结构（见图 5-3）。通过详细阐述内应力的产生机理，学生将更好地理解这一微观力量如何在极端工况下影响叶片的性能与寿命。本案例不仅对内应力的分类、分布进行了系统介绍，还深入分析了其产生过程及如何通过衍射效应进行检测，让学生直观感受到科学研究的严谨与精密。在介绍 X 射线宏观应力检测方法时，案例特别强调了同倾法与侧倾法的应用，不仅解析了它们的基本原理，还引导学生理解如何构建测定宏观应力的坐标系，以及如何利用应力测定公式精准计算应力值。

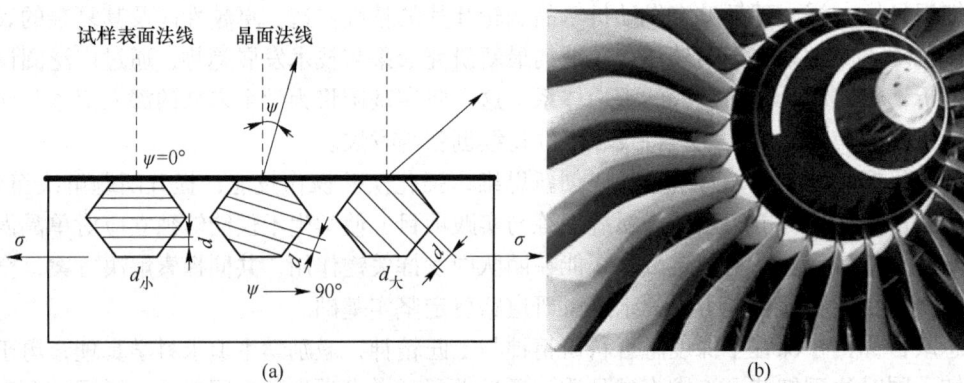

图 5-3　航空发动机单晶涡轮叶片表面再结晶问题剖析
（a）宏观应力与不同方位同族晶面间距的关系；（b）航空发动机单晶涡轮叶片

这一过程不仅培养了学生的科研技能，更激发了他们对材料科学深层次探索的兴趣。尤为重要的是，本案例巧妙融入了"精益求精"的思政元素，通过讨论如何有效减小内应力的产生，引导学生认识到在科研及工程实践中，每一个细节都至关重要。它鼓励学生树立严谨慎重的态度，遵循科学规范，以工匠精神对待每一次实验与操作，确保研究成果的准确性与可靠性。通过这一案例的学习，学生不仅能够掌握专业知识，更能在心中种下追求卓越、不断进取的种子，为推动我国航空科技的持续发展贡献自己的力量。

（3）教学反思。在航空发动机单晶涡轮叶片的表面再结晶问题的案例教学后，发现将复杂的技术问题与思政教育相融合，不仅能提升学生的专业技能，更能激发他们的责任感与使命感。案例中，通过详细剖析表面再结晶现象及其影响，学生不仅掌握了理论知识，还学会了运用科学方法分析解决实际问题。同时，"精益求精"的工匠精神贯穿始终，让学生认识到在科研道路上，细节决定成败，严谨与专注是通往成功的关键。然而，在案例教学中也需进一步优化互动环节，激发学生更多主动思考与讨论，以加深他们对知识点的理解和记忆。此外，未来可引入更多前沿科研成果和技术进展，拓宽学生视野，激发他们的创新思维和科研热情。总之，此次案例教学是一次有益的尝试，为提升教学质量、培养高素质科研人才提供了宝贵经验。

📖 **延伸阅读**

涡轮叶片发展

涡扇发动机叶片的价值占比高达 35%，是航空发动机制造中十分关键的构成部件。一台发动机中，航空叶片数量为 3000～4000 片，可分为风扇叶片、压气机叶片、涡轮叶片三大类，又以涡轮叶片的价值最高，达到 63%，同时，它也是涡扇发动机中制造难度和制造成本最高的叶片。

20 世纪 70 年代，美国率先在军民用飞机发动机上使用 PWA1422 定向凝固叶片。20世纪 80 年代后第三代发动机推重比提升至 8 以上，涡轮叶片开始使用第一代 SX，PWA1480、RenéN4、CMSX-2 和我国 DD3，其承温能力比最好的定向凝固铸造高温合金 PWA1422 有 80 K 的优势。再加之气膜冷却单通道空心技术，使得涡轮叶片的使用温度达到 1600～1750 K。第四代涡扇发动机采用第二代 SXPWA1484、RenéN5、CMSX-4、DD6，通过添加 Re 元素，再加上多通道高压空气冷却技术使得涡轮叶片的使用温度达到 1800～2000 K，在 2000 K、100 h 持久强度达 140 MPa。20 世纪 90 年代后研制第三代 SX 有 RenéN6、CMRX-10、DD9，比第二代 SX 具有十分明显的蠕变强度优势。在复杂冷却通道和热障涂层的防护下，能承受的涡轮进气口温度达到 3000 K，叶片用金属间化合物合金在 2200 K，100 h 持久强度达 100 MPa。

目前正在研制的是以 MC-NG、TMS-138 等为代表的第四代和以 TMS-162 等为代表的第五代 SX。其成分特点是添加 Ru 和 Pt 等新的稀土元素，显著提高了 SX 的高温蠕变性能。第五代高温合金工作温度已达 1150 ℃，已经接近理论极限工作温度 1226 ℃。

（资料来源：https://zhuanlan.zhihu.com，作者做了适当修改）

5.3 铸国之重器，颂大国工匠精神——浩瀚宇宙中的中国奇迹

5.3.1 课程思政育人理念与目标

秉持思政育人理念，旨在培养学生如大国工匠般精益求精的精神风貌，让每一份力学数据的背后，都镌刻着对质量的不懈追求和对国家责任的深刻理解。通过学习，学生将深刻理解材料性能之于国家重器的重要性，树立正确的国家观、历史观、科学观、发展观与文化观，激发爱国情怀与科技创新的激情，以匠心独运，共筑中华民族伟大复兴的中国梦。课程目标体现在知识、能力与思政三个层面，具体如下：

知识目标：全面掌握材料的基本力学性能参数、测试方法及其在工程实践中的应用，深入理解不同材料性能如何影响国家重大装备与基础设施的安全与效能，形成系统的材料

力学性能知识体系。

能力目标：通过材料力学性能的实验与项目实践，学生能够熟练运用测试技术，分析数据，解决复杂工程问题，同时鼓励创新思维，探索新材料与新技术，为材料科学的发展注入新活力。

思政目标：弘扬精益求精、追求卓越的工匠精神，引导学生在材料力学性能的研究与实践中保持严谨求实的科学态度，注重细节，追求卓越品质，培养对科学真理的敬畏之心。

5.3.2　课程思政元素与融入点

专业知识点	思政元素	课程思政的实施路径与方式
国之重器在极端环境下的性能稳定性	铸国之重器，颂大国工匠精神	通过参加竞赛的方式，让学生在竞争中学会进取精神、团队合作和公平竞争

5.3.3　课程思政案例

（1）案例教学目标。让学生深刻理解材料性能对国家重大装备制造的重要性，掌握分析复杂工程问题的方法，同时感受大国工匠在追求卓越品质中的执着与奉献。通过案例研讨，激发学生对材料科学的兴趣与热情，培养其创新思维与解决实际问题的能力，为日后投身国家建设，贡献科技力量奠定坚实基础。

（2）案例主要内容。2013 年，嫦娥三号成功着陆月球，成为中国探测器首次在月球表面着陆并实现了月球车"玉兔"的巡视。嫦娥三号在设计过程中，面临极端环境下的材料挑战。月球表面温差巨大，昼夜温差 $-173\ ℃$ 到 $+127\ ℃$，所有设备和材料必须能够在这样的条件下稳定工作。为了应对这些挑战，工程师们使用了高性能的耐高低温材料，并进行了严苛的测试。这些技术确保了嫦娥三号能够在月球上顺利运行，为人类探月历史书写了中国篇章。2021 年，中国成功将"祝融号"火星车着陆火星，成为世界上少数几个成功着陆火星的国家之一，火星表面极端的温度和沙尘暴为材料科学提出了严峻的考验。为了确保"祝融号"能够在恶劣环境中正常工作，设计师们开发了抗高温和耐沙尘的特殊材料。此外，火星车还配备了先进的热控系统和材料，以应对火星表面的温度波动和环境挑战。这些创新为未来的深空探测任务奠定了基础（见图 5-4）。

在探索浩瀚宇宙的征途上，从"嫦娥"轻舞绕月，到"祝融"稳健踏火，每一次中国航天的飞跃，都是对材料力学性能极限的勇敢挑战。在月球背面留下第一行中国足迹，在火星表面扬起第一缕中国红尘，这背后，是无数材料科学家与工程师夜以继日的努力，他们精心设计与研发，确保所用材料能在极端温差、强辐射等恶劣环境下依然保持卓越的性能稳定性与耐久性，彰显了材料力学性能在支撑国家航天梦中的不可或缺性。同样，在深蓝海域的深潜奇迹中，"奋斗者"号万米载人潜水器成功坐底马里亚纳海沟，刷新了人类探索海洋的深度纪录。这一壮举，离不开高强耐压、耐腐蚀材料的突破性应用，它们如同深海勇士的铠甲，抵御着水压的极限考验，保护着探索者安全下潜，让五星红旗在地球最深处飘扬，再次证明了材料力学性能在推动深海探测技术进步中的关键作用。

图5-4　中国制造的国之重器
（a）火箭；（b）"福建号"航空母舰；（c）"蛟龙"号潜水器

　　而谈及国之重器—航母的建造，第三艘航母"福建号"的横空出世，更是我国海军实力跃升的重要标志。其庞大的舰体、复杂的结构、先进的舰载机起降系统，无不对材料提出了极高的要求。从特种钢材的研制到复合材料的应用，每一步都凝聚着材料科研人员的心血与智慧，展现了材料力学性能在提升国防实力、维护国家安全的战略价值。因此，当站在历史的交汇点上，回望过去，展望未来，更应深刻理解"铸国之重器，颂大国工匠精神"的深刻内涵。它不仅是科学技术的比拼，更是国家意志、民族精神的体现。以材料力学性能的学习为起点，秉承大国工匠的精益求精、勇于创新的精神，为实现中华民族伟大复兴的中国梦贡献自己的力量。

　　（3）教学反思。通过引入国家重大科技项目成就和超级工程实例，有效激发了学生的爱国情怀和学习兴趣，使他们充分认识到材料力学性能在国家发展中的重要地位。这一方法不仅丰富了课程内容，也增强了思政教育的实效性。然而，在强调宏观成就的同时，应更加注重微观机理的讲解，帮助学生建立扎实的理论基础，材料力学性能的复杂性要求学生具备较强的逻辑思维和问题解决能力，这需要在日常教学中加强训练，如通过案例分析、小组讨论等形式，引导学生深入思考材料性能与结构、工艺之间的关系。此外，还应进一步提升自身专业素养，紧跟材料科学发展的前沿动态，以便将最新的科研成果和技术进展融入教学之中，使课程内容更加贴近实际、富有时代感。

📖 延伸阅读

"福建号"的横空出世

　　2022年6月17日上午，我国第三艘航空母舰下水命名仪式在中国船舶集团有限公司江南造船厂举行。经中央军委批准，我国第三艘航空母舰命名为"中国人民解放军海军福建舰"，舷号为"18"。

　　福建舰是一艘先进的航母，它的先进首先体现在其吨位上。正如央视介绍的那样，福建舰是我国完全自主设计建造的首艘弹射型航空母舰，采用平直通长飞行甲板，配置电磁弹射和阻拦装置，满载排水量8万余吨。福建舰采用平直通长飞行甲板，配备有2具升降机、3部电磁弹射器、采用电磁弹射起飞/电磁拦阻降落的运作方式。仅从外观的角度讲，福建舰相比前型航母最大的变化就是采用了平直通长飞行甲板。

福建舰将滑跃甲板"铲平"，一个重要的增益就是"甲板舰载机数量增加"。平直通长飞行甲板相比滑跃甲板有更多的空间用于停放舰载机，滑跃甲板因为上翘的构型，只能在舰艏靠后的位置停放数架左右歼-15战机，由于这些战机的停放会阻挡滑跑路线，这几个停机位会导致航母放弃舰载机起飞能力，这只有在检验航母最大回收构型时才用得上它们。在新型航母使用平甲板以后，航母上停放战机的空间显著增加，舰载机可以一直排到甲板前端。

此外，由于右侧两台电磁弹射器起飞路线互不干涉，因此航母也可以只放弃一条弹射器的起飞能力，在另一侧弹射器所在的甲板继续停放战机。如此一来，福建舰在航母最大着舰能力状态下的战机回收数量就能获得可观的增加，在最大回收状态下可以回收20架以上的战机。

除了采用平直通长飞行甲板，福建舰最具特点的升级之处自然是电磁弹射系统和电磁阻拦系统。在使用电磁弹射器的情况下，可以让甲板的三个起飞点同时具备满载起飞的能力，同时原先的长起飞点在安装第三台弹射器后起飞方向转向了斜角甲板，使得航母能够同时出动多架舰载机。这一改动让航母在执行编队攻击任务时出动节奏显著加快，执行作战任务时也能携带更多的弹药升空，提升舰载航空兵部队整体作战的持久性。

（资料来源：https://new.qq.com/rain/a，作者进行了适当修改）

5.4 玉经雕琢方成器，粉末冶金筑新材——粉末冶金铸就新的辉煌

5.4.1 课程思政育人理念与目标

通过探索粉末冶金材料的奥秘与工艺的精进，不仅传授专业知识与技能，更激发学生的科研热情与探索精神，培养严谨求实的科研态度和精益求精的工匠精神。让学生在学习与实践中，领悟到每一份成果都需精雕细琢，每一次创新都源自于不懈追求，为新材料科学的发展贡献青春力量。课程目标体现在知识、能力与思政三个层面，具体如下：

知识目标：全面掌握粉末冶金材料的基础理论、制备工艺及性能特点，理解材料设计与性能调控的科学原理。同时，培养学生运用科研精神探索新材料领域的未知，以工匠精神追求工艺细节的极致，为开发高性能、高附加值的粉末冶金新材料奠定坚实基础。

能力目标：培养学生具备粉末冶金材料设计与制备的科研能力，掌握工艺优化与性能评估的实践技能。通过科研精神的引导，学生将学会独立思考与创新；依托工匠精神的锤炼，学生将追求工艺精细与品质卓越，成为粉末冶金领域的高素质专业人才。

思政目标：融合科研精神与工匠精神，强化学生创新意识与社会责任感。通过粉末冶金技术的探索，引导学生理解匠心独运的价值，树立精益求精的态度，为科技进步与社会发展贡献自己的力量，实现个人价值与社会责任的统一。

5.4.2　课程思政元素与融入点

专业知识点	思政元素	课程思政的实施路径与方式
粉末冶金之结构材料	玉经雕琢方成器，粉末冶金筑新材	运用多媒体教学资源，如视频、音频、图片等，丰富教学手段，提高教学效果

5.4.3　课程思政案例

（1）案例教学目标。通过深入剖析粉末冶金技术的精髓，不仅让学生掌握粉末冶金材料的基本理论与制备工艺，更重要的是，培养学生具有勇于探索未知领域，追求科学真理的科研精神；同时，弘扬工匠精神，注重细节，精益求精，力求在材料制备与性能优化上达到极致。通过此案例教学，学生将能够综合运用所学知识，解决实际问题，为粉末冶金领域的发展贡献自己的力量。

（2）案例主要内容。在公元前3世纪的战国时期，中国的冶铁技术已经非常成熟，古代工匠们通过将铁矿石磨成粉末，然后与木炭混合，再加热冶炼，制成高质量的铁器。这一过程类似于现代粉末冶金中的粉末制备和烧结技术。古代中国工匠利用这种方法生产出的铁器具有优良的强度和耐磨性，被广泛用于制造工具和武器中，如剑、镰刀、铲子等。粉末冶金，这一古老而又现代的技术，通过精心筛选或制造原料粉末（如铜粉、铁粉、铝粉等），实现了对传统材料制备方式的超越。每种粉末冶金材料，如铁基、铜基烧结材料，电工、工具及兵器材料，均承载着特定的应用使命。例如，铁基粉末冶金材料因其具有高强度、耐磨损特性，广泛应用于汽车发动机、变速箱及航空航天领域的飞机构件制造中。而铜基烧结材料则以其优异的导电、导热性能，在高压电触头、电子元件等领域大放异彩（见图5-5）。

图5-5　粉末冶金制备的综合零件

制备过程中，混合均匀合金粉是确保材料性能一致性的关键步骤。随后，通过压制成型，粉末颗粒在机械力作用下紧密结合，形成致密且具有一定强度的坯体。中高温烧结则是赋予材料最终性能的核心环节，它促使粉末颗粒间发生物理化学反应，形成坚固的冶金结合。这一过程不仅提高了材料的致密度和强度，还赋予了其独特的化学组成和物理性能。最后，根据产品需要，对烧结后的材料进行整形、切削等机械加工，以获得满足设计要求的粉末冶金成品。每一步骤都蕴含着深厚的科学原理与工匠智慧，它们共同铸就了粉末冶金材料的卓越品质。

通过这一学习过程，学生们不仅能够掌握粉末冶金材料的制备工艺，更能深刻理解"千锤百炼始成钢，百折不挠终成才"的坚韧精神。在科研与工匠精神的双重引领下，他们将学会自主设计并编制给定粉末冶金材料的制备工艺步骤，为材料科学的进步贡献自己的力量。

（3）教学反思。在案例教学中，学生们深刻体会到了科研精神与工匠精神的深度融合对于粉末冶金材料教学的重要性。通过具体案例，学生们不仅学习了粉末冶金材料的制备工艺与应用领域，更在实践中感悟到"精雕细琢"的匠心独运。理论知识与实践操作的紧密结合，能够极大地激发学生的学习兴趣和探索欲，学生在设计工艺步骤、分析材料性能的过程中，不仅巩固了专业知识，更培养了严谨的科研态度和精益求精的工匠精神。然而，在案例教学中仍需进一步优化教学设计与实施过程，确保每位学生都能充分参与并深入理解。因此，未来将继续探索更多元化的教学方法，如引入虚拟现实技术模拟生产流程，或组织实地考察，让学生亲身体验粉末冶金企业的生产环境，以期达到更好的教学效果。

📖 **延伸阅读**

冶铁史始于块炼铁的出现

目前已知的中国最早的铜器，是 1973 年出土于陕西临潼姜寨仰韶文化遗址（约公元前 3700 年）的原始黄铜片和出土于甘肃东乡马家窑文化遗址（约公元前 3100 年）的青铜刀，中国冶铜术的起源当然不会晚于公元前 3100 年。根据国家"夏商周断代工程"的最新成果，夏代的纪年范围为公元前 2070—前 1600 年。也就是说，大禹活动的时间是在公元前 2070 年前后，距离冶铜术的起源至少已有千年之久。在长达千年的冶铜实践中，无论是铜矿的冶炼、铜器的铸造，还是冶炼设备的修造，都没有理由不进步。

考古证实，中国早期炼铜使用陶尊，外部涂有草拌泥，起绝热保温作用，内面涂有耐火泥层，铜矿和木炭直接放入炉内。这一装置不同于从外部加热的"坩埚"式熔炉，可以使炉内温度提得更高。可以想象，在这种内热式陶尊炉中，当混入铜矿中的氧化铁矿较多时，在炼渣中还原出铁来几乎是一种必然现象。而块炼铁在冶铁史中首先出现就是最好的证明。

块炼铁也称锻铁，是在较低的冶炼温度下由铁矿石固态还原得到的铁块。在西南亚和欧洲等地区，直到 14 世纪炼出生铁之前，一直采用块炼法炼铁。冶炼块炼铁，一般是在平地或山麓挖穴为炉，装入高品位的铁矿石和木炭，点燃后，鼓风加热。当温度达到 1000 ℃ 左右时，矿石中的氧化铁就会还原成金属铁，而脉石成为渣子。由于矿石中其他未还原的氧化物和杂质不能除去，只能趁热锻打挤出一部分或大部分，仍然会有较多的大块夹杂物留在铁里。由于冶炼温度不高，化学反应较慢，加之取出固体产品需要扒炉，所以产量低，费工多，劳动强度也大。与生铁不同，块炼铁含碳极低，质地柔软，适于锻造成型。由于块炼铁在锻打前疏松多孔，故也被称为海绵铁。

不难看出，我国古代的内热式陶尊炼铜炉很适于冶炼块炼铁，中国历史上最早的人工冶铁产品当然也非块炼铁莫属。曾经有一种流传很广的说法，以"江苏六合程桥两座东周墓曾出土用块炼铁制成的铁条和白口铸铁丸，湖南长沙一座春秋晚期墓中曾出土白口铸铁鼎和一把中碳钢制成的剑"为据，断论在中国冶铁史上，一开始就是块炼铁、白口铸铁和钢同时出现，"这是我国古代冶铁工匠的勋业，是世界冶铁史上的奇迹"。

（资料来源：https://baike.baidu.com/，作者进行了适当修改）

5.5 知行合一践真理，烧结过程启新程——烧结智慧锤炼千古佳话

5.5.1 课程思政育人理念与目标

通过烧结过程的探索，培养学生严谨求实的科学态度，勇于创新的实践精神，以及对待工作和学习一丝不苟的工匠品质，同时，弘扬工匠精神，强调精细操作与不懈追求，在每一次烧结实验中，都力求精准控制，精益求精，最终成为既有扎实理论基础，又具备卓越实践能力的时代新人。课程目标体现在知识、能力与思政三个层面，具体如下：

知识目标：掌握烧结过程基本原理，理解温度、时间、气氛等关键因素对烧结效果的影响。结合科研精神，探索烧结工艺优化路径；秉承工匠精神，精研烧结细节，力求理论与实践深度融合，为材料性能提升奠定坚实基础。

能力目标：通过本案例，培养学生将烧结理论知识应用于实践的能力，掌握烧结工艺设计与调控技能。激发学生的科研兴趣，培养独立思考与创新能力；同时，强化工匠精神，提升精细操作与问题解决能力，为材料科学领域的研究与发展贡献力量。

思政目标：以烧结过程为镜，映照知行合一之真谛，引导学生践行真理，勇于探索。在科研精神的引领下，培养创新思维与批判性思维；以工匠精神为魂，锤炼耐心与毅力，塑造精益求精的品格，为社会培养具有责任感与使命感的材料科学人才。

5.5.2 课程思政元素与融入点

专业知识点	思政元素	课程思政的实施路径与方式
烧结过程基本原理	知行合一践真理，烧结过程启新程	采用启发式、探究式、讨论式等教学方法，引导学生主动思考和探究

5.5.3 课程思政案例

（1）案例教学目标。通过深入研究烧结过程基本原理，引导学生将理论知识与实验操作紧密结合，践行"知行合一"的教育理念，同时，激发学生的科研兴趣，培养其勇于探索、敢于创新的科研精神；强化精细操作与持续改进的工匠精神，使学生在掌握烧结技术的同时，深刻理解科学研究的严谨性与工艺制作的精细性，为未来在材料科学领域的深入研究与技术创新奠定坚实基础。

（2）案例主要内容。在宋代时期（960年至1279年），中国的瓷器制造技术达到了巅峰，工匠们发明了高温烧制瓷器的工艺，使瓷器变得更加细腻、坚硬和光滑。在这一时

期，青花瓷、定窑瓷等名瓷应运而生，烧结技术的不断改进使得瓷器的质量得到了显著提升，宋代的工匠们不仅在技术上不断创新，还在艺术设计上进行探索，创造出了许多具有独特风格的瓷器。每一件瓷器的生产，都凝聚了工匠们对材料的深刻理解和对工艺的精细把控，他们在制作过程中不断调整烧制温度、时间和材料配比，追求完美的产品质量，这种对工艺的执着追求和不断改进的精神，正是工匠精神的真实体现。不同烧结阶段中粉末的微观形貌图，见图5-6。

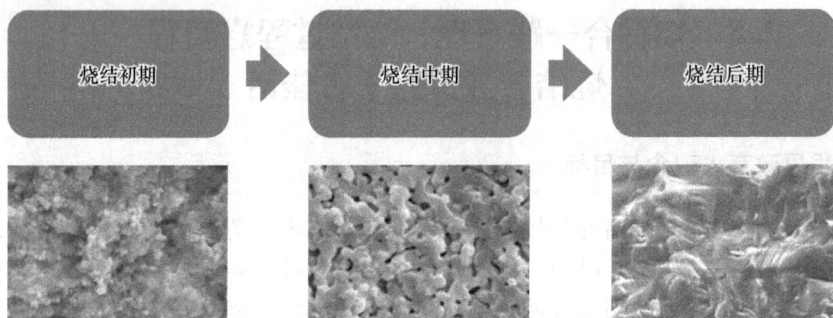

图5-6　不同烧结阶段中粉末的微观形貌图

如今在探索烧结过程的基本原理中，发现这一过程不仅仅是物理世界中粉体在高温下追求致密化、形成坚固多晶体的技术挑战，更是对自然界中事物发展规律的生动诠释。烧结，作为材料科学的关键环节，其驱动力源于对完美结构的不懈追求，象征着人类社会中个体与集体成长的共同目标。正如烧结过程中粉末颗粒在热力驱动下相互融合、晶粒逐渐长大，每个人的成长之路亦是在知识与实践的熔炉中不断锤炼、自我超越的过程。我们鼓励学生树立"天生我材必有用"的坚定信念，相信每个人的独特价值与潜能，正如每颗粉末都有其成为致密烧结体一部分的潜力。在科研精神的引领下，学生们应勇于探索未知，敢于挑战难题，以严谨的态度和创新的思维，在知识的海洋中遨游，不断追求真理的光芒。

同时，工匠精神的精髓——精益求精、追求极致，也为学生们提供了宝贵的指引。在烧结的每一个细微环节中，都蕴含着对完美的不懈追求；同样，在人生的每一个阶段，都应秉持这种精神，对待学习、工作乃至生活，都力求做到最好。通过知行合一的实践，学生们将理论知识转化为实际能力，不仅掌握了烧结工艺的基本原理，更在心灵深处种下了自强不息、为实现伟大中国梦不懈奋斗的种子。

（3）教学反思。通过探究烧结过程，不仅让学生掌握其基本原理，更重要的是培养学生的科研精神和工匠精神。科研精神强调的是探索未知、勇于创新的勇气，以及严谨求实的科学态度。通过鼓励学生提出疑问，引导他们通过实验验证假设，这一过程虽充满挑战，但学生们展现出的好奇心和求知欲让人深感欣慰。然而，在激发学生创新思维的同时，还需加强他们独立思考和解决问题的能力培养。工匠精神则要求精益求精、追求卓越，在烧结实验的每个细节中，都力求让学生感受到这种精神的重要性。从材料准备到实验操作，再到数据分析和结论推导，每一步都要求学生做到精准无误，但部分学生在面对重复和烦琐的实验步骤时，容易失去耐心和专注力，因此在未来教学中需更加注重培养学生的耐心和毅力。

延伸阅读

瓷器的古代工艺

大约在公元前 16 世纪的商代中期,中国就出现了早期的瓷器。因为其无论在胎体上,还是在釉层的烧制工艺上都尚显粗糙,烧制温度也较低,表现出原始性和过渡性,所以一般称其为"原始瓷"。

瓷器脱胎于陶器,它的发明是中国古代先民在烧制白陶器和印纹硬陶器的经验中,逐步探索出来的。烧制瓷器必须同时具备三个条件:一是制瓷原料必须是富含石英和绢云母等矿物质的瓷石、瓷土或高岭土;二是烧成温度须在 1200 ℃ 以上;三是在器表施加高温后烧成釉面。原始青瓷尊是原始瓷器的一个典型代表。器口做喇叭状,无肩,深腹束腰,底部有外撇的圈足。胎体坚硬,厚薄均匀,造型规整。器内外均施有青黄色釉,胎体与釉层结合紧密,底部无釉处露出浅灰白色的瓷胎。外壁装饰的纹饰排列整齐、朴素雅致。此尊现藏于上海博物馆。

原始瓷作为陶器向瓷器过渡时期的产物,与各种陶器相比,具有胎质致密、经久耐用、便于清洗、外观华美等特点,因此发展前景广阔。原始瓷烧造工艺水平和产量的不断提高,为后来瓷器逐渐取代陶器,成为中国人日常生活的主要用器奠定了基础。中国瓷器是从陶器发展演变而成的,原始瓷器起源于 3000 多年前。至宋代时,名瓷名窑已遍及大半个中国,是瓷业最为繁荣的时期。当时的钧窑、哥窑、官窑、汝窑和定窑并称为五大名窑。同时,有着称之为瓷器之都美名的地方:景德镇。江西景德镇在元代出产的青花瓷已成为瓷器的代表。青花瓷釉质透明如水,胎体质薄轻巧,洁白的瓷体上敷以蓝色纹饰,素雅清新,充满生机。青花瓷一经出现便风靡一时,成为景德镇的传统名瓷之冠。与青花瓷共同并称四大名瓷的还有青花玲珑瓷、粉彩瓷和颜色釉瓷。另外,还有雕塑瓷、薄胎瓷、五彩胎瓷等,均精美非常,各有特色。

中国真正意义上的瓷器产生于东汉时期(公元 25—220 年)。这一时期在前代陶器和原始瓷器制作工艺发展,东汉时期北方人民南迁以及厚葬之风的盛行的基础上,以中国东部浙江省的上虞为中心的地区以其得天独厚的条件成为中国瓷器的发源地。这件浙江省上虞县面官镇出土的东汉时期青釉水波纹四系罐,展示了瓷器烧造工艺发展的初期情况。唐代瓷器的制作技术和艺术创作已达到高度成熟;宋代制瓷业蓬勃发展,名窑涌现;明清时代从制坯、装饰、施釉到烧成,技术上又都超过前代。中国的陶瓷业直到如今仍兴盛不衰,如江西景德镇、湖南醴陵、广东石湾和枫溪、江苏宜兴、河北唐山和邯郸、山东淄博等。

(资料来源:https://baike.baidu.com/,作者进行了适当修改)

5.6 揭秘马氏体奥秘,感悟科学家精神——马氏体组织的发现与科学家精神

5.6.1 课程思政育人理念与目标

通过马氏体组织发现的历程,培养学生勇于探索未知、严谨求实的科学精神,激励学

生面对挑战不屈不挠，勇于创新，同时，弘扬精益求精、追求卓越的工匠精神，让学生在每一次实验、每一次数据分析中，都能体会到匠心独运的价值，学会在细微处见真章，于平凡中铸非凡。通过本课程，我们期望培养出既有深厚科学素养，又具备工匠情怀的新时代青年，为科技进步和社会发展贡献自己的力量。课程目标体现在知识、能力与思政三个层面，具体如下：

知识目标：使学生深入了解马氏体组织的形成机制、特性及应用，掌握其相变原理与检测方法。同时，通过探究马氏体发现的科学历程，引导学生领悟科学家勇于探索、严谨求实的科学精神，以及追求极致、精益求精的工匠精神。

能力目标：提升学生探索材料科学领域的能力，特别是针对马氏体组织的研究，学生将学会运用科学方法分析相变过程，培养批判性思维与问题解决能力，同时，通过模拟科学家发现马氏体的过程，增强创新意识与实践能力，践行工匠精神，追求实验与设计的精准与卓越。

思政目标：通过揭秘马氏体奥秘，旨在引导学生感悟科学家不畏艰难、勇于探索的科学精神，以及精益求精、追求卓越的工匠精神。在知识传授与能力培养的同时，强化学生的爱国情怀与社会责任感，激励他们成为有担当、有追求的新时代青年，为科技进步和社会发展贡献力量。

5.6.2　课程思政元素与融入点

专 业 知 识 点	思 政 元 素	课程思政的实施路径与方式
马氏体组织的发现	揭秘马氏体奥秘，感悟科学家精神	结合专业特点和学生实际，设计具有针对性的教学案例和实践活动

5.6.3　课程思政案例

（1）案例教学目标。通过深入探讨马氏体组织的形成机理与特性，培养学生的科研精神和工匠精神，具体目标包括：引导学生掌握马氏体相变的基本理论与实验技能，激发他们对材料科学研究的兴趣与热情；通过剖析科学家发现马氏体的过程，感悟科学家勇于探索、坚持不懈的科学精神，以及精益求精、追求卓越的工匠精神；同时，提升学生的分析问题、解决问题的能力，培养其创新思维与实践能力，为未来在材料科学及相关领域的深入研究奠定坚实基础。

（2）案例主要内容。Adolf Martens（阿道夫·马滕斯）生于1850年，早期在金属材料及其性能方面的研究使他对钢铁材料的性质产生了浓厚的兴趣，见图5-7。钢铁材料在工业化进程中的重要性使得理解其结构和性能成为材料科学的关键问题。阿道夫·马滕斯的研究初期，主要集中在钢铁的硬度和强度方面，但他逐渐意识到，仅仅依赖传统的观察和测试方法无法全面解释钢铁的性能变化。在19世纪末，阿道夫·马滕斯在他的研究中使用了当时最先进的显微镜技术。通过显微镜观察钢铁样品，他注意到在不同的冷却条件下，钢铁的显微结构出现了明显的变化。特别是在急冷过程中，钢铁中出现了一种不同于其他已知结构的新组织，这种组织的硬度远高于普通的珠光体和铁素体。

该科学家的探索案例向学生生动展现了何为"严谨的科学家思想"，阿道夫·马滕斯工程师留下的那些详尽无遗的实验记录，不仅是科学探索的宝贵遗产，更是对学生们的一次深刻教育，在科学探索的道路上，唯有严谨的态度、规范的操作，方能揭开自然界的层层面纱。

图 5-7   Adolf Martens 与他的发明

（a）德国建筑工程师 Adolf Martens 的画像；（b）Adolf Martens 自制的显微镜

进一步地，阿道夫·马滕斯工程师自发研制显微镜，以非凡的毅力与创造力，深入探究硬质钢的本质，这一壮举不仅体现了其深厚的科学素养，更激发了学生们对未知世界无限的好奇与探索热情。它告诉我们，科学精神不仅仅是知识的积累，更是勇于质疑、敢于创新、不懈追求真理的勇气与决心，同时，这一案例也是对工匠精神的颂扬，它鼓励学生们在未来的学习与工作中，无论面对何种挑战，都能保持匠心独运，精益求精。因此，以"揭秘马氏体奥秘，感悟科学家精神——马氏体组织的发现与科学家精神"为主题，我们旨在通过这一案例，不仅让学生掌握材料科学的基础知识，更重要的是，要在他们心中种下严谨科学、勇于创新、精益求精的种子，让科学精神与工匠精神成为他们人生旅途中的不灭灯塔。

（3）教学反思。在案例教学中，通过讲述阿道夫·马滕斯工程师如何凭借严谨的科学态度与不懈的工匠精神，揭示了马氏体组织的奥秘，学生们不仅学到了材料科学的专业知识，更在心灵深处受到了触动。科学精神强调的是质疑、探索与实证，它教会了学生们要勇于提出问题，敢于挑战权威，通过科学实验来验证自己的猜想。这种精神的培养，对于培养学生的创新思维和批判性思维能力至关重要。阿道夫·马滕斯工程师自发研制显微镜，深入探究硬质钢本质的故事，让学生们明白了精益求精、追求卓越的重要性。这种精神将激励他们在未来的学习和工作中，始终保持对专业的热爱与敬畏，不断提升自己的技能与素养。通过此次案例教学，将科学精神与工匠精神融入日常教学，不仅能够提升学生的专业素养，更能够塑造他们健全的人格和正确的价值观。未来，我将继续探索更多类似的教学案例，让学生在知识的海洋中遨游的同时，也能感受到科学精神与工匠精神的魅力。

📖 **延伸阅读**

马氏体发展历史

马氏体于 19 世纪 90 年代最先由德国冶金学家阿道夫·马滕斯（Adolf Martens，1850—1914）在一种硬矿物中发现。马氏体最初是在钢（中、高碳钢）中发现的：将钢加热到一定温度（形成奥氏体）后经迅速冷却（淬火），得到的能使钢变硬、增强的一种淬火组织。1895 年法国人奥斯蒙（F. Osmond）为纪念德国冶金学家马滕斯（A. Martens），把这种组织命名为马氏体（Martensite）。人们最早只把钢中由奥氏体转变为马氏体的相变称为马氏体相变。20 世纪以来，对钢中马氏体相变的特征累积了较多的知识，又相继发现在某些纯金属和合金中也具有马氏体相变，如：Ce、Co、Hf、Hg、La、Li、Ti、Tl、Pu、V、Zr 和 Ag-Cd、Ag-Zn、Au-Cd、Au-In、Cu-Al、Cu-Sn、Cu-Zn、In-Tl、Ti-Ni 等。目前广泛地把基本特征属马氏体相变型的相变产物统称为马氏体（见固态相变）。

（资料来源：https://baike.so.com/doc/2295054-2427897.html，作者进行了适当修改）

5.7 索力筑梦港珠澳，匠心铸就大桥魂—— 索氏体斜拉索促使港珠澳大桥建成

5.7.1 课程思政育人理念与目标

通过港珠澳大桥建设中索氏体斜拉索技术的探索与应用，旨在培养学生勇于攀登科技高峰的科研精神，强调创新与实践的紧密结合；同时，弘扬精益求精、追求卓越的工匠精神，让学生深刻理解每一项伟大工程的背后，都是对细节的不懈追求与对品质的极致把控。以此激发学生的爱国情怀与责任担当，培养未来能够担当民族复兴大任的时代新人。课程目标体现在知识、能力与思政三个层面，具体如下：

知识目标：使学生深入了解索氏体斜拉索在港珠澳大桥建设中的关键技术与应用，掌握其结构原理、性能特点及其对大桥稳定性的重要作用。同时，通过港珠澳大桥的建设案例，培养学生的科研精神，包括问题导向、创新思维和团队协作；弘扬工匠精神，强调精益求精、追求卓越的态度和对细节的极致把控。通过理论与实践相结合，提升学生的专业素养和综合能力。

能力目标：提升学生解决复杂工程问题的能力，重点培养其科研思维与工匠精神。学生将学会运用索氏体斜拉索技术原理分析港珠澳大桥建设难题，锻炼创新思维与批判性思维。同时，通过模拟项目实践，强化精细操作与团队协作，铸就精益求精、追求卓越的职业素养。

思政目标：以港珠澳大桥建设为鉴，弘扬科研精神与工匠精神，引导学生树立国家情怀与社会责任感。通过学习索氏体斜拉索技术，感悟工程师们勇于探索、精益求精的奋斗精神，激励学生追求卓越、担当作为，为国家基础设施建设贡献力量。

5.7.2 课程思政元素与融入点

专 业 知 识 点	思 政 元 素	课程思政的实施路径与方式
索氏体的结构原理与性能特点	索力筑梦港珠澳，匠心铸就大桥魂	挖掘专业课程中蕴含的思政元素，通过线上+线下进行教育

5.7.3 课程思政案例

（1）案例教学目标。通过港珠澳大桥建设中索氏体斜拉索技术，使学生深入理解科研精神与工匠精神在大型工程建设中的重要作用。目标在于培养学生具备扎实的专业知识，掌握索氏体斜拉索技术的核心原理与应用；同时，激发学生的科研兴趣，培养其勇于创新、精益求精的科研精神和工匠精神，为未来参与国家重大工程建设奠定坚实基础。

（2）案例主要内容。港珠澳大桥，这一举世瞩目的超级工程，不仅是国家综合实力的象征，更是材料科学与工程技术完美融合的典范。在港珠澳大桥的建设过程中，工程师们面临了无数技术难题，包括在外海建设沉管隧道等，在缺乏国外成熟经验的情况下，中国工程师们自主攻关，克服了重重困难，特别是在安装沉管隧道时，工人们不仅要面对复杂的海洋环境，还要解决精准对接的高难度技术问题。经过多年的努力，最终在2018年10月24日，港珠澳大桥正式通车运营，成为世界上最长的跨海大桥。索氏体斜拉索作为大桥的关键构件，以其独特的力学性能和材料特性，确保了大桥的稳固与安全，彰显了材料在推动大国建筑腾飞中的不可或缺性（见图5-8）。

图5-8 中国在建筑方面的超级工程
（a）武汉长江大桥；（b）港珠澳大桥

通过这一震撼人心的工程实例，让学生深刻认识到，材料不仅是科技进步的基石，更是国家发展的命脉。作为材料科学专业的学子，他们肩负着开拓与创新的重要使命，需要不断攀登科学高峰，探索新材料、新技术，为国家的基础设施建设贡献智慧与力量（见图5-9）。

因此，本案例以"索力筑梦港珠澳，匠心铸就大桥魂"为主题，紧密围绕科研精神和工匠精神两大核心内容，通过生动讲述索氏体斜拉索的研发历程与应用成效，激发学生的使命感与责任感，调动他们对材料科学的浓厚兴趣和学习热情。在未来的日子里，学生们能

图 5-9　材料工程应用实例
（a）港珠澳大桥；（b）索氏体斜拉索；（c）斜拉索钢筋

够继承和发扬这种勇于探索、精益求精的精神，为国家的繁荣富强贡献自己的青春与才华。

（3）教学反思。通过港珠澳大桥建设中索氏体斜拉索的应用实例，学生们不仅学习了专业知识，更被工程师们勇于探索、精益求精的精神所震撼。科研精神强调创新、质疑与实证，它激励着学生们敢于挑战未知，不断突破技术瓶颈。而工匠精神则体现在对细节的极致追求和对品质的坚守上，它教会了学生们在科研道路上要脚踏实地，精益求精。同时，将科研精神与工匠精神融入日常教学，不仅能够提升学生的专业素养，更能培养他们的责任感和使命感。因此，未来将继续探索更多生动的教学案例，让学生在实践中感受科学的魅力，同时激发他们的爱国情怀和创新潜能，为培养新时代的科技人才贡献力量。

📖 延伸阅读

武汉长江大桥

武汉长江大桥（Wuhan Yangtze River Bridge），是中国湖北省武汉市境内连接汉阳区与武昌区的过江通道，位于长江水道之上，中心里程在京广线 K1206＋027，是中华人民共和国成立后修建的第一座公铁两用的长江大桥，也是武汉市重要的历史标志性建筑之一，素有"万里长江第一桥"美誉。武汉长江大桥于 1955 年 9 月 1 日动工兴建；1957 年 7 月 1 日完成主桥合龙工程；1957 年 10 月 15 日通车运营。

武汉长江大桥西起楚琴立交，上跨长江水道，东至中山路；线路全长 1670.4 m，主桥全长 1155.5 m；上层桥面为双向四车道城市主干道，设计速度 100 km/h，下层为双线铁轨，设计速度 160 km/h；总投资额为 1.38 亿元。

2013 年 3 月 5 日，武汉长江大桥被中华人民共和国国务院公布为第七批全国重点文物保护单位。

（资料来源：https://baike.baidu.com/，作者进行了适当修改）

5.8　秉持科学求真精神，践行严谨创新探索——从准晶的突破到青蒿素的奇迹

5.8.1　课程思政育人理念与目标

秉承科学求真精神，旨在培养学生的严谨创新思维和求真务实态度。科学家们的执着

追求与工匠们的精益求精，共同诠释了科学探索的艰辛与辉煌，为科技论文写作提供了宝贵的精神财富和实践指导。我们倡导学生以此为榜样，怀揣梦想，脚踏实地，勇于探索未知，不断追求卓越，为实现中华民族伟大复兴的中国梦贡献青春力量。课程目标体现在知识、能力与思政三个层面，具体如下：

知识目标：学生需掌握科技论文写作的核心特点，包括明确的研究目的、严谨的方法论、精确的数据分析、系统的文献综述及清晰的结论表述，同时融入科学家精神的好奇探索与工匠精神的精益求精，提升科技论文撰写能力。

能力目标：学生能够运用科学家精神中的好奇探索与批判性思维，结合工匠精神的精细打磨与精益求精，掌握科技论文严谨的逻辑结构、精确的数据呈现与深入的分析讨论等写作特点，独立完成高质量科技论文，展现科学求真与创新探索的成果。

思政目标：通过科技论文写作特点的学习，培养学生秉持科学求真精神，践行严谨创新探索，内化科学家精神的好奇探索与工匠精神的精益求精，树立学术诚信意识，提升科研素养，激励学生在科技写作中追求真理、勇于创新，为科技进步和社会发展贡献力量。

5.8.2 课程思政元素与融入点

专 业 知 识 点	思 政 元 素	课程思政的实施路径与方式
科技论文写作的特点	秉持科学求真精神，践行严谨创新探索	采用启发式、探究式、讨论式等教学方法，激发学生的学习兴趣和主动性

5.8.3 课程思政案例

（1）案例教学目标。通过深入剖析科技论文撰写过程中的科研精神与工匠精神，引导学生理解并秉持科学求真精神，掌握严谨的研究方法与创新探索技巧。案例分析将重点展示科研工作者如何以扎实的理论基础、严谨的实验设计、创新的研究视角撰写出高质量的科技论文。同时，强化学生的实践操作能力，培养其精益求精、追求卓越的职业素养，为未来科研工作奠定坚实基础。

（2）案例主要内容。在深入解析科技论文的创新性特点后，本案例巧妙引入了两个具有深远意义的科研故事，旨在深刻阐述科学精神的多重内涵及其在科研道路上的重要性。首先，丹·谢赫特曼博士发现准晶的历程，是一段充满挑战与争议的旅程，面对传统晶体学理论的束缚，他勇于质疑，坚持自己的观察与发现，即便初期遭遇重重阻碍与质疑，也未曾放弃。这一故事生动诠释了怀疑精神与创新精神的力量，鼓励学生敢于挑战权威，勇于探索未知领域。

另外，屠呦呦教授提取青蒿素、成功研制抗疟疾药物的故事，则是坚守精神的典范。面对无数次的失败与挫折，她始终坚持不懈，以严谨的科学态度和不懈的努力，最终取得了举世瞩目的成就。这一案例不仅展现了科研工作的艰辛与不易，更强调了坚守精神对于实现科学突破的重要性。两位科学家如图5-10所示。

通过这两个故事的讲述，本案例旨在促使学生深刻认识到科学精神、怀疑精神、创新精神和坚守精神在科研过程中的不可或缺性。它们不仅是推动科技进步的重要动力，也是每一位科研工作者应当秉持的核心素养。因此，在教学过程中，鼓励学生主动培养这些精

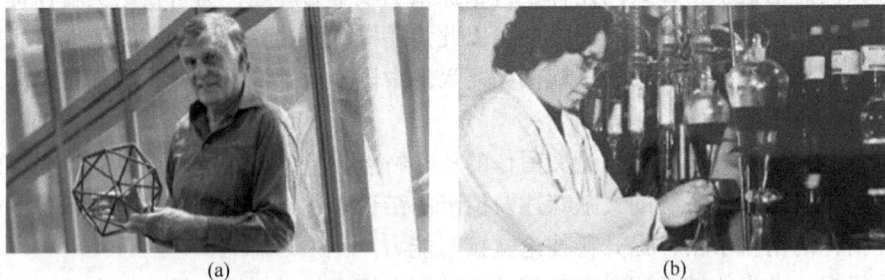

图 5-10   伟大的科学家
（a）丹·谢赫特曼博士发现准晶；（b）屠呦呦发现青蒿素

神品质，以科学求真精神为指引，践行严谨创新探索的理念，不断提升自己的科研能力和水平。

（3）教学反思。在本次案例教学中，通过引入丹·谢赫特曼发现准晶与屠呦呦提取青蒿素的生动案例，更深刻理解了科学精神中的怀疑、创新与坚守。在教学过程中，单纯的理论讲解难以激发学生深层次的思考与共鸣，而生动的故事与案例分析则能有效激发学生的兴趣与探索欲。同时，在引导学生理解科学精神时，需要更加注重培养学生的批判性思维与创新能力，鼓励他们勇于质疑、敢于创新。此外，工匠精神在科技论文撰写中的体现同样不容忽视，从文献调研、实验设计到数据分析、论文撰写，每一个环节都需要严谨细致的态度与精益求精的追求。因此，在未来的教学中，将更加注重培养学生的工匠精神，引导他们以高标准要求自己，力求在科研道路上不断追求卓越。

📖 延伸阅读

诺奖得主屠呦呦研制青蒿素的故事

"呦呦鹿鸣，食野之蒿"，《诗经》中的名句，是屠呦呦名字的出处，而鹿儿所食的野草，便是青蒿。如冥冥之中的安排，她的人生注定要与青蒿联系在一起。

20世纪60年代，抗性疟蔓延、抗疟新药研发在国内外都处于困境。1969年1月，屠呦呦接受了国家"523"抗疟药物研究的艰巨任务，被任命为中药抗疟科研组组长，开始了抗疟药的研制。

屠呦呦和课题组成员筛选了 2000 余个中草药方，整理出 640 种抗疟药方集。他们以鼠疟原虫为模型检测了 200 多种中草药方和 380 多个中草药提取物。其中，青蒿引起了屠呦呦的注意，它能有效抑制寄生虫在动物体内的生长，但疗效却不持续。为了找到答案，屠呦呦又一头扎进了文献堆。

在中医古籍《肘后备急方》中"青蒿一握，以水二升渍，绞取汁，尽服之"治疗寒热诸疟的启迪下，屠呦呦创建了低沸点溶剂提取的方法，1971 年 10 月 4 日获得了对鼠疟原虫抑制率达 100% 的青蒿乙醚提取物，这是青蒿素发现最为关键的一步。

为了保证患者的用药安全，1972 年屠呦呦及课题组的其他同志不顾安危亲自试服该提取物，证明了其安全性。当年在海南昌江疟区临床试用于间日疟 11 例，恶性疟 9 例，混合感染1例，共21例病人，结果用药后40 ℃高烧很快降至正常，血疟原虫被大幅度杀灭到转阴，药效明显优于氯喹。以上结果在"523"内部会议上报告，既带动了全国对青蒿提取物的抗疟研究，也开创了中药抗疟药物发现之先河。

（资料来源：https://www.sohu.com/a/294756934_120016128，作者进行了适当修改）

5.9 科技引领创新，制造铸就辉煌——铸梦超薄玻璃

5.9.1 课程思政育人理念与目标

通过传授玻璃制造工艺，培养学生科研精神，勇于探索未知，不断突破技术瓶颈；同时，弘扬工匠精神，精益求精，追求极致，确保每一件产品都闪耀着匠人的心血与智慧。课程融合科技创新与匠心独运，引导学生树立正确的价值观，为制造强国贡献力量，铸就辉煌未来。课程目标体现在知识、能力与思政三个层面，具体如下：

知识目标：使学生全面掌握玻璃熔制、成型与退火的基本原理与关键技术，深入理解科技在玻璃制造中的引领作用，同时培养学生的科研精神，激发创新思维；通过实践操作，强化学生对工匠精神的认知，掌握精湛技艺，为玻璃制造业的创新与发展奠定坚实基础。

能力目标：提升学生科技创新能力与精湛制造技艺，使学生能够运用所学知识独立进行玻璃熔制、成型与退火工艺设计与优化，具备解决复杂工程问题的能力。同时，强化学生的科研精神与工匠精神，培养其在实践中不断探索、精益求精的态度，为玻璃制造行业的创新发展贡献力量。

思政目标：通过玻璃熔制、成型与退火的学习，培养学生科技创新的责任感和使命感，激发爱国情怀，树立制造强国的理想。同时，强化科研精神与工匠精神的融合，引导学生追求精益求精、追求卓越的职业素养，为成为具有社会责任感和高尚品德的制造业人才奠定坚实基础。

5.9.2 课程思政元素与融入点

专 业 知 识 点	思 政 元 素	课程思政的实施路径与方式
玻璃熔制、成型与退火	科技引领创新，制造铸就辉煌	组织实践活动，培养他们的实践能力和团队协作精神

5.9.3 课程思政案例

（1）案例教学目标。培养学生科研精神，勇于探索玻璃制造领域的新技术、新工艺，推动行业创新；同时，强化工匠精神，注重细节，追求卓越，掌握玻璃熔制、成型与退火的精湛技艺。学生将学会将科技创新与精湛工艺相结合，提升产品质量与生产效率，为玻璃制造业的辉煌发展贡献力量。

（2）案例主要内容。2018年4月，中国建材集团下属的蚌埠中建材信息显示材料有限公司成功量产了0.12 mm超薄电子触控玻璃，这一成果不仅打破了浮法技术工业化生产的世界最薄玻璃纪录，而且完全拥有自主知识产权，其过程见图5-11。这种玻璃的厚

度仅相当于一张 A4 纸，具有良好的透光性和柔韧性，即使被弯曲成环状也不会折断，被形象地称为"玻璃中的黑科技"。在此之前，1.1 mm 以下的超薄玻璃技术和产品长期被国外垄断，中国需要进口所有的超薄电子触控玻璃，这限制了国内电子产品价格的下降。为了突破这一关键战略问题，中国科学家们从 2013 年开始技术攻关，短短几年内连续取得突破，从 0.3 mm 到 0.15 mm，再到 0.12 mm，不断刷新超薄玻璃的生产纪录，池窑中玻璃熔融过程，见图 5-12。本案例引入解决关键战略问题，中国造成 0.12 mm 超薄电子触控玻璃的励志故事，激发学生的民族自豪感和创新动力。这一素材生动展示了勇于探索、敢为人先的精神在破解工程实践难题中的关键作用，鼓励学生以"科技报国""科技强国"为己任，不断突破自我，追求卓越。通过本案例的学习，学生将深刻理解到，在科技引领创新的时代浪潮中，唯有秉持科研精神与工匠精神，才能铸就制造业的辉煌未来。

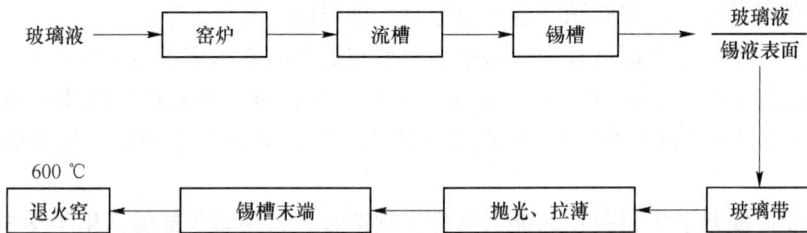

图 5-11　浮法成型的过程

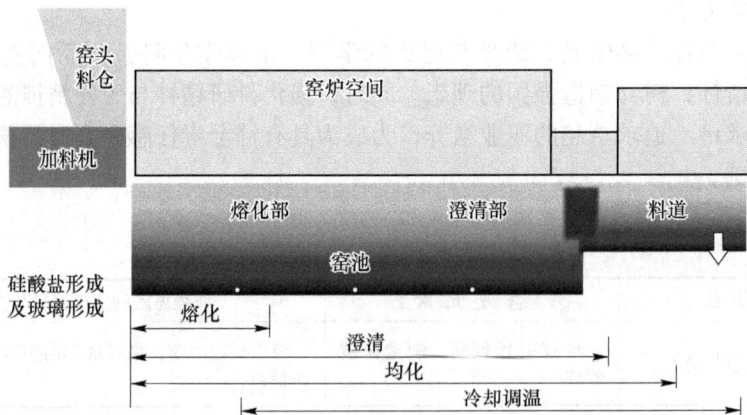

图 5-12　池窑中玻璃熔融过程

　　此外，在深入讲授玻璃熔制、成型与退火工艺的精髓时，不仅详尽阐述了每个阶段中玻璃所经历的复杂物理、化学变化，更着重引导学生探究这些变化之间的内在联系与相互影响。通过细致解析池窑结构的精妙设计与熔制制度的科学选取，巧妙融入思政元素"认真严谨、团队意识"，让学生深刻理解到，在玻璃熔制的每一个细微环节中，都需团队成员间的高度协作与严谨态度。学生将亲自分析池窑中熔化部如何高效转化原料为熔融玻璃，澄清部又如何排除玻璃液中的气泡以及去除杂质，确保玻璃液的纯净度。

　　同时，强调玻璃熔制温度与退火温度选取的严格依据，使学生明白这些关键参数的精确控制对最终产品质量的重要性。通过案例分析，学生将直观感受到工艺细微变化如何显著影响制品的性能与外观，从而培养起对待工作一丝不苟、精益求精的科研精神与工匠精神。

（3）教学反思。在案例教学中，深刻体会到将科研精神与工匠精神融入教学实践的重要性。通过详细剖析玻璃制造的每个关键环节，学生不仅掌握了专业知识，更学会了如何在实践中保持严谨细致的态度，不断追求工艺的完美。反思教学过程，在引导学生探索玻璃熔制、成型与退火的物理、化学变化时，应更加注重激发学生的创新思维，鼓励他们提出新的见解和解决方案。同时，通过分享"中国造成 0.12 mm 超薄电子触控玻璃"等案例，有效激发了学生的爱国情怀和创新动力，让他们深刻认识到科技创新对于制造业发展的重要性。此外，在培养学生的工匠精神方面，需要更加注重实践操作和细节把控。通过模拟实验和工艺实践，学生可以亲身体验到每一个细微操作对最终产品质量的影响，从而树立起对工作的敬畏之心和精益求精的追求。

📖 延伸阅读

玻璃为什么是透明的？

玻璃透光意味着光穿过了玻璃。那么换句话说，不透光就是光被挡住了，没有过去。那么光被挡住就有这么几种可能：光被吸收或者光被反射或者散射回去了。显然，物体反射什么样的光，自然就会呈现出什么样的颜色。提到透明，我们第一时间会想到，大部分液体或者气体都是透明的，其实玻璃为什么透明的原因跟液体、气体透明是一样的，都是因为微观上有空隙！例如，固态物体，分子之间的排列是非常紧密的，因此也非常坚固，就跟一堵墙一样；而气体或者液体，分子之间的排列就相对比较松散，相互连接强度也变小，自然也容易让光透过去。普通光学玻璃是由二氧化硅和其他化合物熔融在一起形成的（主要生产原料为：纯碱、石灰石、石英），在熔融时形成连续网络结构，冷却过程中黏度逐渐增大并逐渐硬化。由于玻璃采用超快速冷却而获得，因此保留了其在液态时的结构，具有短到中程有序、长程无序的状态，是各向同性的。所以，在宏观上玻璃是固态的，但在微观上却是液态的。当然，玻璃为什么是透明的有一个前提条件，这个前提条件是对人来说。人类的视觉范围是可见光部分，所以对我们来说，只要可见光部分能够通过，就说这种材料是透明的。其实，对于电磁波（光）来说，任何一种材料都不是完全透明的。举个最简单的例子，玻璃能够透过可见光，但是却能阻挡紫外线，所以，透不透明是相对的。

总之，玻璃为什么是透明的？首先，玻璃的材质要保证它不会吸收可见光，不然就是黑色的了；其次，必须结构是完整的，不然结构被破坏的玻璃就不会透明了；最后，玻璃不像金属一样有自由电子，不会屏蔽反射光子。这就是玻璃透明的原因。玻璃在不同的场合有不同的应用，比如防辐射光学玻璃，就是想要吸收或者散射 X 射线、γ 射线等放射性射线的光子，所以通常会在玻璃基质中加入重金属元素（如铅和铋元素），从而达到防辐射的目的，它在医学、原子能工业等领域有着广泛的应用。

（资料来源：https://ipt. jnu. edu. cn/fobg/2021/0816/c32235a641301/page. htm，作者进行了适当修改）

5.10 一丝不苟科学行，匠心独运制造精——泰坦尼克号中的金属材料

5.10.1 课程思政育人理念与目标

本课程旨在培养学生严谨求实的科研精神与精益求精的工匠精神，引导学生理解科学严谨是安全制造的基石，匠心独运则是卓越品质的保证。通过案例分析，激发学生的爱国情怀与社会责任感，树立科技兴国的远大志向，培养既有深厚专业素养又具备高尚职业道德的新时代工匠。课程目标体现在知识、能力与思政三个层面，具体如下：

知识目标：以泰坦尼克号金属材料为镜，使学生掌握金属材料性能、加工及其对结构安全的影响，培养学生科研精神，强调科学严谨与持续探索；同时，弘扬工匠精神，注重细节与精益求精，旨在形成对材料科学与技术的深刻理解，为未来工程实践奠定坚实基础。

能力目标：培养学生严谨的科研能力，深入分析泰坦尼克号金属材料问题，同时，强化匠心制造技能，精通材料选择与加工技术。学生将学会科学决策与精细操作，提升解决复杂工程问题的能力，成为兼具科研精神与工匠精神的复合型人才。

思政目标：通过泰坦尼克号金属材料案例，培养学生严谨科学态度与精益求精工匠精神，强化社会责任感与职业道德，树立科技报国志向，传承工匠精神，为制造业发展贡献力量，实现个人价值与社会责任的统一。

5.10.2 课程思政元素与融入点

专 业 知 识 点	思 政 元 素	课程思政的实施路径与方式
金属材料性能、加工及其对结构安全的影响	严谨的科研精神与精湛的工匠精神	组织课堂讨论、小组合作等活动，促进师生之间的交流和互动

5.10.3 课程思政案例

（1）案例教学目标。培养学生严谨的科研精神与精湛的工匠精神，学生将深入了解金属材料性能对结构安全的影响，掌握科学决策与精细制造的重要性。同时，通过反思泰坦尼克号悲剧的发生，激发学生对科技创新与工程质量的重视，培养其社会责任感与职业道德，为未来在材料科学与工程领域的发展奠定坚实基础。

（2）案例主要内容。泰坦尼克号（RMS Titanic）是一艘在 20 世纪初由英国白星航运公司（White Star Line）建造的豪华客轮，见图 5-13，它在当时被认为是"永不沉没"的船。然而，这艘船在其处女航中就遭遇了灾难性的沉没，成为历史上最著名的海难之一。1912 年 4 月 14 日晚，泰坦尼克号在北大西洋航行时，由于航海员的判断失误和当时的技术限制，船只未能及时避开一座巨大的冰山，导致船体右侧船舷被冰山撕开一道大裂口。尽管船上的水密舱设计能够抵御一定程度的损伤，但撞击造成的破坏远超出了船只的承受能力。

重点聚焦于泰坦尼克号沉没背后的材料科学教训，通过详细剖析该豪华邮轮所用钢材

图 5-13　泰坦尼克号的宏观图

中的硫化物、磷化物等有害夹杂物超标的问题，向学生揭示了在极端环境下（如低温撞击）这些缺陷如何导致钢材发生脆性断裂，进而引发船体解体沉没的悲剧。这一案例不仅是一次历史悲剧的重现，更是对现代工程制造领域的一次深刻警示。通过这一生动实例，旨在使学生深刻理解控制材料质量对于保障产品安全与性能的至关重要性，它要求学生在未来的科研与制造实践中，必须秉持一丝不苟的科学态度，对每一个细节都进行严格的把控与验证，以确保材料性能的卓越与稳定。

同时，也强调了工匠精神在制造业中的核心价值，匠心独运，不仅是对精湛技艺的追求，更是对品质卓越的不懈坚持。培养学生细心认真、精益求精的工作习惯，将每一次实验、每一次制造都视为对完美的不懈探索。通过这一过程，学生将逐渐成长为既具备深厚专业知识，又拥有高尚职业道德的复合型人才，为推动我国制造业的高质量发展贡献自己的力量。

（3）教学反思。通过泰坦尼克号悲剧的剖析，不仅学习了金属材料性能对结构安全的影响，更深刻体会到了控制材料质量的极端重要性，说明科研精神在于对知识的严谨追求与不断探索，而工匠精神则体现在对工艺的极致追求与对细节的精雕细琢。在教学过程中，学生们对案例的深入分析与讨论展现出了浓厚的兴趣和强烈的责任感。他们开始意识到，作为未来的工程师与科学家，必须始终保持对科学的敬畏之心，以一丝不苟的态度对待每一个实验、每一次设计。同时，他们也深刻理解到，匠心独运不仅仅是对产品的精心打造，更是对社会责任的勇于担当。

📖 延伸阅读

《泰坦尼克号》背后的真实故事

1912 年 4 月 10 日，当时世界上最大的客运轮船泰坦尼克号从英国出发，开始了它唯一的一次航行，4 天后，它撞上冰山沉入大西洋。2208 名船员和旅客中，仅 705 人生还……这场冰海沉船的悲剧，连同其中交织的爱情故事，在 1997 年被一部灾难爱情片深刻演绎并成为经典，那句 "You jump, I jump" 不知触动了多少人的心弦。泰坦尼克沉没已经过去了 100 多年，Jack 和 Rose 的浪漫爱情故事却陪伴了整整一代人的成长，人们或许已经在时间的流逝中渐渐忘却这场悲剧，但这段历史背后的种种真实细节依旧令人动容。

直到 1985 年，泰坦尼克号的残骸才在海底被发现，这时，距离事故发生之日已经整整 73 年……尽管它所处的环境使它衰败的速度得到极大的降低，但是在 2010 年，人们从残骸遗址的铁锈中发现了一种变形菌……它的名字为盐单胞菌，它的存在和生存意味着泰坦尼克号的残骸正在逐渐被侵蚀。科学家目前估计，到 2030 年我们将看到泰坦尼克号出现完全解体。

（资料来源：https://baijiahao.baidu.com/s?id=1781216558550825139，作者进行了适当修改）

6 民族自豪感和文化自信案例

　　民族自豪感是个体对所属民族的深刻认同和骄傲之情，它深植于对民族历史、文化、成就和价值的尊重与赞赏。这种情感不仅体现了对过去的尊重，也是对未来的期许，是民族凝聚力和文化自信的源泉。民族自豪感的核心在于文化认同，它让人们在共同的语言、传统、习俗和宗教中找到归属感。历史尊重是其重要组成部分，民族的历史传承和英雄人物成为共同的记忆和精神坐标。成就骄傲则体现在对民族在各个领域取得的成就而自豪，无论是科技突破、文学艺术、体育竞技还是社会发展，都是民族自豪感的有力支撑。

　　文化自信是一个民族或国家对自身文化价值和文化生命力的坚定信念，它体现了对文化传统、文化成就和文化发展道路的深刻认同和积极肯定。文化自信的内涵包括对历史文化遗产的尊重与传承、对民族文化独特性的认可、对文化创新与发展的自信，以及在全球化背景下对文化多样性的尊重和保护。文化自信的重要性体现在多个方面。首先，它是民族凝聚力的重要来源，能够增强民族的内部团结和身份认同，为社会的稳定和发展提供精神支撑。其次，文化自信有助于保护和传承民族文化，维护文化多样性，防止文化同质化和文化帝国主义的侵蚀。此外，文化自信能够促进文化创新，激发文化创造的活力，推动文化事业和文化产业的繁荣发展。在国际交流中，文化自信有助于提升国家的软实力和国际影响力，展示国家的文化魅力和文化形象，促进文化的国际传播和交流。同时，文化自信也是文化自觉的提升与体现，它鼓励人们主动参与文化的传承与发展，积极推动文化的进步与创新。在全球化的大背景下，文化自信对于维护国家文化安全、促进文明互鉴具有重要意义。它有助于构建开放包容的文化生态，促进不同文化之间的相互理解和尊重，推动构建人类命运共同体。总之，文化自信是一个民族和国家文化发展的基石，它不仅能够增强民族的内在凝聚力，还能够促进文化的外在影响力。文化自信对于推动文化繁荣、维护文化多样性、提升国家软实力以及促进文明交流互鉴都具有不可替代的作用。

　　文化自信与民族自豪感的结合是一种强大的精神动力，它深植于对民族历史和文化遗产的尊重，以及对文化价值和发展潜力的坚定信念。这种结合强化了民族的内在凝聚力和身份认同，激励着人们珍视和传承独特的文化传统，同时鼓励创新和进步，促进文化繁荣。它提升了国家的软实力，塑造了积极的国际形象，并在全球化的挑战中维护了文化多样性和民族特色。文化自信与民族自豪感的融合不仅增强了民族的历史意识和责任感，而且促进了文明的互鉴和共存，为构建一个更加和谐、多元的世界提供了坚实的精神支撑。

6.1　细品生漆韵味，感悟文化自信——表面涂敷技术：中国生漆

6.1.1　课程思政育人理念与目标

　　通过专业课知识的学习引导学生树立正确的国家观、历史观、科学观、发展观与文化

观，通过扎实的学习过程使学生体会材料本身蕴含的人文精神以及材料发展对于个人、社会与国家的重要影响，从而使得科学育才与思政育人协同强化学生专业能力与思维能力。本课程在表面涂敷技术中讲述中国生漆技术，中国生漆涂装应用源远流长，古今中外闻名，通过中国生漆的发展历史的视频介绍，引导学生对中国传统文化的认识。同时通过对中国生漆制备过程的详细介绍，使学生了解中国文化的博大精深，增强学生的文化自信与创新意识。课程目标体现在知识、能力与思政三个层面，具体如下：

知识目标：全面把握表面涂敷技术的核心概念，需深入剖析其基于电化学、高分子化学及材料科学等多学科融合的基本原理，这涉及如何在金属或非金属表面形成保护性涂层的科学与艺术。同时，需探讨影响涂敷效果的关键因素，如涂层材料的选择、涂敷工艺参数以及基材的表面预处理等。

能力目标：培养学生的实验设计与操作能力，特别是在表面涂敷技术领域，使其能够精准控制涂敷过程中的各项条件，以有效解决金属或其他材料表面的腐蚀问题。同时，注重提升学生的跨学科整合能力，鼓励他们将表面涂敷技术与其他相关领域（如电化学、材料科学、环境科学等）相结合，通过这种融合创新，不断拓展他们的思维视野，从而在解决复杂工程问题时能够提出更加全面和创新的解决方案。

思政目标：通过深入了解中国生漆的历史渊源、独特工艺及其在国际上的重要地位，激发学生对中华优秀传统文化的认同感和自豪感，认识到中国生漆不仅是物质文化遗产，更是中华民族智慧与创造力的结晶。学习生漆在工艺品、古建筑、家具等领域的应用与传承，让学生看到中国传统技艺在现代社会中的生命力与价值，进而增强对中国文化的自信心和自豪感。

6.1.2　课程思政元素与融入点

专业知识点	思政元素	课程思政的实施路径与方式
表面涂敷技术	细品生漆韵味，感悟文化自信	依托各种线上教学平台，开展线上线下的混合式教学

6.1.3　课程思政案例

（1）案例教学目标。通过学习表面涂敷技术的核心概念和基本知识，学生能够理解表面涂敷的基本原理及其在实际应用中的关键性，掌握影响涂敷效果的关键因素及其控制方法，培养精细操作和科学探究的能力，同时深化学生对化学工程技术在提升金属表面性能、延长使用寿命及保护金属资源方面所发挥重要作用的认识。

（2）案例主要内容。油漆涉及表面涂覆技术，在中国历史上有一个具有悠久历史和独特文化意义的涂料——中国生漆，见图6-1。生漆的使用可以追溯到距今7000多年的新石器时代。考古学家在河南贾湖遗址中发现了使用生漆涂饰的器物，表明生漆在中国的使用历史非常悠久。生漆不仅是实用材料，还承载着深厚的文化内涵。中国古代文人墨客常以漆器为题材，创作了大量诗歌、绘画和文章，歌颂漆器的美丽和工艺。漆器也被视为一种吉祥物，象征长寿和富贵。如今在探讨表面涂敷技术的理论时，以金属表面涂层的形成为例，深入讲解了涂敷过程中的一种特殊现象——类似于金属在特定条件下的钝化过程。

当采用某种特定的涂敷材料（假设其性质类似于浓硝酸对铁的作用）对金属表面进行处理时，如果涂敷层厚度或浓度控制得当，金属表面将经历一种变化：起初，随着涂敷材料浓度的增加，金属与环境的反应活性可能会暂时提升，类似于铁在稀硝酸中腐蚀速度的变化；但当涂敷达到一定的"临界值"后，金属表面迅速形成一层稳定且致密的涂层，极大地降低了其进一步与环境反应的能力，就如同铁在浓硝酸中或经浓硝酸处理后所展现出的高稳定性，即便之后置于更为活跃的环境中（如稀硝酸类比为较具侵蚀性的外部条件），也能保持较长时间的稳定状态，见图6-2。通过这样的讲解，不仅传授了表面涂敷技术中涂层形成与保护机制的基本知识，还巧妙地引导学生联想到"适度"这一中国传统文化的智慧，强调在涂敷技术乃至更广泛的生活实践中，寻找并维持最佳平衡状态的重要性，以达到最佳的保护效果或性能表现。

图6-1 被誉为"涂料之王"的中国生漆

(a) (b)

图6-2 中国生漆的传承

（a）生漆的采割；（b）中国生漆制备家具的过程

中华传统文化深厚底蕴中，"度"的智慧贯穿始终，如《中庸》所倡导的"执其两端用其中"，《论语》里"过犹不及"的哲理，均体现了对"适度"的深刻洞察。文化自信，不仅源自对辉煌历史与灿烂文化的自豪，更在于将这种智慧精髓融入现代社会的方方面面，包括对工作态度的塑造与提升。工匠精神，作为文化自信的一种体现，不仅仅是对技艺精湛的不懈追求，更是对"度"的深刻理解与精准运用。它启示，在文化传承与创新、社会建设与发展中，都应如同匠人雕琢艺术品般，既不可急功近利、用力过猛而失其韵味，亦不可轻率从事、敷衍塞责而损其品质。文化自信，促使在实践中不断探索与平衡，寻找那份恰到好处的"度"。回顾中国共产党百年波澜壮阔的奋斗历程，正是对"度"的精准把握与实事求是的坚持，铸就了党事业的辉煌成就，因此，在政策制定、工作执行中能够科学研判、合理施策时，既不过于激进也不失之保守，就能确保党的事业稳健前行，不断开创发展新局面。

因此，文化自信不仅仅是对过去辉煌的肯定，更是对未来发展的指引。它要求，在新时代背景下，继续弘扬"适度"原则，坚持唯物辩证法，提升辩证思维能力，确保在干事创业的过程中，既能精准施策、有效作为，又能避免因过度或不足而带来的负面影响。通过不断实践与探索，让文化自信成为推动社会进步、实现民族复兴的强大精神力量。

（3）教学反思。在教授"表面涂敷技术"的知识时，将这一现代科技领域的化学原理与中华传统文化中"适度"的哲学智慧相融合，旨在引领学生不仅掌握先进的涂敷技术知识，更能从中汲取人生哲理的滋养。通过解析金属表面在特定涂敷材料作用下，如何从易于受损变得坚韧耐用的过程，启发学生思考"适度"原则在日常生活与职业生涯中的广泛应用与重要性。将抽象的科技概念与贴近生活的实例相结合，能够极大地激发学生的学习热情和探索动力。然而，在引导学生将表面涂敷技术的化学机制与传统文化中的"适度"哲学紧密对接方面尚存提升空间。尽管已尝试借助《中庸》与《论语》的精髓来阐释"适度"的深刻内涵，但仍有部分学生难以将二者自然融合，形成深刻而全面的理解。因此，未来的教学应更加注重跨学科知识的无缝衔接与深度融合，帮助学生构建横跨科技与人文的综合知识体系。同时，也鼓励他们勇于质疑既定观念，敢于在表面涂敷技术的广阔天地中探索未知，不断创新，以更加开放和多元的视角审视和解决实际问题。通过这样的教学实践，期望能够培养出既具备扎实专业知识，又富有文化底蕴和创新精神的复合型人才。

📖 **延伸阅读**

"涂料之王"——漆的人文历史

漆又名漆树，干漆（《四川中药志》），大木漆、小木漆（湖北），山漆（福建、湖南），植首（湖南），瞎妮子（山东），是漆树科落叶乔木。在中国除黑龙江、吉林、内蒙古和新疆外，其余省区均可栽培；漆在印度、朝鲜和日本也有分布。漆是中国最古老的经济树种之一，籽可榨油，木材坚实，为天然涂料、油料和木材兼用树种。漆液是天然树脂涂料，素有"涂料之王"的美誉。漆属于高山种，性较耐寒，大多分布在山脚、山腰或农田垅畔等海拔较低的地方。它具有防腐蚀、耐强酸、耐强碱、防潮绝缘、耐高温等性能，是优良的涂料和防腐剂，并易结膜干燥，且富有光泽，可用以涂饰海底电缆、机器、车船、建筑、家具及工艺品等。以前家中常用的八仙桌、靠背椅、樟木箱等家具都是用生漆作为涂料，还有为老人准备的棺材也必须用生漆做涂料。漆树的木质坚硬、细腻，在乔木中属上品，故也是制作家具的上好材质。漆树的叶和花果，可以入药，有止咳、消淤、通经、杀虫之效。果实可榨油，果皮可取蜡，漆仁油可作油漆工业的原料，也可食用，漆蜡则是制造肥皂和甘油的重要原料。漆树是天然涂料、油料和木材兼用的经济型树种，可谓全身是宝。清代吴其濬在《植物名实图考》中写道："野漆树，山中多有之。枝干俱如漆，霜后叶红如乌桕叶，俗亦谓之染山红。结黑实，亦如漆子。"《植物名实图考》一书中又写道："漆，山中多种之。斧其木以蛤盛之，经夜则汁出。"割漆的最佳时间段在夏至到白露之间，一般在清早，如果是下雨天，为防雨水混入则应停止割取。割漆的工具有用来割漆口的漆刀、装蚌壳的竹篓、装生漆的竹罐、接漆液的蚌壳，和防护用的草帽、胶鞋、手套等。

我们都知道，能涂鸦、能粘连、能成膜、能髹饰的生漆特性是漆工艺起源、发展的先决条件。漆文化的物化技术很可能源用于生漆调和颜料髹涂器物，生漆所具有的黏结力、装饰性以及保护性等物性与原始生活资料整合、再融入器具的公用性、注入人类的审美体验和情感，孕育产生了漆器，使漆器具有了文化的象征，开创了漆文化发展的先河。

（资料来源：https://baike.baidu.com/tashuo/browse/content?id=1599cf4ffa350344c9130238，作者进行了适当修改）

6.2 铸就强国之基，彰显文化自信——表面强化技术创新中国制造

6.2.1 课程思政育人理念与目标

通过材料表面强化专业知识的深入学习，引导学生树立正确的国家观、历史观、科学观、发展观与文化观。通过严谨而系统的学习过程，让学生深刻体会材料表面强化技术背后所蕴含的人文精神，以及这一技术对个人能力提升、社会进步与国家发展的深远影响，从而增强学生的文化自信和民族自豪感。由此，实现科学育才与思政育人的有机结合，协同增强学生的专业技能与批判性思维能力。课程目标体现在知识、能力与思政三个层面，具体如下：

知识目标：全面把握材料表面强化的核心概念，需深刻理解其根植于电化学、高分子物理、材料工程及表面科学等多学科交叉的基本原理，这既是一门科学，也是一项艺术，旨在通过物理、化学或机械手段显著改善材料表面的物理、化学及力学性能。

能力目标：在材料表面强化领域，培养学生的实验设计与操作能力至关重要，特别是针对国内现有的表面技术如热喷涂技术，需要训练学生精准调控强化过程中的各个环节，以确保材料表面获得理想的性能提升，有效抵御腐蚀、磨损等不利因素。为了实现这一目标，需构建一个综合性的实验教学体系，让学生在实践中学习如何优化涂层或强化层的制备工艺，掌握关键参数的调整对最终性能的影响。

思政目标：在材料表面强化的实践与应用领域，特别是聚焦于国内现有的先进表面技术如热喷涂技术时，致力于通过精准掌控强化过程中的每一个细微环节，引导学生树立起

严谨治学、追求卓越的价值观念。这一过程不仅是对技术层面极致追求的体现，更是对中华民族传统文化中工匠精神的一种深刻传承与时代弘扬。在这样的教育环境下，学生不仅能够掌握扎实的专业知识与技能，更能在内心深处种下工匠精神的种子，让追求卓越、精益求精成为他们职业生涯中永恒的追求。

6.2.2 课程思政元素与融入点

专 业 知 识 点	思 政 元 素	课程思政的实施路径与方式
微弧氧化技术	表面铸就强国之基，彰显文化自信	O2O教学模式：线上预习＋线下翻转课堂

6.2.3 课程思政案例

（1）案例教学目标。通过学习表面涂敷技术的核心概念和基本知识，学生能够理解表面涂敷的基本原理及其在实际应用中的关键性，掌握影响涂敷效果的关键因素及其控制方法，培养精细操作和科学探究的能力，同时深化对化学工程技术在提升金属表面性能、延长使用寿命及保护金属资源方面所发挥重要作用的认识。

（2）案例主要内容。在波音737机翼的制造过程中，通过阳极氧化处理，在机翼铝合金表面形成氧化铝氧化膜。该氧化膜能够抵御飞行过程中遇到的各种大气环境因素的侵蚀，例如在穿越云层时，云层中的水汽以及可能含有的酸性物质等。同时，在飞机频繁起降过程中，对机翼表面可能受到跑道附近沙石冲击等情况也能起到一定的防护作用。但其氧化膜有孔隙，封孔处理后在复杂环境或长期摩擦部位防护效果仍不理想，膜层硬度和耐磨性有限。后来，西安理工大学材料科学与工程学院蒋百灵教授，开发出复杂工况条件下轻合金表面防护涂层设计及高效制备技术——微弧氧化技术，这项技术围绕汽车、高铁、航空航天、电子等铝、镁及钛合金典型部件的表面性能的需求，蒋百灵教授所主持的"铝镁合金微弧氧化设备研制"项目荣获国家科技进步奖二等奖，项目获批发明专利授权二十余项，申请国际专利两项。经过多年的推广完善，目前蒋百灵团队开发的微弧氧化及复合处理技术和装备被写入海装艇上铝制设备防腐处理验收大纲和美国通用汽车车用镁合金轮毂表面处理规范，已被中车集团、中国航天科技集团、中国航空工业集团、一汽集团、东风汽车、通用汽车、富士康集团、嘉瑞集团等多家企业采用。处理的产品涉及国防军工、交通及电子产品等行业达一百余种，累计推广微弧氧化及复合处理生产线三十余条，部分企业提供数据表明新增产值近百亿元，其开发及应用仍在国际上处于领先地位。

案例主要通过蒋百灵教授的事迹引出国际表面技术的发展现状，尤其是国内表面技术的发展在国际上的地位和作用。同时通过学生在生产实习中看到的热喷涂技术（尤其是超音速喷涂、爆炸喷涂）的发展，了解国内与国际的发展差距。随后了解材料表面强化的主要技术——热喷涂的技术发展历史，坦克修理大师徐滨士院士对中国"再制造"的重大贡献，见图6-3。基于此，我国创新发展的中国特色再制造，以废旧产品资源利用率高、再制造产品性能最优、生产资源消耗最少作为目标，成为废旧机电产品再生利用、延长装备使用寿命的高级形式，是实现循环经济"减量化、再利用、资源化"的重要途径。因此，不忘初心谋发展，将极大地促进资源节约和环境保护，为国家循环经济发展战略提供重要支撑，培养学生的科学发展观与创新意识。

图 6-3　战争时坦克的外观图

水溶液表面强化由于废水水质较复杂，废水中含有铬、锌、铜、镍、镉等重金属离子以及酸、碱、氰化物等具有很大毒性的杂物。若不处理直接排放会产生巨大的危害，国家对这方面的污水处理工艺要求极高。随着保护环境，绿色发展的理念深入人心，全国各地对环境的要求更加严苛，电镀废水的有效处理对自然环境的保护具有非常重要的意义，见图 6-4。加强技术研发，引入先进的清洁生产工艺和管理机制，通过监控和控制生产过程中污染物的排放和资源消耗，促进表面处理行业的健康可持续发展。

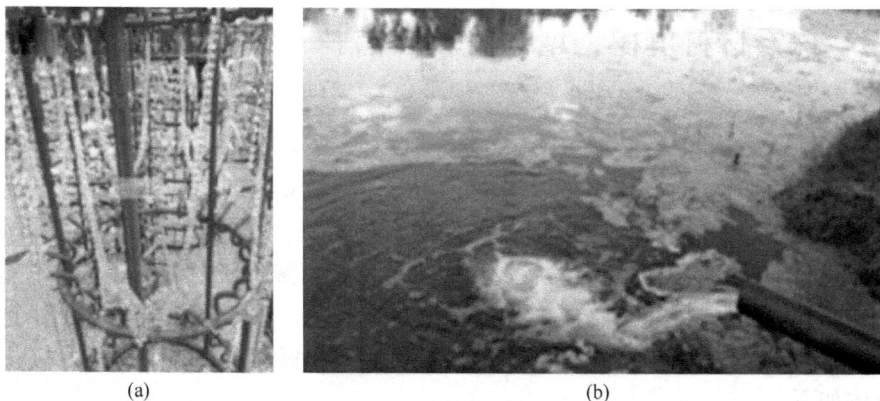

(a)　　　　　　　　　　　　　　　　　(b)

图 6-4　电镀废水的处理
(a) 电镀废水处理设备；(b) 电镀废水的排放

（3）教学反思。在教授"材料表面强化技术"的知识时，致力于将这一前沿科技领域的化学、物理原理与现代科学观、发展观相结合，旨在引导学生不仅掌握先进的表面强化技术知识，还能从科学发展的角度审视技术进步对社会、经济及环境的深远影响。通过解析材料表面在热喷涂、激光处理等现代技术作用下的显著变化，鼓励学生思考科技如何促进可持续发展，以及如何在追求技术革新的同时，保持对自然环境的尊重与保护。教学实践中，注重培养学生的科学精神与发展意识，在此基础上，进一步强调发展观的重要性。引导学生认识到，科技进步应服务于社会的全面发展和人类的共同福祉，而非单纯追求经济效益或技术突破。通过讨论材料表面强化技术在节能减排、资源循环利用等方面的潜力，鼓励学生思考如何在技术创新的道路上实现经济效益、社会效益与环境效益的和谐统一。

此外，还注重培养学生的批判性思维与创新能力，鼓励学生勇于质疑既有观念，敢于挑战技术难题，以创新的思维探索材料表面强化的新途径、新方法。通过组织小组讨论、项目研究等教学活动，为学生提供了展示自我、交流思想的平台，让他们在合作与竞争中不断成长，为未来的科技事业奠定坚实的基础。

📖 延伸阅读

电 镀 废 水

电镀废水的来源一般为：（1）镀件清洗水；（2）废电镀液；（3）其他废水，包括冲刷车间地面，刷洗极板洗水，通风设备冷凝水，以及由于镀槽渗漏或操作管理不当造成的"跑、冒、滴、漏"的各种槽液和排水；（4）设备冷却水，冷却水在使用过程中除温度升高以外，未受到污染。电镀废水的水质、水量与电镀生产的工艺条件、生产负荷、操作管理与用水方式等因素有关。电镀废水的水质复杂，成分不易控制，其中含有铬、镉、镍、铜、锌、金、银等重金属离子和氰化物等，有些属于致癌、致畸、致突变的剧毒物质。

（资料来源：https://baike.baidu.com）

6.3　探索材料奥秘，增强民族自信——新材料领域的探索

6.3.1　课程思政育人理念与目标

通过材料表面强化专业知识的深入学习，引导学生树立正确的国家观、历史观、科学观、发展观与文化观。通过材料工程基础知识的系统学习，塑造学生坚定的国家责任感、历史使命感、科学求真观、可持续发展观及文化自信观。聚焦于材料工程这一核心领域，引导学生在深入理解材料特性、结构与性能关系的基础上，领悟材料科学发展对个人能力提升、社会进步乃至国家竞争力增强的深远影响。课程目标体现在知识、能力与思政三个层面，具体如下：

知识目标：使他们能够扎实掌握材料科学的基本原理与工程应用方法。学生学习并掌握材料科学的基本概念、分类、性质及其微观结构与宏观性能之间的关系。通过理论学习，学生能够理解材料如何在外界条件（如温度、压力、化学环境）影响下发生变化，以及这些变化如何影响材料的性能和应用。

能力目标：全面提升学生的专业素养与实践能力，为他们未来在材料工程领域的发展奠定坚实的基础。具体而言，课程注重培养学生的实验设计与操作能力，使学生能够独立设计实验方案、选择实验设备、执行实验操作并准确记录实验数据。通过实践训练，学生

将掌握材料性能测试、制备工艺优化等基本技能，为未来的科研与工程实践打下坚实的实验基础。

思政目标：在教学过程中，不仅致力于传授学生扎实的专业知识与技能，更将民族自豪感与文化自信作为重要的思政目标融入其中。这一目标的设定，旨在通过材料工程这一窗口，让学生深刻理解中华民族在材料科学领域的辉煌成就与不懈追求，从而激发他们的民族自豪感和文化自信。

6.3.2 课程思政元素与融入点

专业知识点	思政元素	课程思政的实施路径与方式
材料的制备、结构与性能	探索材料奥秘，增强民族自信	依托互联网＋教学平台，开展线上翻转课堂，增加线下实验项目

6.3.3 课程思政案例

（1）案例教学目标。通过学习材料工程基础课程中材料的核心概念和基本知识，学生能够理解材料制备、结构与性能的基本原理及其在实际应用中的重要性，掌握材料制备过程的关键因素，培养精准操作和科学探究的能力，同时提升学生们的民族自豪感和文化自信。

（2）案例主要内容。俄罗斯的 AL31-FN 发动机在我国早期战斗机发展历程中扮演了极为关键的角色，是当时引进的重要技术成果。这款发动机以其卓越的性能表现，为我国战斗机的发展提供了有力支持。AL31-FN 发动机具备高推力。在实际应用中，其强大的推力使得搭载该发动机的战斗机在飞行性能上有了质的飞跃。例如，在空战中，高推力赋予了战斗机更出色的加速性能和机动能力，使其能够在瞬间改变飞行姿态和速度，在与敌机的对抗中占据优势。无论是在快速爬升、高速飞行还是进行各种复杂的空战机动动作时，AL31-FN 发动机的高推力都为战斗机提供了强劲的动力保障。同时，AL31-FN 发动机还具有可靠性强的优点。在长期的使用过程中，其稳定的性能表现得到了充分验证。无论是在日常的飞行训练中，还是在各种复杂的作战环境下，该发动机都能保持良好的运行状态。它能够适应不同的气候条件和地理环境，从寒冷的北方地区到炎热的南方地区，从平原到高原，AL31-FN 发动机都能稳定可靠地工作。这种可靠性减少了战斗机因发动机故障而导致的事故率，提高了战斗机的出勤率和作战效能。在我国早期的一些军事演习和实际作战任务中，搭载 AL31-FN 发动机的战斗机多次出色完成任务，其可靠性为作战行动的顺利进行提供了坚实的保障。当进口技术已无法满足中国航空工业的发展日益复杂的军事需求时，国产太行发动机的研发成为中国在航空领域实现自主可控的关键一步，这一过程展现了中国在新材料领域的探索能力，也增强了民族自信。

同时，堆浸法炼金体现了一个国家或地区在冶金领域的技术水平和工业基础。冶金工业的发展与机械制造工业（包括航空发动机制造）密切相关（见图 6-5 和图 6-6）。良好的冶金技术能够为机械制造提供高质量的金属材料。例如，在发动机制造过程中需要用到各种高强度、耐高温的合金材料，这些材料的生产和加工技术与冶金工业的整体水平息息相关。如果一个地区在冶金工业（包括炼金这种贵金属提取技术）方面有较强的实力，

图 6-5　机械加工设备——压力机的宏观图

（a）侧视图；（b）正视图

图 6-6　新材料在航空领域的应用

（a）俄 AL31-FN；（b）国产太行发动机；（c）航天器

那么其在发展航空发动机制造等高端机械制造产业时也更具优势，因为它们可以共享一些材料分析、加工和质量控制等方面的技术和经验（见图 6-7）。通过材料科学的研究成果，可以激发年轻一代对科技的兴趣，培养更多的材料科学人才，这种知识的普及和传承，将进一步增强社会的科技意识和民族自信，为中国未来的发展打下坚实基础。

（3）教学反思。认识到课程内容的前沿性与实用性至关重要，在本次教学中，尝试将最新的材料科学理论、技术革新以及实际工程应用案例融入课堂，但部分内容的深度和广度仍有待加强，以更好地激发学生的学习兴趣和探索欲。在未来的教学中，将更加注重采用启发式、讨论式、案例式等多种教学方法，增加课堂互动环节，鼓励学生主动思考、积极提问，培养他们的批判性思维和解决问题的能力。同时，也意识到实践教学的重要性。材料工程是一门实践性很强的学科，理论知识的学习必须与实验操作、工程实践相结合。因此，未来将努力争取更多的实践教学资源，增加实验项目和实习机会，让学生在实践中深化对理论知识的理解，提升他们的动手能力和创新能力。

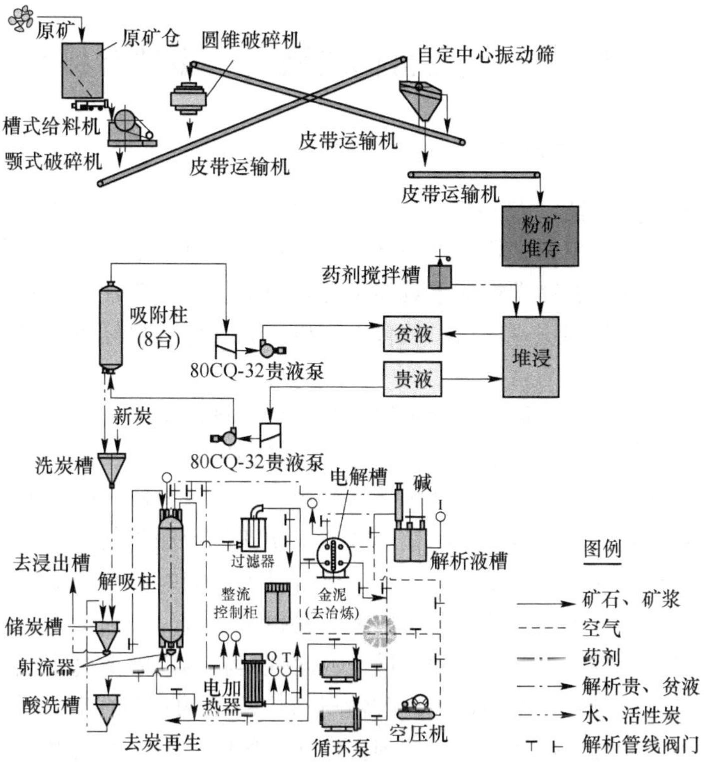

图 6-7 湿法冶金实例：堆浸炼金工艺

📖 延伸阅读

堆 浸 工 艺

　　一种矿物浸出工艺。此法使浸出剂渗入矿石堆而溶出有用组分。西班牙是最早使用堆浸技术的国家，1752 年即用此法浸出氧化铜矿石。20 世纪 50 年代末，中国用此工艺处理低品位的铀矿石，1967 年美国矿务局开始用堆浸工艺处理低品位的金矿石。堆浸主要是指矿石堆浸和废石堆浸，就地浸出也属堆浸范畴。工业上堆浸主要用于浸出低品位的铀矿石、氧化铜矿石和金矿石。

　　就地浸出是利用渗滤直接浸出矿体内的目的组分的方法。操作时在勘测好的采场地面上分区钻孔（分注入孔和回收孔），将浸出剂由注入孔注入矿体中，通过矿体裂隙毛细管作用溶浸矿体内的有用组分，再经回收孔将浸出液抽至地面作进一步处理。就地浸出可省去建井、采矿、运输、破碎、磨矿、物理选矿及固液分离等作业，将浸出作业移至地下矿体内，尾矿就地废弃堆存，具有明显的经济效益和保护环境效益。但就地浸出对矿体的生成条件要求很严，矿体应具有良好的渗透性，矿体周围有相应的不透水层，基岩稳定，地下水位低，有利于浸出液的回收。由于就地浸出的制约因素多，主要用于从地下采空区的残矿中回收铜和铀。20 世纪 80 年代中期中国采用就地浸出法对爆破后的铀矿体进行浸出，大幅度降低了生产成本。

　　（资料来源：https://baike.baidu.com/）

6.4　磁韵中华，文化自信之路——磁性材料的奥秘

6.4.1　课程思政育人理念与目标

通过学习材料物理性能（热性能、电性能、光性能及磁性能）的物理本质与基本原理及其发展历程，引导学生树立科学家精神，锻炼科学思维方法，增强其文化自信和民族自豪感；同时通过应用材料物理性能于具体工程材料的设计与改性，培养学生工匠精神和工程师职业道德。从而将知识育才与思政育人有机结合。课程目标体现在知识、能力与思政三个层面，具体如下：

知识目标：在使学生全面而深入地理解和掌握该领域的基本概念、原理、分类、特性以及应用。通过讲授使学生们理解磁性的定义，包括磁矩、磁场、磁感应强度、磁通量等基本概念。同时掌握磁性材料产生磁性的物理原理，如电子自旋、磁畴理论等。

能力目标：主要聚焦于培养学生的核心技能、实践能力和创新思维，以便他们能够在磁性材料领域进行有效的学习、研究或工作。经过学习，面对磁性材料领域的问题，学生能够识别问题的关键点，提出有效的解决方案，并付诸实践。鼓励学生具备创新思维，能够探索新的磁性材料、制备工艺或应用领域，为磁性材料的发展做出贡献。

思政目标：可以通过介绍中国古代在磁性材料应用上的卓越成就，如指南针的发明，来增强学生的民族自豪感。指南针作为中国古代四大发明之一，不仅推动了世界航海技术的发展，也体现了中国古代人民在磁性材料应用上的智慧和创造力。并在课堂上介绍中国在现代磁性材料领域的研究进展和国际地位，让学生了解到中国在磁性材料科技方面的实力和贡献，从而激发他们的爱国热情和民族自豪感。

6.4.2　课程思政元素与融入点

专 业 知 识 点	思 政 元 素	课程思政的实施路径与方式
多变的磁性材料	磁韵中华，文化自信之路	在线学习与混合式教学，融合社会实践与支援服务的方式

6.4.3　课程思政案例

（1）案例教学目标。通过引导学生理解磁性技术背后的深厚文化底蕴与创新精神，培养其成为磁性材料领域的探索者与创新者，共同书写中华文化的科技新篇章。掌握磁性材料的基本性质，包括磁性强度、磁化曲线、居里温度等，并能解释这些性质如何影响材料在特定应用中的表现。能够准确理解磁性、磁极（北极 N、南极 S）、磁场、磁力线等基本概念，并能解释这些概念在自然界和日常生活中的应用实例。

（2）案例主要内容。2024 年 3 月 24 日，国家卫星气象中心（国家空间天气监测预警中心）发布消息称，3 月 24 日、25 日和 26 日三天可能出现地磁活动，其中 3 月 25 日可能发生中等以上地磁暴甚至大地磁暴，预计地磁活动将持续到 26 日。地磁暴是指地球磁场受到外界因素的强烈干扰而产生的全球性现象。这种干扰可以来自太阳活动，如太阳黑子、耀斑等剧烈活动产生的太阳风（高能带电粒子流）。当太阳风到达地球并与大气层中

的原子、分子相互作用时，会产生光芒，形成极光。此时，太阳风中的带电粒子流到达地球附近，会对地磁场产生影响，导致地磁场发生剧烈变化，这就是地磁暴。地磁暴是一种由太阳活动引起的地球磁场剧烈扰动的现象，会对卫星通信、航天器运行等产生影响，会影响导航定位，但通常对人类健康和日常出行没有影响。地磁暴会引起极光的出现，是一种自然现象。

本案例通过地磁暴引入地磁现象，进而过渡到磁性材料，通过磁性材料的基本现象、自发磁化理论、技术磁化理论的学习，知道材料的成分、组织结构、缺陷和加工方式等对材料磁性参量的影响知道磁性材料"差之毫厘、谬以千里"，使学生意识到磁性材料的性能必须做到精益求精，培养其在材料设计中严谨的科学洞察力和不懈的探索精神（见图6-8）。通过这一教学实践，不仅增强学生的民族自豪感与文化自信，更激发他们成为未来材料科学领域具备科学家精神与创新能力的栋梁之材。

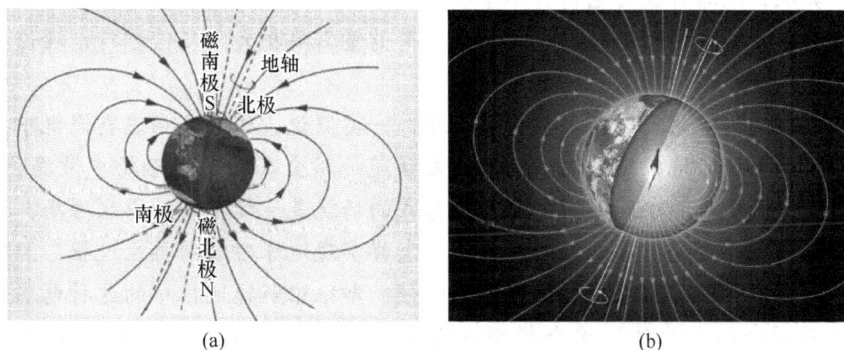

(a)　　　　　　　　　　　　(b)

图 6-8　地球磁场构造图
（a）地球外部磁场分布；（b）地球内部磁场分布

（3）教学反思。磁性材料的教学应注重理论与实践的结合。通过演示实验、学生动手实验等方式，让学生直观感受磁性材料的性质，加深对知识点的理解。同时，也要关注实验过程的安全性和规范性。利用多媒体课件、视频、动画等现代化教学手段，使抽象的知识点更加生动、形象，激发学生的学习兴趣。但也要避免过度依赖多媒体，忽视板书和口头讲解的重要性。采用提问、讨论、小组合作等互动式教学方法，鼓励学生积极参与课堂，提高教学效果。同时，也要关注学生的学习状态，及时调整教学策略，确保每位学生都能跟上教学进度，也要及时收集学生对教学的反馈意见，了解他们在学习过程中的困惑和需求。根据学生的反馈，调整教学内容和方法，提高教学的针对性和有效性。

📖 延伸阅读

地球磁场发展史

历史上，第一个提出地球磁场理论概念的是英国人吉尔伯特。他在1600年提出一种论点，认为地球自身就是一个巨大的磁体，它的两极和地理两极相重合。这一理论确立了地球磁场与地球的关系，指出地球磁场的起因不应该在地球之外，而应在地球内部。

1893 年，数学家高斯在他的著作《地磁力的绝对强度》中，从地磁成因于地球内部这一假设出发，创立了描绘地球磁场的数学方法，从而使地球磁场的测量和起源研究都可以用数学理论来表示。但这仅仅是一种形式上的理论，并没有从本质上阐明地球磁场的起源。

科学家们已掌握了地球磁场的分布与变化规律，但是，对于地球磁场的起源问题，学术界却一直没有找到一个令人满意的答案。关于地球磁场起源的假说归纳起来可分为两大类，第一类假说是以现有的物理学理论为依据；第二类假说则独辟蹊径，认为对于地球这样一个宇宙物体，存在着不同于现有已知理论的特殊规律。属于第一类假说的有旋转电荷假说。它假定地球上存在着等量的异性电荷，一种分布在地球内部，另一种分布在地球表面，电荷随地球旋转，因而产生了磁场。这一假说能够很自然地通过电与磁的关系解释地球磁场的成因。但是，这个假说却有一个致命缺点，首先它不能解释地球内外的电荷是如何分离的；其次，地球负载的电荷并不多，由它产生的磁场是很微弱的，根据计算，如果要想得到地球磁场这样的磁场强度，地球的电荷储量需要扩大 1 亿倍才行，理论计算和实际情况出入很大。

以地核为前提条件的地球磁场假说也属于第一类假说，弗兰克在这类假说中提出了发电机效应理论。他认为地核中电流的形成，应该是地核金属物质在磁场中做涡旋运动时，通过感应的方式而发生的。同时，电流自身形式的场就是连续不断的再生磁场，好像发电机中的情形一样。弗兰克所建立的模型说明了怎样实现地球磁场的再生过程，解释了地球磁场有一定的数值。但是在应用这种模型的时候，却很难解释地核中的这种电路是怎样通过圆形回路而闭合的。此外，这个模型也没有考虑到电流对涡旋运动的反作用，而这种反作用是不允许涡旋分布于平行赤道面的平面内的。属于第一类假说的还有漂移电流假说、热力效应假说和霍尔效应假说等，但这些假说都不能全面地解释地球磁场的奇异特性。

关于地球磁场起源还有第二类假说，其中最具代表性的就是重物旋转假说。1947 年，布莱克特提出任意一个旋转体都具有磁矩，它与旋转体内是否存在电荷无关。这一假说认为，地球和其他天体的磁场都是在旋转中产生的，也就是说星体自然生磁，就好像电荷转动能产生磁场一样。但是，这一假说在试验和天文观测两方面都遇到了困难。在现有的实验条件下，还没有观察到旋转物体产生的磁效应。而对天体的观测结果表明，每个星球的磁场分布状况都很复杂，尚不能证明星球的旋转与磁场之间存在着必然的依存关系。

因此，关于地球磁场的起源问题，学术界仍处在探索与争鸣之中，尚没有一个具有相当说服力的理论，对地球磁场的成因作出解释。

（资料来源：https://baike.baidu.com/）

6.5 创新引领未来，文化自信启航——材料人的"创新创业"

6.5.1 课程思政育人理念与目标

以"创新引领未来，文化自信启航"为核心，培养材料人成为创新创业先锋。通过项目实践，激发创新潜能，将文化自信融入技术革新，让学生在解决时代难题中展现中国智慧，共创辉煌未来，增强民族自豪感与使命感。课程目标体现在知识、能力与思政三个层面，具体如下：

知识目标：创新创业指导课程的知识目标主要围绕培养学生的创新思维、创业理论、商业模式理解以及社会经济趋势认知等方面展开，通过本课程的学习，学生需要熟悉并掌握创新思维的基本方法。

能力目标：通过课程的学习，要形成创新创业者的科学思维，学生应能逐步形成创新创业所需的科学思维方式，包括批判性思维、系统性思维、创意思维等，以应对复杂多变的创业环境。

思政目标：在课程中深入挖掘中国传统文化中的创新精神和创业智慧，让学生认识到中华文化的博大精深和独特魅力，从而增强他们的文化自信，鼓励他们在创新创业中融入传统文化元素，推动文化传承与创新。讲述中国创新创业的成功案例和传统文化在现代社会中的应用，激发学生的民族自豪感和爱国热情，增强他们对国家的认同感和归属感。

6.5.2 课程思政元素与融入点

专业知识点	思政元素	课程思政的实施路径与方式
创业理论、商业模式以及社会经济趋势	创新引领未来，文化自信启航	案例分析法、问题导向学习，有效结合线上线下教学

6.5.3 课程思政案例

（1）案例教学目标。通过"创新引领未来，文化自信启航"的创新创业实践，引导学生深入理解材料科学的创新潜力，培养其将传统文化智慧与现代科技融合的能力。学生将学习如何以文化自信为基石，勇于探索未知领域，解决行业难题，最终在创新创业的浪潮中闯出一片天，增强民族自豪感，为国家的科技进步与繁荣发展贡献力量。

（2）案例主要内容。作为中国钛合金领域的奠基人与开创者，曹春晓院士从22岁开始研究钛合金，至今整整65年，是我国"973""863"计划的首席科学家。"现在我已经87岁了，如果还有下一辈子的话，我还愿意再一次与钛合金、与航空结下终身的不解之缘。"谈起与他相伴一生的钛合金科研事业，曹院士如此说道。曹春晓院士揭秘了一些钛合金的创新技术。例如，经过多年的创造性研究，目前仅钛合金的处理工艺就多达18种，包括了熔炼工艺、锻造工艺、热处理工艺、3D打印工艺，等等。"当年锻造钛合金底盘，作为一个1 min需要转动10000多次的大型锻件，要求极高。但当时的锻造工艺，总有一些技术难关无法攻克，曾经考虑过购买国外产品。"曹院士介绍说，最后他的团队通过创新，研发出"高低温交替锻造"的全新工艺，有效地改善了钛合金底盘的质量。而今日，中国航空材料的"钛度"已经跻身国际先进水平。除了航空领域，钛合金材料在人造关节、假牙种植等医疗器具方面也被广泛应用。比如，曹春晓院士自己身体里安装的心脏起搏器，其材质里就含有他研究了一辈子的钛合金。通过引入曹春晓院士的事迹，引导学生思考如何根据国家的需求来规划自己的未来，从熟悉的材料入手，制订研究和学习计划，攻克国家的关键战略高端材料，融入思政元素"使命担当、工匠精神"，使学生明白现在作为一名材料人如何创出一片天地，既能解决自己的工作，又能解决国家的需求，引导学生使命担当，在未来的工作中，除了做好本职工作之余，可以考虑一下对国家的贡献有多少？从而增强学生的文化自信和民族自豪感（见图6-9）。

图6-9　钛合金锻件示意图

（3）教学反思。在课堂上保持教学内容与时代性的契合度，反思自己是否及时更新了教学内容，以反映当前创新创业领域的最新趋势、政策和技术？教学内容是否过于理论化、缺乏实践性和前沿性？要更加保持教学内容的时效性，定期引入行业前沿动态、成功案例分析等，增强课程的实用性和吸引力。同时，增加实践环节，如模拟创业、企业参访等，让学生亲身体验创新创业的过程。要更加注重在课程中强化创新创业精神的培养，通过案例分析、创业模拟等方式让学生深入理解创新创业的内涵和价值。同时，加强实践环节，让学生在实践中锻炼创新思维和创业能力，培养他们的勇气和毅力。

📖 延伸阅读

钛合金发展历史

钛是20世纪50年代发展起来的一种重要的结构金属，钛合金因具有强度高、耐蚀性好、耐热性高等特点而被广泛用于各个领域。世界上许多国家都认识到钛合金材料的重要性，相继对其进行研究开发，并得到了实际应用。

第一个实用的钛合金是1954年美国研制成功的Ti-6Al-4V合金，由于它的耐热性、强度、塑性、韧性、成型性、可焊性、耐蚀性和生物相容性均较好，而成为钛合金工业中的王牌合金，该合金使用量已占全部钛合金的75%～85%。其他许多钛合金都可以看作是Ti-6Al-4V合金的改型。

20世纪50—60年代，航空发动机主要采用的是高温钛合金，机体采用的是结构钛合金，70年代开发出一批耐蚀钛合金，80年代以来，耐蚀钛合金和高强钛合金得到进一步发展。耐热钛合金的使用温度已从50年代的400 ℃提高到90年代的600～650 ℃。

A2（Ti3Al）和 r（TiAl）基合金的出现，使钛在发动机的使用部位正由发动机的冷端（风扇和压气机）向发动机的热端（涡轮）方向推进。结构钛合金向高强、高塑、高强高韧、高模量和高损伤容限方向发展。

另外，20 世纪 70 年代以来，还出现了 Ti-Ni、Ti-Ni-Fe、Ti-Ni-Nb 等形状记忆合金，并在工程上获得日益广泛的应用。

世界上已研制出的钛合金有数百种，最著名的合金有 20～30 种，如 Ti-6Al-4V、Ti-5Al-2.5Sn、Ti-2Al-2.5Zr、Ti-32Mo、Ti-Mo-Ni、Ti-Pd、SP-700、Ti-6242、Ti-10-5-3、Ti-1023、BT9、BT20、IMI829、IMI834 等。

据相关统计数据，2012 年我国化工行业用钛量达 2.5 万吨，比 2011 年有所减少。这是自 2009 年以来，我国化工用钛市场首次出现负增长。近些年来，化工行业一直是钛加工材最大的用户，其用量在钛材总用量的占比一直保持在 50% 以上，2011 年占比高达 55%。

（资料来源：https://baike.baidu.com/，作者进行了适当修改）

6.6　创新碳纤维，筑梦中国强——碳纤维对战略领域的不可或缺性

6.6.1　课程思政育人理念与目标

在碳纤维课程的教学过程中，应注重将专业知识与思政教育相融合。通过介绍碳纤维材料的优良特性、应用领域以及制备工艺等，引导学生认识到碳纤维材料在现代工业、航空航天、国防科技等领域的重要性，从而激发他们的学习热情和爱国情怀。同时，结合碳纤维材料的研发历程和我国在该领域的成就，培养学生的民族自豪感和文化自信。课程目标体现在知识、能力与思政三个层面，具体如下：

知识目标：掌握碳纤维的制备原理，包括有机纤维经过高温热解及石墨化处理得到微晶石墨材料的过程。了解这一过程中发生的物理和化学变化，以及这些变化对碳纤维性能的影响。

能力目标：通过课程实验、实训等环节，使学生掌握碳纤维制备、性能测试等实验技能。学生能够独立完成实验设计、操作、数据记录和分析等任务。熟悉碳纤维制备工艺流程，掌握关键工艺参数的控制和调整方法。

思政目标：在碳纤维课程中，通过介绍我国在碳纤维技术领域的重大突破和成就，如高性能碳纤维的研发、关键制备技术的攻克等，增强学生的民族自豪感。同时介绍国内碳纤维企业的成长历程、技术创新和市场拓展等方面的情况，让学生感受到本土企业在国际竞争中的实力和风采，增强他们的民族自信心。

6.6.2　课程思政元素与融入点

专业知识点	思政元素	课程思政的实施路径与方式
复合材料—碳纤维	创新碳纤维，筑梦中国强	依托互联网＋教学平台，开展线上线下的互动式体验教学

6.6.3　课程思政案例

（1）案例教学目标。聚焦于"创新碳纤维，筑梦中国强"，旨在通过复合材料碳纤维的学习与探索，激发学生的创新思维与实践能力。学生将深入了解碳纤维材料的特性与应用，掌握其在高端制造、航空航天等领域的核心作用，进而认识到科技创新对于国家强盛的重要性。通过实践，学生将增强民族自豪感与文化自信，为中国复合材料产业的崛起贡献智慧与力量。

（2）案例主要内容。歼-20作为一款先进的战斗机，对机动性和航程等性能有着极高的要求。碳纤维复合材料具有出色的比强度（强度与密度之比）和比刚度（模量与密度之比），其密度比传统的铝合金低很多。通过使用碳纤维材料，歼-20的机体重量得以减轻，这使得飞机在同等发动机推力下能够获得更好的推重比，从而提升了飞机的机动性，包括快速的转弯、爬升和俯冲等动作。同时，飞机在高速飞行过程中会承受巨大的空气动力载荷，如超音速飞行时的激波压力、机动飞行时的过载力等。碳纤维材料可以很好地抵抗这些力，防止机身和机翼等结构出现变形、损坏等情况。并且，碳纤维材料的高刚度特性也有助于维持飞机结构的几何形状准确性，确保飞机的飞行稳定性和操纵性能。此外，碳纤维可以减少飞机的雷达反射截面积（RCS），使得飞机在雷达探测下更难被发现。本案例以碳纤维增强体为例，旨在为学生揭示先进增强体材料在航空航天、军工、能源等战略领域的不可或缺性，以及国内外技术水平的显著差距。这不仅是一次知识的探索之旅，更是一次心灵的触动与启迪。通过生动的案例分析，让学生深刻理解科学技术现代化对于国家综合国力的决定性作用，以及青年一代在推动科技进步、实现民族复兴中的历史使命。同时，引导学生将个人理想融入国家发展大局，激发他们为中国梦而不懈奋斗的远大志向。在这一过程中，学生将深刻领会"富强"这一核心价值观的丰富内涵，它不仅是国家层面的追求，也是对每一位青年在科学技术现代化道路上不懈探索、勇于攀登的殷切期望。通过"创新碳纤维，筑梦中国强"的主题，共同见证复合材料碳纤维如何成为筑梦路上的坚实基石，激励青年学子以科技报国，共筑中华民族伟大复兴的中国梦（见图6-10）。

图6-10　碳纤维增强体

（3）教学反思。反思是否全面覆盖了碳纤维的基础知识、制备工艺、性能特点以及应用领域。同时，应关注碳纤维技术的最新研究进展和前沿动态，确保教学内容的时效性和前沿性。可以通过定期更新教学材料、引入最新的科研论文和技术报告等方式，保证教学内容的鲜活性和前沿性。在教学中是否有效结合了理论知识与实践操作。碳纤维课程应注重实验和实践环节，通过实际操作加深学生对理论知识的理解和掌握。可以增加实验课程比重，让学生亲自动手进行碳纤维的制备、性能测试等实验，提高他们的实践能力和解决问题的能力。

📖 **延伸阅读**

碳纤维材料特性

碳纤维主要由碳元素组成，具有耐高温、抗摩擦、导热及耐腐蚀等特性，外形呈纤维状、柔软、可加工成各种织物，由于其石墨微晶结构沿纤维轴择优取向，因此沿纤维轴方向有很高的强度和模量。碳纤维的密度小，因此比强度和比模量高。碳纤维的主要用途是作为增强材料与树脂、金属、陶瓷及炭等复合，制造先进复合材料。碳纤维增强环氧树脂复合材料，其比强度及比模量在现有工程材料中是最高的。

碳纤维直径只有 $5\ \mu m$，相当于一根头发丝的十分之一到十二分之一，强度却是铝合金 4 倍以上。

（资料来源：https://baike.baidu.com/）

6.7 专业铸就磁辉，责任担当未来——磁存储的辉煌时刻

6.7.1 课程思政育人理念与目标

磁存储材料课程不仅仅是传授专业知识，更重要的是通过课程学习，培养学生的道德品质、科学精神和人文素养。以专业铸就磁辉，深耕磁存储材料领域，不仅探索科技前沿，更在于传承与创新中激发民族自豪感与文化自信。责任担当未来，每一份科研成果都是对国家科技实力的贡献，所有努力都闪耀着文化自信的光芒，培养的不仅是技术精英，更是心怀家国、勇于担当的社会主义建设者和接班人，让中华智慧在磁存储的广阔舞台上熠熠生辉。课程目标体现在知识、能力与思政三个层面，具体如下：

知识目标：通过学习课程，学生应掌握磁学的基本概念，如磁场、磁矩、磁化强度等。理解物质磁性的分类，包括抗磁性、顺磁性、铁磁性等，并了解它们的基本特性和区别。深入理解磁存储技术的基本原理，包括磁记录、磁畴理论、磁化过程等。

能力目标：磁存储材料课程的能力目标主要聚焦于培养学生的多方面能力，以确保他们能够在磁存储材料领域及相关领域具备扎实的专业技能和解决问题的能力。在磁存储材料的研究和开发过程中，培养学生的创新意识和创新能力，推动领域内的技术进步和发展。

思政目标：注重学生道德品质的培养，通过案例分析、讨论交流等方式，引导学生形成诚实守信、勤奋好学、勇于创新的良好品质。结合磁存储材料领域的发展历史和我国在该领域的成就，增强学生的民族自豪感和文化自信，让学生认识到科技进步对国家和民族的重要性。

6.7.2　课程思政元素与融入点

专业知识点	思政元素	课程思政的实施路径与方式
磁存储材料	专业铸就磁辉，责任担当未来	运用智慧教育平台，融合线上线下，打造沉浸式互动学习体验

6.7.3　课程思政案例

（1）案例教学目标。通过介绍芯片在现代信息技术中的核心地位，使学生深刻认识到磁存储材料（如磁性随机存储器所用材料）在信息技术领域的重要性，从而增强学生对所学专业的认知度和自信心。引导学生思考中国"芯"崛起的必要性，理解科技自立自强对于国家安全和未来发展的重要性。鼓励学生树立通过自身努力，在科技领域实现自主创新的决心和信念。

（2）案例主要内容。2023 年《Chip》期刊在江苏无锡举办的 2023 芯片大会·前沿科学论坛上首次发布了"中国芯片科学十大进展"，评选出的"2022 中国芯片科学十大进展"。清华大学任天令教授团队首次实现亚 1 nm 栅极长度晶体管、中国科学院微电子研究所刘明院士、张锋研究员团队和北京理工大学王兴华副教授团队发明基于三维阻变存储器存内计算宏芯片、上海交通大学金贤敏教授团队探讨忆阻器玻色采样的量子优越性等均为推动芯片国产化奠定了坚实的基础。芯片，作为信息时代的基石，其重要性不言而喻。

当前，我国正迎来发展磁性随机存储器等先进存储技术的黄金时期。这一领域不仅需要前沿科技的突破，更离不开新型材料的支撑。作为材料科学与工程专业的学生，我们肩负着时代赋予的重任。应当深刻认识到，用所学知识去探索和发现新材料，不仅是对专业知识的实践，更是为实现芯片国产化、提升国家科技竞争力贡献力量的实际行动。让我们以专业铸就磁辉，以责任担当未来，在磁存储材料的研发道路上砥砺前行，培养深厚的专业自信心和强烈的民族责任感，共同书写中华民族科技自立自强的新篇章，增强民族自豪感和文化自信（见图6-11）。

图6-11　现代信息存储的核心元件——芯片

（3）教学反思。反思教学内容是否全面覆盖了磁存储材料的基本理论、制备工艺、性能测试、应用前景以及最新进展。是否根据学生的专业背景和课程要求，合理把握了内容的广度和深度，既不过于浅显又不过于深奥。回顾在教学过程中采用了哪些教学方法，如讲授法、实验法、案例分析法、讨论法等。评估这些方法是否有效地促进了学生的学习兴趣和参与度，以及是否有助于培养学生的实践能力和创新思维。反思在课程思政的融入过程中，是否做到了自然流畅、不生硬，思考如何更好地将思政元素与专业知识相结合，使学生在学习专业知识的同时，也能接受到正确的价值观引导。

📖 **延伸阅读**

芯　片

　　芯片是半导体元件产品的统称，晶体管发明并大量生产之后，各式固态半导体组件如二极管、晶体管等大量使用，取代了真空管在电路中的功能与角色。到了 20 世纪中后期半导体制造技术进步，使得集成电路成为可能。相对于手工组装电路使用个别的分立电子组件，集成电路可以把很大数量的微晶体管集成到一个小芯片，是一个巨大的进步。集成电路的规模生产能力，可靠性，电路设计的模块化方法确保了快速采用标准化集成电路代替了设计使用离散晶体管。

　　集成电路对于离散晶体管有两个主要优势：成本和性能。成本低是由于芯片把所有的组件通过照相平版技术，而不是在一个时间只制作一个晶体管。性能高是由于组件快速开关，消耗更低能量，因为组件很小且彼此靠近。2006 年，芯片面积从几平方毫米到 350 mm^2，每平方毫米可以达到一百万个晶体管。第一个集成电路雏形是由杰克·基尔比于 1958 年完成的，其中包括一个双极性晶体管，三个电阻和一个电容器。

　　（资料来源：https://baike.baidu.com/，作者进行了适当修改）

6.8　模具匠心，尺寸见真章——发动机缸体模具铸就奥迪 A4

6.8.1　课程思政育人理念与目标

　　通过生动的案例、实践操作等方式，激发学生的学习兴趣和求知欲，让他们对模具设计与制造领域产生浓厚的兴趣。介绍我国模具工业的发展历程和取得的成就，让学生感受到我国模具技术的强大实力和竞争优势，激发他们的民族自豪感和文化自信。课程目标体现在知识、能力与思政三个层面，具体如下：

　　知识目标：认识到模具零件尺寸计算的准确性对于模具设计、制造及产品质量的重要性。熟悉模具设计的基本原理，包括模具的构造、工作原理、材料选择等，为尺寸计算提供理论基础。

　　能力目标：培养学生具备自主学习的能力，能够主动查阅相关资料、学习新知识，不断提高自己的专业技能水平。模具设计与制造领域发展迅速，新技术、新材料层出不穷，学生需要具备快速适应新技术、新材料的能力，能够及时调整自己的知识体系，跟上行业发展的步伐。

　　思政目标：结合我国模具工业的发展历程和取得的辉煌成就，介绍模具技术在国家经济建设和社会发展中的重要作用。通过展示我国模具技术的创新成果和前沿技术，激发学生的爱国情怀和民族自豪感，让他们认识到自己所学专业的重要性和价值。

6.8.2 课程思政元素与融入点

专业知识点	思政元素	课程思政的实施路径与方式
模具零件的尺寸计算	模具匠心，尺寸见真章	开展线上线下的互动式体验教学，融合主题讲座

6.8.3 课程思政案例

（1）案例教学目标。引导学生深入理解工匠精神在模具制造领域的深刻内涵，体会每一毫米精确背后的责任与坚持，不仅传授模具设计与制造的专业技能，更重在培养学生的民族自豪感和文化自信，让学生认识到，在精密制造领域，中国工匠以卓越技艺和严谨态度，不断突破技术壁垒，引领世界潮流。通过案例分析与实践操作，激发学生追求卓越、精益求精的学习动力，树立"大国工匠"的崇高理想，为传承与发展中华优秀传统工艺文化贡献力量。

（2）案例主要内容。奥迪 A4 是一汽—大众的主打产品之一，其中点火线圈是汽车点火系统中的关键部件之一，它的作用是将汽车的低压电转换为高压电，从而在火花塞中产生火花，点燃气缸内的混合气体，以确保发动机正常工作。如果点火线圈支架出现问题，可能会导致点火线圈松动、移位或损坏，进而影响点火性能。这可能会引发一系列发动机故障，例如发动机抖动、动力下降、油耗增加、排放超标，甚至可能导致发动机无法启动。在实际生产中，制造高精度、高质量的点火线圈支架并非易事。为奥迪 A4 生产发动机点火线圈支架的压铸模具曾是一项具有挑战性的任务。国内压铸行业的"小巨人"东方压铸有限公司在南方沿海城市寻找了许多模具厂家，都没人敢承接，最终是一汽的李凯军凭着精湛的技艺，圆满完成了点火线圈支架压铸模的制造任务（见图6-12）。

图 6-12　奥迪 A4 的发动机点火线圈支架示意图

通过李凯军团队制造高精度汽车发动机点火线圈支架压铸模具的案例，让学生深刻认识到模具零件尺寸计算的精确性对于产品质量和性能所起的关键作用。作为中国产业工人的代表，李凯军的成就不仅体现了个人价值，也彰显了我国制造业的崛起和实力，增强学生的民族自豪感和文化自信。总的来说，引入李凯军及其团队制造汽车发动机缸体模具的案例，不仅丰富了"模具零件尺寸计算"课程的教学内容，还从多个维度提升了学生的专业素养、职业素养、创新思维和情感态度与价值观。

（3）教学反思。通过结合讲授、案例分析和实践操作等多种教学方法，观察到这些方法有效促进了学生的理解与掌握。课堂上，学生被积极调动参与讨论与实践，多数学生能够表现出浓厚的学习兴趣。然而，部分学生存在学习兴趣不浓厚的情况，这需要进一步增强教学内容的吸引力和趣味性，比如通过引入更多贴近行业实际的案例和采用更生动的呈现方式。同时，密切关注学生在学习过程中遇到的困难和问题，如基础知识薄弱或思维方法不当等，并提供及时的个性化帮助和指导，以帮助学生克服学习障碍。

　　基于上述反思，计划对教学内容、方法和资源进行改进，以进一步提升教学效果和学生的学习体验。同时，将持续关注行业动态和技术发展，及时更新教学内容和方法，确保课程的前沿性和实用性。此外，还将探索新的教学模式和理念，如项目式教学、翻转课堂等，以更好地激发学生的学习兴趣和主动性。

📖 延伸阅读

"绝活儿"就是令人拍案叫绝

　　李凯军对工艺的严苛追求更像是他骨子里的东西。从他进厂的第一天开始，他就利用午休和下班时间学习模具结构知识，练习车、钳、铣、刨、电焊等技术。入厂仅7个月，李凯军就独立完成CA141发动机盖板模具的制造。他完成的这套模具技术要求高，尺寸误差小，得到质检员的由衷称赞，被定为一等品。李凯军至今还记得那件模具筋槽的亮度，"上面映着我的脸。"他骄傲地说。

　　钳工的基本功之一就是锉削。在李凯军劳模工作室内摆放着一件"艺术品"，它完全可以代表锉削技艺的全国最高水平，这件"艺术品"就出自李凯军之手。那是2000年，李凯军代表中国一汽赴无锡进行交流展示。活动期间，他经过4个多小时的精雕细刻，把一个圆球通过纯手工的方法，锉削成了正十二面体——尺寸精度达到正负0.01 mm，0.01 mm是什么概念？就是相当于一根头发丝直径的六分之一！经过他锉削抛光后如镜子一般光亮的工艺品呈现出来的这个正十二面体，把在场那些见多识广的专家们彻底征服了。这"艺术品"刷新了见多识广的专家们的认知——在他们看来，这在手工界简直不可能！因为他们都知道，制件属立体加工，空间基准难找，定位测量困难，机械和数控设备都无法加工出来。李凯军就是用他自创的"指压寸动法"，手工锉削而成，专家们说：这是千锤百炼的真功夫！

　　2007年，李凯军在中央电视台《当代工人》的节目中向全国观众亮出绝活儿。那一次他手持风动工具在一只生鸡蛋上刻上"工人"两个字，鸡蛋皮被刻掉，里面的薄膜却完好无损，那种极度的精准令人拍案叫绝！

　　（资料来源：https://www.faw.com.cn/zt_fawcn/ggkf40zn49/40ncj/2042422/index.html，作者进行了适当修改）

6.9　纸传千古，创新永不止步——值得信赖的纸

6.9.1　课程思政育人理念与目标

　　纸承千年文明，创新引领未来。在"纸传千古，创新永不止步"的课程中，不仅学习纸的历史与工艺，更在探索中激发民族自豪感与文化自信。鼓励学生以纸为媒，融合现代科技，创新传统工艺，让每一张纸都讲述着中国故事，传递着信赖与希望。课程思政，

育人为本，旨在培养既懂技术又具情怀的新时代工匠，共同书写中华文化的辉煌篇章。课程目标体现在知识、能力与思政三个层面，具体如下：

知识目标：全面把握纸品技术与工艺的核心概念，需深入剖析其基于材料科学、化学工程及环保科学等多学科交叉的基本原理，这涵盖了纸张的制造、加工、表面处理以及功能化改造的科学与艺术。

能力目标：培养学生的实验设计与操作能力，特别是在纸品技术与工艺领域，旨在使他们能够熟练掌握纸张制造、加工、表面处理及功能化改造的实验技能，精准控制各工艺环节的条件，以优化纸品性能，满足多样化的市场需求。

思政目标：在纸品技术与工艺的实践与应用中，通过精心策划与细致执行纸品制造的每一个环节与细节，旨在引导学生树立起做事严谨、追求卓越的价值观。通过该课程，强化学生民族自豪感，激发文化自信。培养学生文化传承与创新精神，使每位学生成为中华文化的传播者与创新者，以信赖之纸，书写时代新篇。

6.9.2　课程思政元素与融入点

专 业 知 识 点	思 政 元 素	课程思政的实施路径与方式
纸张的制造与加工	纸传千古，创新永不止步	智慧融合教学：线上互动＋线下实践体验

6.9.3　课程思政案例

（1）案例教学目标。通过学习纸品技术的核心概念和基本知识，学生能够深入理解纸张制造与加工的基本原理，以及这些原理在提升纸品性能、丰富纸品应用中的关键作用。学生将掌握影响纸品质量的关键因素，如纸浆原料的选择、造纸工艺参数的调控、添加剂的使用以及纸张表面处理等，并学会如何有效控制这些因素以优化纸品性能。

（2）案例主要内容。很早以前，人们在甲骨、金石、简册、木牍、缣帛上书写文字，因简牍笨重，缣帛昂贵而不易普及。考古工作者曾在西安灞桥西汉古墓中发现了一叠古纸，叫作灞桥纸。蔡伦是东汉桂阳（今湖南郴县）人，他从小到皇宫去当宦官。在他做尚方令期间，因为监督制造宝剑和其他器械，经常和工匠们接触，于是就和他们一起研究改进造纸方法，他们使用树皮、麻头、破布、渔网等多种植物纤维为原料，经过挫、捣、抄、烘等一系列工艺，这种方法制造出来的纸张，质地轻薄、便于书写、价格低廉，而且原料来源广泛。蔡伦改进后的造纸术使得纸张的产量和质量都有了很大的提高，纸张开始逐渐取代竹帛成为主要的书写材料，有力地推动了文化的传播和发展。中国古代科技四大发明如图6-13所示。

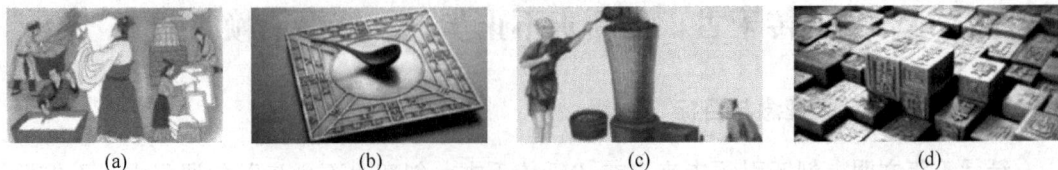

图6-13　中国古代科技四大发明
（a）造纸术；（b）指南针；（c）火药；（d）活字印刷术

纸的诞生，不仅极大地促进了信息的记录与传播，更以其独特的文化符号，见证了中华民族智慧的结晶与创造力的辉煌。通过详细介绍纸的发明过程及其在历史长河中的演变，旨在引导学生深入领略中国文化的博大精深，感受那份穿越时空而来的文化自信。同时，鼓励学生以史为鉴，面向未来，将传承与创新紧密结合，不断探索纸的更多可能性，让这一古老而又充满活力的材料，在新的时代背景下继续发扬光大，成为值得信赖、引领潮流的代名词。

（3）教学反思。在教授"纸品技术与工艺"的章节时，致力于将这一传统与现代交织的工艺领域的化学、物理原理与中华传统文化中"和谐共生"与"精益求精"的哲学智慧相融合，旨在引领学生不仅掌握纸品制作的精湛技艺，更能从中汲取智慧，滋养心灵。通过剖析纸张从自然原料到成品，如何在不同工艺处理下展现出多样性和卓越性能的过程，引导学生思考"和谐"与"精进"在日常生活、学习及未来工作中的体现与价值。教学实践中，学生们对纸品技术的复杂性与创造性展现出了极大的兴趣与热情。他们积极参与课堂互动，不仅深入探讨了造纸原料的选择、工艺参数的优化，还主动搜集并分析了各种特种纸和环保纸的实际应用案例。这种积极的学习态度让人深感欣慰，也进一步验证了将科技知识与生活实例相结合教学策略的有效性。

📖 延伸阅读

中国纸的故事：探寻纸寿千年的秘密，讲述中华文明的传承

"造纸术是中国古代四大发明之一，发明于汉朝西汉时期，改进于汉朝东汉时期。纸是中国古代劳动人民长期经验的积累和智慧的结晶，也是人类文明史上一项杰出的发明创造。早在东汉蔡伦发明"蔡侯纸"之前，中国就已经出现了纸的雏形。中国甘肃省天水放马滩汉墓出土的西汉早期的纸，是现有已发现的最早的纸。在经过元、明、清数百年岁月后，到了清代中期，我国手工造纸已相当发达，质量先进，品种繁多，成为中华民族数千年文化发展传播的物质条件。晋代开始，我国书画名家辈出，大大促进了书画用纸的发展。唐、宋时期则继承与发展了数百年造纸的成就，开辟了唐、宋我国手工造纸的全盛时期。到了明代，我国用竹子造纸的技术已臻完善，该时代宋应星著的《天工开物》中就系统叙述了用竹子造纸的生产过程，并附有生产设备与操作过程的插图。该书还被译成日、法、英文传入日本与欧洲，是我国系统记述造纸工艺的最早著作。

中华造纸历史源远流长，中华造纸文明千年灿烂。中国人发明的造纸术不仅促进了自身文化、教育和科技的发展，也通过丝绸之路传播到世界各地，对人类文明发展起了到巨大的促进作用。

（资料来源：https://wenku.baidu.com/view/43fe9a2bfd4733687e21af45b307e87100f6f817.html?_wkts_=1735179572750）

6.10 瓷梦飞扬，创新引领风尚——瓷器的发展历程

6.10.1 课程思政育人理念与目标

以瓷器发展历程为主线，不仅讲述技艺之精、艺术之美，更在于激发民族自豪感与文

化自信。通过探究瓷器的起源、演变与创新，引导学生领悟传统文化精髓，培养创新思维与实践能力，旨在育就既有深厚文化底蕴，又具时代创新精神的新青年，让瓷梦在新时代绽放更耀眼光芒。课程目标体现在知识、能力与思政三个层面，具体如下：

知识目标：了解瓷器在中国乃至世界文化历史中的重要地位，掌握瓷器发展的主要历史阶段，包括原始瓷器、青瓷、白瓷、唐三彩、宋代五大名窑、元明清青花瓷及彩瓷等各个时期的代表作品及其艺术特色。

能力目标：培养学生的实践技能、创新思维、艺术鉴赏与表达能力等多个方面，具体可以设定如下。实践操作能力：学生应能够掌握瓷器制作的基本技能，学会使用瓷器制作工具和设备，理解其操作原理，并能安全、有效地进行实践操作。创新设计能力：鼓励学生发挥创造力，设计具有独特风格和创意的瓷器作品。

思政目标：从瓷器中感受到中华文化的独特魅力和价值，进而树立对中华文化的自信。瓷器课不仅是对技能的传授，更是对文化自信的培育。通过课程学习，学生将更加深刻地认识到自己作为中华民族一员的身份认同和文化归属，从而更加坚定地传承和弘扬中华优秀传统文化。

6.10.2　课程思政元素与融入点

专 业 知 识 点	思 政 元 素	课程思政的实施路径与方式
瓷器的发展及制备工艺	瓷梦飞扬，创新引领风尚	线上线下的互动式体验教学，借助反转课堂和情景教学

6.10.3　课程思政案例

（1）案例教学目标。能够理解瓷器表面装饰与保护的基本原理及其在实际应用中的关键性，掌握影响瓷器表面效果的关键因素及其控制方法，培养精细操作与艺术审美相结合的能力，同时深化对化学工程技术在提升瓷器表面美感、增强耐用性、保护文化遗产及推动陶瓷艺术发展方面所发挥重要作用的认识。

（2）案例主要内容。中国古人们发明了陶器。他们在用火时发现被火烧过的土壤变硬且能存水，受此启发，以水加泥土经火烧制出了最早的陶器。中国古人在使用高岭土烧制陶器时，偶然发现陶器器壁上有些闪闪亮的东西，这些"亮点"来自烧窑用的草木燃料落在器壁上的灰尘。于是，人们把草木灰与水调和成浆状涂刷在陶坯表面，经烧制后陶器器表有了一层光亮的玻璃质，即"釉"。高岭土加上釉，再经高温烧制（1200 ℃左右），中国最早的"瓷器"就此诞生。不过，目前学界认为中国人发明瓷器的时间不晚于商周时期，因为现有夏代样本较少，不足以确认为瓷器诞生的证据。瓷器作为中华民族的伟大发明之一，不仅标志着我国古代工艺技术的卓越成就，更是全球陶瓷艺术史上的璀璨明珠。中国不仅是世界上最早掌握瓷器制作技艺的国家，其瓷器的品质之卓越，更是享誉全球，对世界陶瓷文化的繁荣与发展做出了不可磨灭的贡献。课程中，特别聚焦于我国历史悠久的官窑瓷器，这些瓷器不仅是皇家御用的珍贵艺术品，更是中国传统文化与审美理念的集中体现。其中，陕西耀州瓷以其独特的青釉色泽、精湛的雕刻技艺和深厚的文化底蕴，成为中国瓷器史上的一颗璀璨明星。通过对瓷的细致介绍，学生们不仅能够领略到古代工匠的智慧与匠心独运，更能深刻感受到中华文化的博大精深与独特魅力，从而进一步增强他们的文化自信和创新意识（见图6-14）。

图6-14 各朝代瓷器展示
（a）黑釉剔花牡丹纹瓶；（b）青釉刻花牡丹纹双耳瓶；（c）汝窑天青釉弦纹尊；
（d）青花缠枝牡丹纹梅瓶；（e）青花缠枝花卉纹盖罐

（3）教学反思。在讲授课堂时，致力于将这一传统工艺领域的化学智慧与中华传统文化中"和谐共生"与"适度"的哲学理念相融合，旨在引领学生不仅掌握瓷器表面处理的精湛技艺，更能从中领悟到深邃的人生哲理。通过解析瓷器釉层如何在特定配方与烧制工艺下，赋予瓷器以绚丽色彩与长久保护的过程，启发学生思考"和谐"。在未来的教学中，进一步加强跨学科知识的整合与应用，比如引入历史学、美学、材料科学等多个领域的知识，构建一个多维度的学习平台。同时，将注重培养学生的批判性思维和创新能力，鼓励他们不仅要学习传统技艺的精髓，更要敢于挑战传统，勇于在瓷器艺术领域探索新的表现手法和创作理念。通过这样的教学实践，期望能够培养出既精通瓷器表面装饰与保护技术，又具备深厚文化底蕴和创新精神的新时代艺术工匠。他们将在传承与创新的道路上不断前行，为中华瓷器的繁荣发展贡献自己的力量。

📖 延伸阅读

瓷器历史：一部形象的中国史

"陶成雅器，有素肌玉骨之象焉"，瓷器是我国古代劳动人民在长期烧制陶器的实践过程中所形成的文明产物。陶瓷是陶器与瓷器的统称，陶与瓷的质地不同，性质各异。《天工开物》中对陶器的定义为"水火既济而土合"。中华先民在长期烧制陶器的实践中，通过改进对原料的选择与处理，提高烧成温度，并发明了釉，瓷器便应运而生。东汉晚期，以越窑为代表的南方青釉瓷烧制成功，标志着我国完成了从陶到瓷的过渡，中国由此成为最早发明瓷器的国家。考古资料表明，东汉晚期浙江上虞小仙坛窑址烧制的瓷器符合早期成熟瓷器的标准。这一时期，上虞地区政局稳定、经济繁荣，农业和手工业都得到了极大的发展，曹娥江两岸傍山近水处窑场林立，窑址达37处之多，是我国迄今发现最早的制瓷基地。早期瓷器大都属于青瓷系统。"青，东方色也"，我国是农业大国，青色是万物生长的颜色。青釉瓷器将抽象的色彩体现于具象的器物上，使中国农耕文化与青釉瓷器意境相融。此外，青釉瓷器追求温润莹澈的效果，常常以"玉"和"冰"为喻。因此，兼有玉之优雅与瓷艺特质的青釉瓷器，自诞生之日便赢得了人们的认可与喜爱。唐宋时期，瓷器生产空前发展，名窑迭出，品种繁多。隋唐时期，兴盛的南方越窑青釉瓷如冰似玉，北方邢窑细白瓷类银似雪，共同形成我国陶瓷史上"南青北白"两大体系。两宋时期，除青、白两大瓷系外，黑釉、青白釉和彩绘瓷纷纷兴起，出现了举世闻名的汝、官、哥、定、钧五大名窑和越窑系、龙泉窑系、建窑系、景德镇窑系、耀州窑系、磁州窑系、定窑系、钧窑系八大窑系。在宋代的瓷器中，出现了两种截然不同的风格，以五大名窑为代表的官窑瓷器，深受道家文化的影响，追求淡雅清幽的装饰风格，器型秀美小巧、线条优美。民窑瓷器则充分展现其作为日常器物的特点，器型简单实用，装饰朴实率真，反映民众的日常生活和精神世界，折射出传统儒家的家国观念。官窑与民窑风格迥然，各领风骚，使宋代瓷器业呈现出一派欣欣向荣的局面。中国瓷器在清朝康熙、雍正、乾隆时期发展日臻完善，品种与工艺都达到历史上的较高水平。康熙时期瓷器造型古拙，凝重而质朴；雍正时期瓷器轻巧俊秀，精雅圆莹；乾隆时期瓷器精工细作，繁缛华丽。粉彩、珐琅彩、像生瓷等是康雍乾时期制瓷工艺的重大发明。一部瓷器史，半部中国史。瓷器作为中华文明的重要组成部分，犹如一部栩栩如生的历史画卷，见证了中华文明的璀璨辉煌，凝聚了中华先民的智慧与才艺，构筑起中华民族共有精神家园。

（资料来源：https://www.thepaper.cn/newsDetail_forward_26727039）

7　创新思维和批判性思维案例

创新思维是一种开放性、探索性的思考方式，它鼓励人们超越传统观念和常规方法，寻求新的解决问题的方案和创意。创新思维的内涵包括好奇心、批判性思考、灵活性、风险承担和持续学习。好奇心是创新思维的驱动力，它激发人们探索未知，提出新问题。批判性思考使个体能够分析和评估现有知识和信念，识别其中的不足和偏见。灵活性则体现在能够适应新情况，从不同角度看待问题。承担风险是创新过程中不可避免的，它要求个体敢于尝试，即使面临失败的可能。持续学习是创新思维的基础，它要求不断更新知识，以适应不断变化的环境。

批判性思维是一种综合的认知能力，它要求个体主动地、持续地对信念和行动进行反思、质疑和评估。这种思维方式的内涵包括逻辑分析、证据评估、推理能力、开放性思维、多元视角的考量以及对自我偏见的认识和调整。批判性思维的重要性体现在它能够促进更加理性和深入的思考，帮助人们识别和避免逻辑谬误、偏见和迷信，从而做出更加明智的决策。在信息爆炸的时代，它使人们能够从海量信息中筛选出真实可靠的知识，避免被虚假或有偏见的信息所误导。在学术领域，批判性思维是学习和研究的基础，它鼓励学生不满足于被动接受知识，而是主动探索、质疑和创新。批判性思维是现代社会不可或缺的一种能力，它对于提高个人的思考质量、促进知识的深入理解、维护民主价值、增进跨文化交流以及推动个人和社会的全面发展都具有极其重要的意义。

创新思维与批判性思维的结合是一种强大的认知工具，它既能推动新思想的产生，也能确保这些思想的合理性和可行性。创新思维鼓励我们跳出传统框架，探索未知领域，提出新颖的想法和解决方案；而批判性思维则要求我们对这些新想法进行严谨的分析和评估，确保它们不仅具有原创性，而且具有实用性和可靠性。这种结合的重要性在于，它能够促进更加深入和全面的思考，避免盲目跟风和非理性决策。通过创新思维，我们能够挑战现状，提出改变的可能性；而批判性思维则帮助我们检验这些可能性的合理性，优化和完善创新的想法。在学术研究、商业策略、技术发展、社会管理和个人成长等领域，这种思维的结合都是推动进步和成功的关键。在快速变化的现代社会，创新思维与批判性思维的结合尤为重要。它不仅能够帮助我们适应变化，而且能够引领变化，通过不断的创新和严谨的批判，推动个人、组织乃至整个社会的发展和进步。因此，培养和运用这两种思维方式，对于实现个人梦想、企业愿景和社会发展目标都具有不可替代的价值。

7.1　创新思维引领，批判性思维护航——反应自发的判据

7.1.1　课程思政育人理念与目标

深度融合专业知识与思政教育，以"熵"概念为切入点，引入高熵合金这一创新材

料，展现材料科学的无限魅力，激发学生对专业的浓厚兴趣与自豪感。通过讲述中国科学家在高熵合金领域的杰出贡献，增强学生的民族自信心与爱国情怀。同时，强化材料科学研究与应用实践的紧密联系，培养学生创新思维与实践能力，为培养高素质材料科学人才奠定坚实基础。课程目标体现在知识、能力与思政三个层面，具体如下：

知识目标：全面理解熵的基本概念及其在材料科学中的应用，深入掌握高熵合金的独特性质与前沿应用，从而拓宽在材料科学领域的专业知识视野。

能力目标：通过本课程的学习，培养学生研究材料科学的能力，包括实验设计、数据分析与解释等，同时提升创新思维和解决实际问题的能力。

思政目标：本课程旨在增强学生的民族自豪感和爱国情怀，通过介绍中国科学家在高熵合金领域的贡献，激发学生的科研热情，并强化科研服务于社会、促进国家发展的责任感。

7.1.2　课程思政元素与融入点

专 业 知 识 点	思 政 元 素	课程思政的实施路径与方式
反应自发的判据	创新思维引领，批判性思维护航	融合学科前沿，实施情境探究式学习，强化创新思维与批判性思维双轮驱动

7.1.3　课程思政案例

（1）案例教学目标。通过"熵"概念的教学，使学生不仅掌握其作为衡量系统混乱度的基本内涵，在不同物质状态中的表现形式，以及在高熵合金中的特殊应用，同时培养学生的创新思维和批判性思维能力。通过高熵合金的原子排列方式类比为一种形象生动的排队场景，并对高熵合金进行深入分析，从而激发学生的学习兴趣，提升其材料表征与分析的专业技能。此外，教学目标还强调融入思政元素，通过介绍中国在高熵合金领域的研究成就，激发学生的爱国情怀和社会责任感，鼓励其为国家科技进步和社会发展贡献力量。

（2）案例主要内容。21世纪40年代至50年代，为了寻找自组织现象从无序到有序转化的规律，以普里高京为首的布鲁塞尔学派把平衡态（经典）热力学推广到非平衡态，将原本孤立系统的熵概念扩展到开放系统，从而建立了非平衡态热力学。它包括熵的平衡方程。非平衡线性区的最小熵产生定理以及远离平衡区域的耗散结构理论。这一理论超越经典热力学范畴，在其他学科领域中表现出广阔的应用前景。近20年来，熵的概念已从狭义的热力学熵、统计熵发展为广义熵（泛熵），而且广义熵概念的外延比狭义熵更广。熵概念、熵理论已扩展到整个自然科学领域，并逐渐向社会科学和思维科学渗透，这正是熵概念的泛化。

本案例在深入浅出讲解"熵"这一热力学核心概念时，巧妙地借助了学生日常生活中常见的排队方式作为桥梁，将抽象的"混乱度"概念具象化，使学生能够直观感受到"熵"所代表的系统无序状态。从这一生动实例出发，逐步引导学生将视线从日常生活转向微观世界，探讨气体分子和液体分子在运动中表现出的熵特性，帮助学生构建起从宏观到微观的知识体系。随着教学的深入，案例将焦点锁定在金属材料领域，特别是高熵合金这一前沿研究课题上。通过 PPT 图片展示高熵合金复杂的微观结构，学生得以窥见这一新型材料内部所蕴含的丰富信息和独特魅力。同时，结合视频资料，案例进一步加深了学生对高熵合金形成过程、性能特点以及潜在应用的理解。这些多媒体教学手段不仅丰富了课堂内容，还极大地提升了学生的学习兴趣和参与度（见图 7-1）。

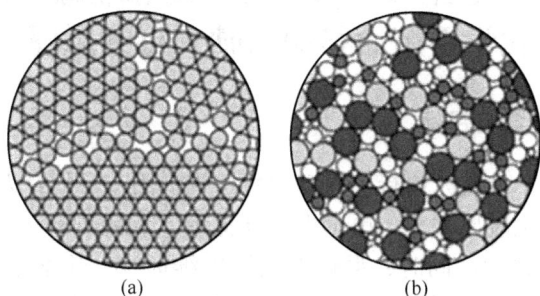

图 7-1　不同金属材料微观结构对比图
（a）普通金属（有序结构）；（b）高熵合金（无序结构）

尤为重要的是，案例在介绍高熵合金典型应用的过程中，充分展示了科技进步对社会发展的巨大推动作用。从航空航天领域的轻质高强度材料，到能源行业的耐高温耐腐蚀部件，再到医疗领域的生物相容性植入物，高熵合金的广泛应用让学生深刻认识到材料科学在国家建设和人民生活中的重要地位。这一过程不仅激发了学生对专业的热爱和自豪感，还点燃了他们对未来专业课学习的渴望和期待。通过本案例的学习，学生不仅掌握了"熵"和高熵合金的相关知识，更在潜移默化中培养其科学探索精神和社会责任感。

（3）教学反思。通过"熵"概念与学生排队方式的巧妙结合，有效激发了学生的学习兴趣，帮助他们从直观感受出发，逐步深入理解"混乱度"这一抽象概念。从气体、液体分子的熵讨论，到金属材料特别是高熵合金的深入剖析，教学过程层层递进，逻辑清晰，有助于学生构建完整的知识体系。同时，利用 PPT 图片和视频等多媒体教学手段，不仅丰富了课堂内容，还显著提升了学生的视觉体验和学习效果，加深了他们对高熵合金结构和性能特点的理解。然而，在教学中，也意识到了一些可以改进的空间。在思政元素的融入方面，本案例通过介绍高熵合金的国内研究成就和应用实例，有效激发了学生的爱国情怀和社会责任感。未来教学中，可以进一步挖掘材料科学领域的思政素材，如科学家精神、科技伦理等，将其有机融入到课堂讲解和讨论中，使学生在学习专业知识的同时，也能受到良好的思想政治教育，培养其全面发展的综合素质。

📖 延伸阅读

高 熵 合 金

高熵合金（High-entropy alloys）简称 HEA，是由五种或五种以上等量或大约等量金属形成的合金。由于高熵合金可能具有许多理想的性质，因此在材料科学及工程上相当受重视。以往的合金中主要的金属成分可能只有一至两种。例如会以铁为基础，再加入一些微量的元素来提升其特性，因此所得的就是以铁为主的合金。过往的概念中，若合金中加的金属种类越多，会使其材质脆化，但高熵合金和以往的合金不同，掺入多种金属后不会脆化，是一种新的材料。

（资料来源：https://baike.baidu.com/，作者进行了适当修改）

7.2　创新思维破冰行，批判性思维稳基石——化学平衡的移动与勒夏特列原理

7.2.1　课程思政育人理念与目标

本案例秉承以创新思维破冰前行，以批判性思维稳固基石的育人理念。通过探究化学平衡的动态美，鼓励学生跳出常规，勇于提出新见解，利用创新思维解决复杂化学问题，培养未来科学家的探索精神。同时，强化批判性思维训练，让学生审视并理解勒夏特列（Le Chatelier）原理背后的逻辑与规律，学会在变化中找寻平衡，在挑战中坚定信念，树立正确的科学观与价值观，为社会发展贡献智慧与力量。课程目标体现在知识、能力与思政三个层面，具体如下：

知识目标：掌握化学平衡的移动规律与勒夏特列原理，理解其在化学反应中的应用，同时了解侯氏制碱法的科学原理与技术流程。

能力目标：培养学生将理论知识应用于实际问题的能力，激发创新思维与实践能力，学会在科研中不断探索与优化方法。

思政目标：培养创新思维，鼓励学生勇于破冰前行；强化批判思维，稳固学术基石。在"化学平衡的移动与勒夏特列原理"中，旨在塑造学生成为既有创新勇气，又具批判精神的化学探索者，为科学进步贡献力量。

7.2.2　课程思政元素与融入点

专业知识点	思政元素	课程思政的实施路径与方式
化学平衡的移动与勒夏特列原理	创新思维破冰行，批判性思维稳基石	融合互联网+平台，构建线上线下互动式思政教学新范式

7.2.3　课程思政案例

（1）案例教学目标。通过"化学平衡的移动与勒夏特列原理"教学，引导学生运用创新思维，探索化学平衡动态变化的奥秘，敢于挑战传统观念，寻求新突破。同时，培养批判性思维，深入分析勒夏特列原理的适用条件与限制，稳固理论理解之基，为学生未来在化学领域的科研创新奠定坚实基础。

（2）案例主要内容。纯碱是一种重要的化工原料，许多行业都需要大量用碱。侯德榜是我国近代化学工业的奠基人，20世纪20年代参与建成亚洲第一座纯碱厂——永利碱厂，打破了外国在制碱技术上的封锁垄断；30年代主持建成具有世界先进水平的南京硫酸铵厂；40至50年代又发明了连续生产纯碱与氯化铵的制碱新工艺，以及制碳酸氢铵化肥新工艺，并在60年代实现工业化生产，为我国化学工业的发展写下了光辉一页。1949年他出席了第一届全国政治协商会议，曾任化工部副部长、中国科协副主席，还被选为第

一届至第三届全国人大代表。20世纪50年代中期开始，新中国建设迫切需要化肥，焦点集中到氨加工品种选择这个关键问题上。侯德榜倡议用碳化法合成氨流程制备碳酸氢铵化肥，经过多年的摸索与实践，这项新工艺通过了技术关和经济关。之后，在全国各地迅速推广，为我国农业的发展做出了不可磨灭的贡献。

本案例围绕侯德榜先生的个人事迹与侯氏制碱法的历史地位和作用展开，旨在通过这一经典案例深化学生对材料学专业知识的理解，并融入课程思政元素。首先，通过课前布置的任务，学生被引导主动查阅资料，了解侯德榜先生不畏艰难、勇于创新的精神风貌，以及侯氏制碱法如何突破国际技术封锁，成为中国化学工业史上的重要里程碑（见图7-2）。这一环节不仅丰富了学生的知识储备，也激发了他们的学习兴趣和爱国情怀。在课堂上，首先系统介绍勒夏特列原理，即化学平衡在外界条件变化下的移动规律，为学生理解侯氏制碱法的技术原理奠定了基础。随后，通过案例分析，引导学生运用所学知识探讨侯氏制碱法如何通过精准控制反应条件（如浓度、温度、压强等），实现化学平衡的有利移动，从而提高生产效率、降低成本、减少污染。这一过程中，学生不仅加深了对勒夏特列原理的理解，也学会了如何将理论知识应用于实际问题的分析中。

图7-2 侯德榜先生故居中的雕像

为了进一步激发学生的创新思维和批判性思维，还组织了课堂讨论环节。学生围绕侯氏制碱法的创新点、对现代化工生产的启示以及未来技术路线的优化方向等议题展开了热烈讨论。通过思想的碰撞与交流，学生不仅拓宽了视野，也培养了独立思考和解决问题的能力。

最后进行总结升华，强调所学知识与实践相结合的重要性，鼓励学生树立创新精神，勇于探索未知领域。同时，通过侯德榜先生的故事，激发学生的爱国情怀和民族自豪感，从而更加坚定他们为国家科技进步贡献力量的决心。

（3）教学反思。在教学中，通过对侯德榜先生及其侯氏制碱法的案例讲解，不仅成功地向学生传授了勒夏特列原理这一关键知识点，还激发了他们对科学探索的热情和对国家发展的责任感。但在课前任务的设计上，虽然初衷是希望学生能够通过自主查阅资料来深入了解案例背景，但实际操作中可能存在信息获取不均、理解深度不一等问题。并且在课堂讨论环节，观察到学生们对于侯氏制碱法的创新之处和技术细节表现出浓厚的兴趣，但也有部分学生不知如何将理论知识与实际问题相结合。说明在教学过程中需要更加注重理论与实践的结合，通过案例分析、模拟实验等方式，帮助学生更好地理解和应用所学知识，引导学生跳出常规思维框架、勇于质疑和尝试新方法仍是一个需要不断探索和实践的问题。因此，未来将进一步优化任务指导，提供更为具体和全面的资源清单，同时鼓励学生之间的合作与交流，以确保每位学生都能充分准备并积极参与课堂讨论。继续挖掘更多类似的思政元素，将其融入到专业知识的教学中，以更好地实现立德树人的教育目标。

📖 延伸阅读

侯氏制碱法的发展历史

　　第一次世界大战后，中国从欧洲进口纯碱的道路被阻断，而当时垄断中国纯碱市场的英国卜内门洋碱公司却囤积居奇，碱价暴涨。看到这种情况，范旭东先生于1917年在实验室成功制出了碱。1920年成立"永利制碱公司"，1922年请来侯德榜先生作为技术指导，他全身心的投入制碱工艺和设备的改进上，终于摸索出了索尔维法的各项生产技术。1924年8月，塘沽碱厂正式投产。1926年，中国生产的"红三角"牌纯碱在美国费城的万国博览会上获得金质奖章。产品不但畅销国内，而且远销日本和东南亚。1937年日本帝国主义发动了侵华战争，把工厂迁到四川，新建了永利川西化工厂。制碱的主要原料是食盐，也就是氯化钠，而四川的盐都是井盐，要用竹筒从很深很深的井底一桶桶吊出来。由于浓度稀，还要经过浓缩才能成为原料，这样食盐成本就高了。另外，索尔维制碱法的致命缺点是食盐利用率不高，也就是说有30%的食盐要白白地浪费掉，这样成本就更高了，所以侯德榜决定不用索尔维制碱法，而另辟新路。

　　他首先分析了索尔维制碱法的缺点，发现主要在于原料中各有一半的比分没有利用上，只用了食盐中的钠和石灰中碳酸根，二者结合才生成了纯碱。食盐中另一半的氯和石灰中的钙结合生成了氯化钙，这个产物都没有利用上。那么怎样才能使另一半成分变废为宝呢？他设计了好多方案，但是一一被推翻了。后来他终于想到，能否把索尔维制碱法和合成氨法结合起来，也就是说，制碱用的氨和二氧化碳直接由氨厂提供，滤液中的氯化铵加入食盐水，让它沉淀出来。这氯化铵既可作为化工原料，又可以作为化肥，这样可以大大地提高食盐的利用率，还可以省去许多设备，例如石灰窑、化灰桶、蒸氨塔等。设想有了，能否成功还要靠实践。于是他又带领技术人员，做起了实验。一直进行了500多次试验，分析了2000多个样品，才终于成功。

　　这个制碱新方法被命名为"联合制碱法"，它使盐的利用率从原来的70%一下子提高到96%。此外，污染环境的废物氯化钙成为对农作物有用的化肥——氯化铵，还可以减少1/3设备，所以它的优越性大大超过了索尔维制碱法，从而开创了世界制碱工业的新纪元。

　　（资料来源：https://baike.sogou.com/v405376.htm?fromTitle=%E4%BE%AF%E6%B0%8F%E5%88%B6%E7%A2%B1%E6%B3%95，作者进行了适当修改）

7.3 创新驱动发展，加热炉技术新飞跃——加热炉内辐射传热

7.3.1 课程思政育人理念与目标

深入剖析加热炉传热机制，引领学生洞察科学理论与技术创新间的微妙纽带。倡导超越经验束缚，勇于探索事物本质，树立求真务实的科学态度。同时，激发学生的创新思维，鼓励他们缘事析理，勇于在理论基础上进行技术创新，培养成为既有深厚理论基础又具备创新能力的复合型人才。课程目标体现在知识、能力与思政三个层面，具体如下：

知识目标：全面掌握加热炉传热过程的理论基础，包括炉用气氛设计、炉气运动规律及加热过程分析等核心知识，为深入理解热工设备工作原理奠定坚实基础。

能力目标：通过案例分析与实践操作，培养学生将理论知识应用于解决实际问题的能力，同时激发学生的创新思维，提升他们在科学研究中发现问题、分析问题及解决问题的能力，形成独立思考和判断的能力。

思政目标：以"创新驱动发展"为引领，通过"加热炉内传热过程分析与计算基础"教学，激发学生的创新思维，培养其勇于探索未知、挑战技术极限的精神；同时，强化批判性思维，让学生在理解传热原理的基础上，能够独立思考，为加热炉技术的革新与发展贡献力量。

7.3.2 课程思政元素与融入点

专业知识点	思政元素	课程思政的实施路径与方式
加热炉内传热过程分析与计算基础	创新驱动发展，加热炉技术新飞跃	搭建互动桥梁，促进线上线下无缝对接，注重过程评价，促进全面发展

7.3.3 课程思政案例

（1）案例教学目标。通过强化辐射传热教学，培养学生以科学理论为指导，运用数学量化方法优化马弗炉内辐射传热过程，摒弃经验主义，提升工程实践的科学性与精准性。同时，通过辐射理论测温分析，树立严谨求实的科学态度，增强对加热炉测温技术的理解与应用能力，实现课程思政与专业教学的深度融合。

（2）案例主要内容。1953 年 12 月 18 日，鞍山钢铁公司三大重点工程的最后一项工程——第 7 号炼铁炉竣工并移交生产部门试生产。该工程规模宏大、技术复杂，装备部件有 2000 多种，投入耐火材料数千吨，金属结构品上千吨，机械设备 980 t，安装电缆管道 11000 m，通信设备 20 座，是我国第一座自动化且最大的炼铁炉。在炼铁炉内部，高温的火焰和炽热的焦炭是主要的辐射热源。当焦炭在炉内燃烧时，火焰温度可高达 1800 ~ 2000 ℃，这些高温的火焰和焦炭会向周围的物料（如矿石、熔渣等）发出强烈的热辐射。目前鞍山钢铁公司取得了辉煌成绩，例如在连镇高铁项目中，鞍钢 9 万余吨优质钢轨助力该高铁通车。2018 年，为弥补钢轨合同中的不足，鞍钢营销人员多次到连镇高铁项目指挥部和中国国家铁路集团沟通洽谈，凭借优质的产品和服务，获得了供货资格。供货期间，鞍钢加强产销协同，确保连镇高铁项目用钢轨保质保量、按时交付，受到了肯定。

　　在探讨加热炉技术，尤其是辐射传热这一抽象而关键的热能传递过程时，引入鞍山钢铁公司中第一座自动化且最大的炼铁炉的案例，旨在培养学生具备扎实的理论基础、严谨的科学态度以及勇于探索的创新精神。首先聚焦于辐射传热这一看不见摸不着的复杂现象，强调仅凭经验进行马弗炉内辐射传热过程的优化是远远不够的，这好比在黑暗中摸索，难以触及问题的核心（见图7-3）。因此，课程通过深入解析辐射传热的科学规律，引导学生理解并掌握其背后的物理机制，进而学会运用数学工具进行量化分析。这一过程不仅增强了学生对复杂物理现象的理解能力，还锻炼了他们的逻辑思维和数学建模能力，为未来的工程实践提供了坚实的理论基础和有力的技术支持。课程以辐射理论为基础，对热电偶炉内的测温分析进行了详细探讨。通过实例分析，学生将学会如何利用辐射理论准确测量加热炉内的温度，这对于确保加热过程的稳定性和产品质量至关重要。这一过程不仅加深了学生对测温技术的理解，还让他们认识到科学理论在指导实践中的不可替代性。

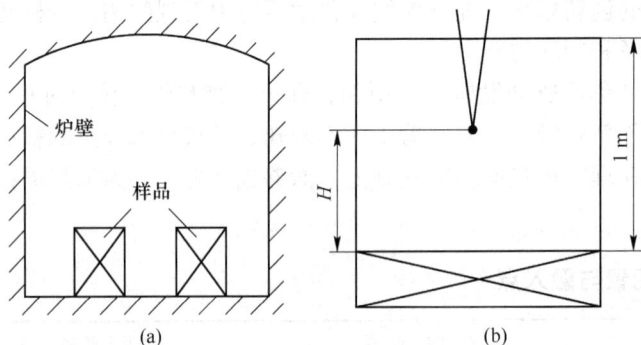

图7-3 马弗炉内的测温分析
（a）工件在马弗炉内加热示意图；（b）热电偶在马弗炉内的位置

　　此外，课程还涵盖了加热炉设计的多个方面，包括炉用气氛的设计、炉气流动的控制以及加热过程的基础理论分析。通过这些内容的学习，学生将深刻领会科学研究与技术创新之间的内在联系。他们将认识到，技术创新并非无根之木、无源之水，而是建立在坚实的科学理论基础之上。只有真正理解了事物的本质和规律，才能在此基础上进行有效的技术创新，推动科技的进步与发展。通过加热炉技术的具体案例，引导学生树立求真务实的科学态度，培养他们的创新意识，使他们能够突破经验主义的局限，勇于探索未知领域，为未来的科学研究和技术创新贡献自己的力量。

　　（3）教学反思。在回顾本次关于加热炉技术及其辐射传热过程的教学案例时，发现将复杂的科学理论与具体的工程实践相结合，是提升学生科学素养和创新能力的有效途径。通过引导学生深入理解辐射传热的科学规律，并运用数学方法进行量化分析，不仅加深了他们对抽象物理现象的认识，还培养了他们的逻辑思维和问题解决能力。同时，通过实例分析热电偶炉内的测温技术，让学生亲身体验到科学理论在指导实践中的重要作用，增强了他们尊重科学、追求真理的意识。此外，将教学内容拓展至加热炉设计的多个方面，让学生认识到科学研究与技术创新的紧密联系，激发了他们探索未知、勇于创新的热情。

📖 **延伸阅读**

马弗炉组成设计

结构设计：炉膛采用不锈钢板制作，围成加热及热风循环腔体，热空气在炉膛内流动，大大提高了温度的均匀性。由于热风的搅拌，加强了炉膛内气氛的对流和均热作用。炉膛和炉架为分离设计，炉膛置于炉架底部的承重滚轮上，前后可自由滑动。当炉膛受热时，可沿长度方向自由伸长。为防止炉膛内热气泄漏，炉门处从内到外共设计 2 层密封。内层采用陶瓷纤维绳密封结构，外层采用硅橡胶密封圈密封，为延长其使用寿命，在炉膛口密封处设计有不锈钢冷却水套，用于冷却降温。门锁采用多点手轮旋转方式锁紧机构，可以同时对门四周均匀锁紧。另外炉门固定装置安装于炉膛端面，采用活动双铰链机构，可随炉膛自由伸长而移动，密封效果更好。设备顶部设计有排气烟囱，用于排放加热过程中产生的大量废气及烟雾，可通过风门调节把手来控制排放流量。

控制系统设计：控制系统集成在炉体上。选用智能程序温控仪，温度曲线的调节通过设定自动控制进行。过线性组合构成控制量，对控制对象进行控制。温控仪接受热电偶检测的信号，控制电力模块。

风机位置设计：风机位于炉膛后部，通过蜗壳及两侧风道将空气吹过加热元件，气氛加热后水平进入炉膛内对工件进行均匀加热，然后经后部吸风口吸入循环风机，充分循环搅拌。

导流装置设计：蜗壳对风机性能影响很大，若去掉蜗壳，风机性能将下降50%以上。热风箱式炉采用双循环方式，风机置于炉体后部，两侧共两个循环风道，后部蜗壳双向出风。在热风腔体中，由于空间有限，蜗壳的扩张段较短，出口面积大，气流压力损失较大。在设计蜗壳时，导流片的形状应力求扩散合理，导流片数量以 4~8 片为宜，导流片安装角度根据叶轮形状和流量大小而定。蜗壳的宽度设计时以不碰到叶轮为准。

（资料来源：https://baike.baidu.com/）

7.4 创新理论框架，重塑认知边界——纳米合金材料的塑性变形

7.4.1 课程思政育人理念与目标

本课程秉持"知识传授与价值引领并重"的原则，通过深入挖掘材料科学领域中的思政元素，将著名材料科学家的先进事迹和研究成果融入专业教学之中，旨在激发学生的爱国热情，培育他们的创新思维，同时提升学生的科学素养，实现专业知识与思政教育的深度融合，共同塑造学生成为具备高尚品德、创新思维和社会责任感的优秀人才。课程目标体现在知识、能力与思政三个层面，具体如下：

知识目标：使学生全面掌握材料科学的基础理论与前沿知识，深入了解我国材料科学的发展历程、现状及未来趋势，掌握材料制备、性能表征与应用等方面的基本技能，为日后的科研工作或职业生涯奠定坚实的专业知识基础。

能力目标：通过实践教学与科研训练，提升学生的实验设计、数据分析、问题解决及

科研论文撰写等综合能力，使学生具备在材料科学领域独立开展研究工作的能力。

思政目标：激发学生的创新思维，鼓励他们突破传统认知，构建新的知识框架；同时，培养批判性思维，让学生在探索中学会质疑与验证，为材料科学领域的发展注入新活力。

7.4.2　课程思政元素与融入点

专业知识点	思政元素	课程思政的实施路径与方式
多晶体的塑性变形	创新理论框架，重塑认知边界	依托互联网＋教学平台，开展线上线下的互动式体验教学

7.4.3　课程思政案例

（1）案例教学目标。通过系统讲授多晶体塑性变形的核心理论与实际应用，深度激发学生的科研探索热情，培养其勇于挑战、敢为人先的创新精神，同时强化学生对"科技报国""科技强国"理念的认同与践行，促使学生不仅扎实掌握细晶强化、固溶强化等关键知识点，更能在未来科研与工作中展现出卓越的创新思维与实践能力。

（2）案例主要内容。特斯拉在 Model 3 和 Model Y 等车型采用了一种特殊的冷轧钢板，用于制造车身外壳。这种钢板经过冷轧处理后，具有良好的表面质量和平整度，能够满足特斯拉对于车身外观的高标准要求。在底盘部分，特斯拉使用高强度热轧钢板制造底盘框架和悬挂部件的连接结构。例如，Model Y 的底盘横梁采用了高强度的热轧钢板，经过冲压和焊接等工艺制成，这些钢板的强度能够承受车辆在行驶过程中的各种载荷，包括电池组的重量以及路面颠簸产生的冲击力。对于车身外壳的冷轧钢板，其良好的可加工性使得特斯拉可以通过大型冲压设备将钢板冲压成复杂的形状，打造出具有流畅线条的车身外观。同时，底盘部分的高强度热轧钢板保证了车辆的结构稳定性和行驶安全性。此外，特斯拉通过优化钢板的轧制和后续加工工艺，有效降低了生产成本，这对于其实现汽车的大规模生产和价格优势具有重要意义。特斯拉采用经过多道次轧制后的高强度汽车用钢，其屈服强度可以达到 500 MPa 以上，能够满足汽车车身在碰撞时对强度的要求，同时由于多晶体塑性变形过程中晶粒的合理取向和细化，材料还具有良好的韧性，避免汽车在碰撞时发生脆性断裂。

在深入探讨多晶体塑性变形的课程篇章中引入特斯拉汽车采用高强度汽车用钢的案例，不仅能传授理论知识，更激发学生的深层思考与探索热情。该案例以多晶体塑性变形的独特魅力为核心，引导学生逐步揭开其复杂而迷人的面纱，通过解析多晶体在外部应力作用下如何展现出非均匀性、各向异性以及协调变形等特性，深刻理解多晶体塑性变形理论的精髓。同时，特别强调细晶强化与固溶强化作为提升金属材料性能的关键机制，详细阐述它们如何通过细化晶粒尺寸、引入溶质原子等方式，有效增强金属的硬度、强度及抗疲劳性能，同时探讨这些强化手段对金属微观组织结构的改造作用，及其对最终材料性能产生的深远影响（见图 7-4）。

此外，还着重培养学生的传承与创新意识，引导他们认识到作为新时代青年学子，肩负着"科技报国""科技强国"的历史使命。通过分享我国科技工作者在材料科学及其他

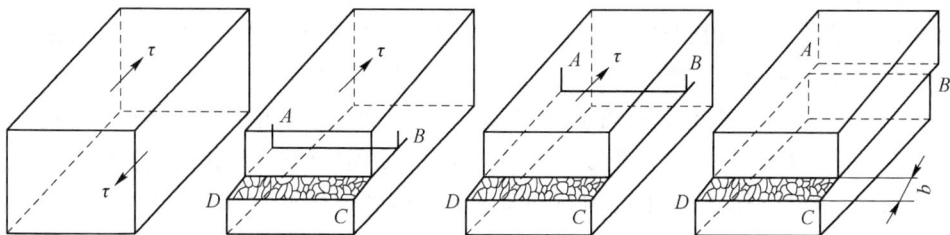

图 7-4   刃型位错的滑移过程

科技领域的辉煌成就，激发学生的民族自豪感和责任感，激励他们以实际行动践行科技报国的理想，不断开拓进取，为国家的科技进步和繁荣发展贡献自己的力量。在这个过程中，我们鼓励学生不仅要成为知识的传承者，更要成为创新的引领者，用智慧和汗水书写属于自己的科技华章。

（3）教学反思。在仔细回顾这次关于多晶体塑性变形的教学案例后，深刻感受到了将专业知识与爱国情怀、创新精神相结合的教学方式，对学生产生了深远的影响。通过讲解多晶体塑性变形的复杂过程，学生们不仅掌握了细晶强化、固溶强化等关键知识点，还对我国科学家在材料科学领域的卓越贡献有了更深的了解。同时，在教学过程中，需要更加注重引导学生思考，鼓励他们提出自己的见解和疑问。只有这样，学生才能真正成为学习的主人，而不是被动接受知识的容器。在未来的教学中，不仅要更加注重培养学生的创新精神和实践能力，同时也会努力提升自己的专业素养和教学水平。

📖 延伸阅读

细 晶 强 化

细晶强化，是指通过晶粒粒度的细化来提高金属的强度，多晶体金属的晶粒边界通常是大角度晶界，相邻的不同取向的晶粒受力产生塑性变形时，部分施密特因子大的晶粒内位错源先开动，并沿一定晶面产生滑移和增殖。滑移至晶界前的位错被晶界阻挡。这样一个晶粒的塑性变形就无法直接传播到相邻的晶粒中去，且造成塑变晶粒内位错塞积。在外力作用下，晶界上的位错塞积产生一个应力场，可以作为激活相邻晶粒内位错源开动的驱动力。

通过细化晶粒而使金属材料力学性能提高的方法，在工业上用来提高材料强度。晶界越多，晶粒越细，根据霍尔-配奇关系式，晶粒的平均值（d）越小，材料的屈服强度就越高。

（资料来源：https://baike.baidu.com/，作者进行了适当修改）

7.5   从缺陷中孕育创新，在挑战中催生变革——缺陷的"双重"作用

7.5.1   课程思政育人理念与目标

倡导学生以创新思维审视缺陷，视其为创新的起点，勇于在不足中寻找突破，激发无

限可能。同时，强化批判性思维，引导学生深入分析缺陷背后的原因与影响，学会在挑战中把握机遇，推动个人成长与社会进步，共同塑造一个勇于探索、敢于变革的新时代风貌。课程目标体现在知识、能力与思政三个层面，具体如下：

知识目标：全面掌握材料科学的基础理论与核心知识，理解材料的结构、性能与应用之间的内在联系，形成系统的专业知识体系，为后续的学习与研究打下坚实的基础。

能力目标：提升解决问题的能力与创新能力，能够运用所学知识分析解决复杂问题，提出创新性的见解与方案。同时，增强自主学习与团队合作能力，培养终身学习的习惯与跨学科研究的视野。

思政目标：引导学生树立正确的世界观、人生观与价值观，增强社会责任感与使命感。通过了解材料科学在国家发展中的重要地位与作用，激发学生对专业的热爱与对国家的忠诚，培养勇于担当、甘于奉献的精神品质。

7.5.2　课程思政元素与融入点

专业知识点	思政元素	课程思政的实施路径与方式
缺陷的"双重"作用	从缺陷中孕育创新，在挑战中催生变革	采用启发式与探究式教学方法，开展实践活动与项目研究

7.5.3　课程思政案例

（1）案例教学目标。通过深入对比理想条件下与实际晶体强度的差异，引导学生探讨并理解缺陷对材料性能的多重影响。通过分析半导体掺杂带来的优势与铜导电率受杂质元素影响的弊端，旨在培养学生的逻辑思维能力，让他们学会比较、分析和推理，从而更全面地认识和理解缺陷在材料科学中的重要作用。

（2）案例主要内容。2018年10月和2019年3月，隶属新加坡狮航和埃塞俄比亚航空公司两架波音737MAX飞机先后失事，共造成346人遇难，737MAX系列客机随后全球停飞，至今都复飞无望，波音公司的信誉也严重受损。波音737MAX飞机事故调查中，发现部分结构部件可能存在微小的材料缺陷或者制造工艺瑕疵。在飞机飞行过程中，这些缺陷导致应力集中，随着飞行次数的增加，缺陷部位的裂纹不断扩展，最终可能影响飞机的结构完整性，对飞行安全造成严重威胁。机翼材料中的微小缺陷会使机翼的抗疲劳性能大幅下降，正常情况下机翼能够承受数万次飞行循环的应力作用，但有微小缺陷时，可能在几千次循环后就出现严重问题。然而，在生产高强度钢丝时，普通低碳钢钢丝经过多次冷拔处理后，钢丝的横截面积不断减小，同时内部产生大量位错。这些位错相互交织，使钢丝的强度得到显著提高。原本屈服强度可能只有200～300 MPa的低碳钢，经过冷拔处理后，屈服强度可以提高到1000 MPa以上，能够用于制造如预应力混凝土中的预应力钢丝，这种钢丝可以承受巨大的拉力，在混凝土结构中预先施加压应力，提高混凝土结构的承载能力和抗裂性能。因此，晶体缺陷具有"双重"性质。在特定情形下，细微的缺陷能够提升材料的力学性能；然而，在另一些情况下，看似微小的缺陷却可能成为致使整个设备以及系统瓦解崩溃的致命要素。这种双重作用意味着我们在材料研究与应用中，必须对晶体缺陷予以高度重视，深入探究其在不同条件下对材料性能的影响机制，以便更好地利用其有益作用，同时采取有效措施规避其可能带来的负面效应，确保材料在实际应用中的可靠性和稳定性，进而保障设备及系统的正常运行和安全。通过全面剖析晶体强度的多重影响因素，为学生构建一个既严谨又生动的知识体系。在讲授过程中，不仅仅停留在对理想条件下晶体强度的理论阐述，而是更进一步，将视角转向实际情境中晶体强度的复杂表现，引导学生通过对比分析，深入探索两者之间差异的根本原因。

首先，从理想条件下的晶体强度出发，为学生奠定了一个坚实的理论基础。通过理论讲解和模型演示，让学生清晰地认识到在理想状态下，晶体的强度是如何由其内部结构、原子排列等因素决定的。进一步引导学生将目光投向现实世界，探讨实际情况下晶体强度的多样性和变异性。这种对比分析不仅让学生看到了理想与现实之间的差距，更激发了他们探究其中奥秘的兴趣和动力（见图7-5）。

(a)　　　　　　　　　　　　(b)

图 7-5　自然界中的缺陷实例

（a）玉米的结构；（b）人工制造的肥皂泡筏示意图

为了让学生更直观地感受到缺陷在晶体中的存在和作用，特别引入了多个生动有趣的实例。从自然界中玉米颗粒的排列规律到人工制造的肥皂泡筏的微妙结构，这些实例不仅展示了缺陷的普遍性，还让学生意识到即使是微小的缺陷也可能对材料的性能产生重大影响。在此基础上，深入探讨了缺陷对晶体性能的双重影响，既揭示了其潜在的积极价值，如半导体掺杂技术的创新应用，也正视了其可能带来的负面效应，如铜导电率的降低。这种全面而深入的分析，让学生学会了用辩证的眼光看待问题，培养了他们的批判性思维能力。此外，本案例还注重培养学生的实践能力和创新精神。在理论学习的基础上，鼓励学生通过实验操作、小组讨论等形式，亲自动手去探究缺陷对晶体性能的具体影响。这种互动式的教学方式不仅加深了学生对知识的理解和记忆，还激发了他们的好奇心和探索欲。同时，也鼓励学生大胆提出自己的见解和假设，培养他们的创新思维和解决问题的能力。

（3）教学反思。在回顾本次晶体强度及其影响因素的案例教学后，深感其成功之处在于通过理论与实践的紧密结合，以及生动实例的引入，有效地激发了学生的学习兴趣和探究欲望。案例不仅帮助学生构建了扎实的理论基础，还通过对比分析、实验操作等互动环节，促进了学生逻辑思维、批判性思维及创新能力的全面发展。然而，在教学过程中存在一些值得反思的地方。例如，如何更精准地把握学生的知识水平和理解能力，以调整教学节奏和难度，确保每位学生都能跟上教学进度并从中受益；如何进一步拓宽学生的视野，引导他们关注材料科学领域的最新研究进展和前沿技术，以培养学生的前瞻性和创新性；以及如何在保持教学内容系统性的同时，增加更多的互动性和趣味性，以更好地吸引学生的注意力并激发他们的学习热情。

📖 延伸阅读

晶 体 缺 陷

　　晶体缺陷（crystal defects）是指晶体内部结构完整性受到破坏的所在位置。按其延展程度可分成点缺陷、线缺陷和面缺陷。在结构完整的理想晶体中，原子按一定的次序严格地处在空间有规则的、周期性的格点上。但在实际的晶体中，由于晶体形成条件、原子的热运动及其他条件的影响，原子的排列不可能那样完整和规则，往往存在偏离了理想晶体结构的区域。这些与完整周期性点阵结构的偏离就是晶体中的缺陷，它破坏了晶体的对称性。

　　（资料来源：https：//baike.baidu.com/，作者进行了适当修改）

7.6　创新点亮缺陷，批判深化改性——独一无二的晶体缺陷

7.6.1　课程思政育人理念与目标

　　秉承"生活即教育，思政润无声"的育人理念，巧妙地将学生熟悉的日常生活经验与专业知识深度融合，同时自然嵌入思政元素，旨在通过贴近学生实际的教学方式，让思政教育更加亲切可感，促进学生在潜移默化中树立正确的世界观、人生观、价值观，实现专业知识与思想品德的同步提升。课程目标体现在知识、能力与思政三个层面，具体如下：

　　知识目标：扎实掌握专业领域的基础知识与核心技能，同时理解这些知识与日常生活的紧密联系，培养学生将理论知识应用于解决实际问题的能力，拓宽学术视野。

　　能力目标：增强学生批判性思维、创新能力和团队协作能力。通过小组讨论、案例分析等互动环节，引导学生主动探索、积极思考，提升其分析问题、解决问题的能力，并学会在团队中有效沟通与合作，为未来职业生涯奠定坚实基础。

　　思政目标：深入培养学生的家国情怀和社会责任感，激发其为实现中华民族伟大复兴的中国梦而不懈奋斗的精神动力。引导学生树立正确的价值导向，鼓励他们将个人理想融入国家发展大局，成为有理想、有担当的时代新人。

7.6.2　课程思政元素与融入点

专业知识点	思政元素	课程思政的实施路径与方式
晶体缺陷改性	创新点亮缺陷，批判深化改性	融合"模拟、思辨、实践、共鸣"，线上线下晶体改性教学

7.6.3　课程思政案例

　　（1）案例教学目标。通过将日常生活经验与专业知识的融合，并融入思政元素，旨在使学生轻松掌握专业知识，树立积极价值观，理解缺陷可转化为优势的道理，激发学习

热情与爱国情怀，同时培养主动担当的精神，促进学生综合素质提升，为国家发展贡献力量。

（2）案例主要内容。断臂维纳斯，即米洛的维纳斯雕像（见图7-6），是古希腊雕塑家阿历山德罗斯的作品。这尊雕像以其独特的魅力成为艺术史上的经典之作。从艺术鉴赏的角度来看，维纳斯具有诸多美感。她的身材端庄秀丽，肌肤丰腴，有着美丽的椭圆形面庞、希腊式挺直的鼻梁、平坦的前额和丰满的下巴，体现了希腊雕塑艺术鼎盛时期沿袭下来的理想化传统。雕像微微扭转的姿势，使半裸的身体构成了一个十分和谐而优美的螺旋形上升体态，富有音乐的韵律感，充满了巨大的魅力。她的腿被富有表现力的衣褶所覆盖，仅露出脚趾，显得厚重稳定，更衬托出上身的秀美。其表情和身姿庄严崇高而端详，像一座纪念碑；同时又优美动人，流露出最抒情的女性柔美和妩媚。她的嘴角上略带笑容，含而不露，给人一种矜持而富有智慧的感觉。尽管双臂已经残断，但那雕刻得栩栩如生的身躯，仍然给人以浑然完美之感。人们对她的断臂有过多种设想和猜测，也有很多人尝试制作复原双臂的复制品，但都有一种画蛇添足之感。这残缺的断臂似乎更能激发人们的美好想象，增强了人们的欣赏趣味。断臂维纳斯的影响力不仅局限于艺术领域。她成为美的代表和追求的对象，其形象被广泛应用于绘画、雕塑、摄影、时尚、广告和设计等多个领域。同时，她也启发了人们对于美的定义和思考。在现实生活中，人们往往追求完美无瑕的美，但断臂维纳斯告诉我们，真正的美并不在于外表的完美无缺，而在于内在的气质和韵味。她让我们学会欣赏和珍惜生命中的不完美之处，因为这些不完美往往才是最宝贵的财富。此外，她还促使人们反思文化遗产的保护问题，提醒我们要重视和保护这些珍贵的文化财富，使其得以传承和发扬光大。

图7-6 断臂维纳斯女神的雕像

本案例以贴近学生生活的日常经验为起点，精心构建一个桥梁，将深奥的专业知识与鲜活的思政元素无缝对接，使学生能够在轻松愉悦的氛围中，自然而然地吸收知识的养分，感悟思想的深度。通过对维纳斯女神断臂之美的探讨案例巧妙地引导学生跨越认知的障碍，领悟到"缺陷"并非纯粹的负面概念，而是蕴含着无限转化与提升的可能性。这一过程不仅深化了学生对材料科学中缺陷工程改性的理解，更促使他们反思自我，认识到每个人都有不完美之处，但正是这些"缺陷"成为推动我们不断前行、追求卓越的动力源泉。

案例鼓励学生正视自己的不足，勇于接受挑战，通过不懈的努力和刻苦的钻研，将自身的"缺陷"转化为独特的优势，实现个人价值的飞跃。同时，这一理念也强调了实践的重要性，鼓励学生将所学知识应用于实际，为社会创造更多的价值，实现个人与社会的双赢。案例在传授专业知识与培养个人品质的同时，还巧妙地融入了"主动作为"与"爱国情怀"的思政元素。通过讲述历史上和现实中的典型事例，激发学生内心深处的责任感与使命感，使他们意识到作为新时代青年所肩负的历史重任。这种责任感不仅体现在对个人成长的追求上，更体现在对国家和社会的贡献上。

（3）教学反思。将日常琐事融入专业知识，课堂变得生动，但如何让这种过渡更自然，让学生仿佛置身其中，而非刻意接受，是需要琢磨的。或许，更贴近学生生活的实例，以及更流畅的语言表达，能让这一过程更为顺畅。谈及"淬砺成才，料琢成器"，越发觉得每个学生都是独一无二的瑰宝，成长路上各有千秋。因此，在教学中，需更加用心地去倾听每位学生的声音，理解他们的需求与困惑，力求给予最适合的支持与鼓励。相信学习之旅不仅是知识的积累，更是自我发现与成长的旅程。关于爱国情怀的培育，它非一朝一夕之功。在日常教学中，尝试通过分享真实感人的故事，组织富有意义的实践活动，让学生在不知不觉中感受到国家的伟大与人民的团结。这份情感，如同细水长流，缓缓注入他们的心田，成为他们成长道路上坚实的支撑。总结而言，教育之路任重而道远，它需要用心去呵护每一位学生的成长，用智慧去启迪他们的思维，用情感去滋养他们的心灵。

📖 延伸阅读

晶体缺陷的类型

根据错乱排列的展布范围，分为下列 3 种主要类型。

（1）点缺陷，只涉及大约一个原子大小范围的晶格缺陷。它包括：晶格位置上缺失正常应有的质点而造成的空位；由于额外的质点充填晶格空隙而产生的填隙；由杂质成分的质点替代了晶格中固有成分质点的位置而引起的替位等。在类质同象混晶中替位是一种普遍存在的晶格缺陷。

（2）线缺陷——位错。位错的概念是 1934 年由泰勒提出的，到 1950 年才被实验制备出具有位错的晶体结构，可看成是局部晶格沿一定的原子面发生晶格的滑移的产物。滑移不贯穿整个晶格，晶体缺陷到晶格内部即终止，在已滑移部分和未滑移部分晶格的分界处造成质点的错乱排列，即位错。这个分界外，即已滑移区和未滑移区的交线，称为位错线。位错有两种基本类型：位错线与滑移方向垂直，称刃位错，也称棱位错；位错线与滑移方向平行，则称螺旋位错。刃位错恰似在滑移面一侧的晶格中额外多了半个插入的原子面，后者在位错线处终止。螺旋位错在相对滑移的两部分晶格间产生一个台阶，但此台阶到位错线处即告终止，整个面网并未完全错断，致使原来相互平行的一组面网连成了恰似由单个面网所构成的螺旋面。

（3）面缺陷，是沿着晶格内或晶粒间的某个面两侧几个原子间距范围内出现的晶格缺陷。主要包括堆垛层错以及晶体内和晶体间的各种界面，如小角晶界、畴界壁、双晶界面及晶粒间界等。其中的堆垛层错是指沿晶格内某一平面，质点发生错误堆垛的现象。如一系列平行的原子面，原来按 ABCABCABC……的顺序成周期性重复地逐层堆垛，如果在某一层上违反了原来的顺序，如表现为 ABCABCAB｜ABCABC……，则在划线处就出现一个堆垛层错，该处的平面称为层错面。堆垛层错也可看成晶格沿层错面发生了相对滑移的结果。小角晶界是晶粒内两部分晶格间不严格平行，以微小角度的偏差相互拼接而形成的界面。它可以看成是由一系列位错平行排列而导致的结果。在具有所谓镶嵌构造的晶格中，各镶嵌块之间的界面就是一些小角晶界。也有人把晶体中的包裹体等归为晶体缺陷而再分出一类体缺陷。

（资料来源：https://baike.baidu.com/，作者进行了适当修改）

7.7 科学筑基创新路，艺术雕琢功能材——低温超导 BSC 理论

7.7.1 课程思政育人理念与目标

秉持创新思维与批判性思维并重的育人理念，旨在通过科学筑基，引导学生探索低温超导 BSC 理论的奥秘，培养其勇于挑战传统、追求真理的科学精神。同时，融入艺术思维，雕琢功能材料的设计与应用，激发学生的创造力与想象力，使他们在实践中学会跨界融合，将科技之美与艺术之韵完美结合。以此培育具有社会责任感、创新精神和实践能力的新时代复合型人才。课程目标体现在知识、能力与思政三个层面，具体如下：

知识目标：使学生深入理解低温超导 BCS 理论的基本概念及其在原埋材料科学中的应用，掌握超导现象的本质及其实验验证方法，为后续的科研与技术创新打下坚实的埋论基础。

能力目标：培养学生的跨学科思维能力、创新能力和问题解决能力。通过案例，引导学生将物理知识与艺术审美相结合，激发其创造性思维，提升运用多学科知识解决实际问题的能力。

思政目标：培养创新思维与批判性视野，科学筑基低温超导 BSC 理论，艺术融合创新功能材料，塑造既有科技深度又具艺术美感的新时代人才。

7.7.2 课程思政元素与融入点

专 业 知 识 点	思 政 元 素	课程思政的实施路径与方式
低温超导 BSC 理论	科学筑基创新路，艺术雕琢功能材	融合艺科元素，跨学科教学，实施思政育人模式

7.7.3 课程思政案例

（1）案例教学目标。通过解析低温超导 BSC 理论的前沿应用案例，激发学生的创新思维，鼓励他们提出独特见解，同时，运用批判性思维分析案例中的科学原理与艺术融合点，掌握科学筑基与艺术雕琢的平衡，旨在培养学生将科学原理转化为创新应用的能力，以及提升功能材料设计的艺术美感与实用性。

（2）案例主要内容。1957 年，巴丁（J. Bardeen）、库珀（L. N. Cooper）和施里弗（J. R. Schrieffer）提出了被后人称为 BCS 的超导微观理论。该理论认为，在临界温度（T_c）以上，电子都是"单身汉"，它们会与晶格发生碰撞，从而产生电阻；而在 T_c 以下，电子会"配对成婚"，配对的电子不会再与晶格发生碰撞，电阻就消失了。李政道对

这一理论进行了生动的描述，而华君武根据他的描述创作了相关漫画。这幅漫画以一种形象且有趣的方式诠释了超导 BCS 理论的核心概念，帮助人们更好地理解超导现象背后的物理原理。超导 BCS 理论的提出对超导研究产生了深远影响，它为理解超导现象提供了重要的理论基础。同时，华君武的漫画也展示了科学与艺术之间的巧妙结合，使抽象的科学理论变得更加直观且富有魅力。李政道是著名的物理学家，在粒子物理理论、原子核理论和统计物理等领域做出了一系列具有里程碑意义的工作。他也积极推动中国科学教育事业的发展，发起并支持了中美联合培养物理类研究生计划等项目。

在讲授低温超导 BCS 理论时，本案例融合了艺术元素与科学知识，借助华君武赠予李政道的画作，生动展现了超导中自由电子结为库柏对的奇观，既深化了学生对理论的理解，又悄然渗透了课程思政的精髓。这一融合不仅凸显了"艺术源于现实、超越现实"的创造力价值，还强调了科技工作者在追求科学真理时融入人文情怀的重要性。通过此案例，引导学生探索艺术与科学的内在联系，理解两者在揭示世界本质、追求真理上的共通之处。艺术以其独特方式捕捉现实精髓，使之更为鲜活；科学则深入探索自然规律，力求精准表达。华君武先生的画作激发了学生的想象力与创造力，鼓励他们以多元视角审视科学问题（见图 7-7）。

图 7-7　低温超导 BCS 理论的核心概念
（a）超导临界温度以下电子运动示意图；（b）华君武先生的画作

同时，强调科技工作者的人文素养不可或缺，激励学生认识到，科学探索应与人类命运、社会进步紧密相连，以全面、负责的态度推动科技发展。本案例还致力于培养学生博学慎思的科学精神与严谨科学的人文素养，要求他们具备广博知识、严谨思维，勇于探索未知，同时心怀道德情操与社会责任感。在科研道路上，学生应秉持对生命、自然和社会的敬畏与关爱，以科学之名，推动人类文明不断前行，为新时代科技创新人才的培养奠定坚实基础。

（3）教学反思。在融合艺术与科学元素、实施跨学科融合教学方面取得了显著成效，不仅加深了学生对低温超导 BCS 理论的理解，还通过独特的情境设置和启发式教学方法，激发了他们的学习兴趣和探究欲望。然而，在反思过程中也意识到了一些需要改进的地方。艺术与科学的融合需要更加精准和深入。虽然画作为媒介成功地将超导现象的微观世界以直观方式呈现，但在解读过程中，需要更加细致地引导学生理解艺术背后的科学含义，避免停留在表面的视觉感受上。同时，也要确保科学知识的准确性，避免艺术元素对科学原理的误解或歪曲。跨学科融合教学需要更加系统和全面。本案例虽然涉及了物理学、艺术学等多个学科领域，但在教学过程中，各学科之间的衔接和融合还不够紧密。未来，需要构建更加系统、全面的跨学科知识体系，加强不同学科之间的沟通与协作，共同设计教学方案，确保跨学科教学的有效性和连贯性，继续探索更加有效的教学方法和策略，努力提升学生的科学素养和人文素养，为他们的全面发展奠定坚实基础。

📖 **延伸阅读**

BSC 理论内容

某些金属在极低的温度下，其电阻会完全消失，电流可以在其间无损耗的流动，这种现象称为超导。超导现象于 1911 年发现，但直到 1957 年，巴丁、库珀和施里弗提出 BCS 理论，其微观机理才得到一个令人满意的解释。BCS 理论把超导现象看作一种宏观量子效应。它提出，金属中自旋和动量相反的电子可以配对形成所谓"库珀对"，库珀对在晶格当中可以无损耗的运动，形成超导电流。在 BCS 理论提出的同时，尼科莱·勃格留波夫（Nikolay Bogolyubov）也独立地提出了超导电性的量子力学解释，他使用的勃格留波夫变换（英语：Bogoliubov transformation）（Bogoliubov transformation）至今为人常用。

电子间的直接相互作用是相互排斥的库仑力。如果仅仅存在库仑力直接作用的话，电子之间是不能相互吸引的，不能相互配对，但电子间还存在以晶格振动（声子）为媒介的间接相互作用：电声子交互作用。当电子间的这种相互作用在满足一定条件时，可以是相互吸引的，正是这种吸引作用导致了"库珀对"的产生。大致上，其机理如下：电子在晶格中移动时会吸引邻近格点上的正电荷，导致格点的局部畸变，形成一个局域的高正电荷区。这个局域的高正电荷区会吸引自旋相反的电子，和原来的电子以一定的结合能相结合配对。在很低的温度下，这个结合能可能高于晶格原子振动的能量，这样，电子对将不会和晶格发生能量交换，也就没有电阻，形成所谓"超导"。

（资料来源：https://baike.so.com/doc/484020-512554.html）

7.8　科技编织材料梦，创新引领建模潮——材料科学研究中的数学建模

7.8.1　课程思政育人理念与目标

通过材料科学研究方法的学习，如有限元法基本原理，引导学生树立精准严谨的国家观、历史观、科学观、发展观与文化观。在深入探讨技术细节的同时，强调材料研究中的人文精神与社会价值，使科学育才与思政育人相辅相成，共同提升学生的专业素养与科学精神。课程目标体现在知识、能力与思政三个层面，具体如下：

知识目标：使学生掌握有限元法的基本原理及其在材料研究中的应用，理解有限差分法与有限元法的区别与联系，掌握离散与分片插值的核心概念，形成扎实的专业知识基础。

能力目标：培养学生的科学思维与创新能力，通过对比不同计算机模拟方法，使学生能够灵活运用所学知识解决复杂的工程问题，具备独立分析与创新设计的能力。

思政目标：强化学生的"精确预测"科学精神，树立实事求是的科学态度。通过实例分析有限元法的优势与应用，激发学生的创新精神与探索未知的热情，使其认识到科技进步对社会发展的推动作用。

7.8.2 课程思政元素与融入点

专业知识点	思政元素	课程思政的实施路径与方式
材料科学研究中的数学建模	科技编织材料梦，创新引领建模潮	实现专业课与思政课教师协同合作，强化课程思政与实践教学环节

7.8.3 课程思政案例

（1）案例教学目标。通过材料研究教学，融合思政元素，引导学生树立正确的观念，体会材料的人文价值与社会影响。在有限元法教学中，对比有限差分法，强调精确预测的科学精神，让学生了解不同模拟方法的应用。同时，突出有限元法解决复杂工程的优势，培养学生的科学发展观与创新思维，实现专业知识与思政教育的双重提升。

（2）案例主要内容。早期，材料科学中的数学建模相对较为简单，可能主要采用初等模型等方法。例如，通过代数法或图解法来建立一些基本的数学关系，描述材料的某些特性或现象。

随着对材料科学研究的深入，各种更为复杂的数学方法被引入。微分方程模型在材料研究中得到了广泛应用，如用于描述材料烧结中的分子扩散问题、材料传热学中的热量传递问题以及材料电子显微分析中的衍射运动学和衍射动力学理论等。近年来，计算机技术的飞速发展为数学建模提供了更强大的工具和平台。这使得能够处理更复杂的模型和大量的数据，极大地推动了数学建模在材料科学中的应用。具体来说，数学建模在材料科学的各个方面都取得了显著进展。从材料的合成、加工到性能表征和应用，都可以建立相应的数学模型来深入理解和预测材料的行为。例如，在炼钢渗碳工艺中，通过理论分析钢在炉气中的反应，根据化学反应平衡原理求出反应平衡常数，再代入相关参数推导出碳势与炉气一氧化碳、二氧化碳含量及温度的关系。然后对实验数据进行回归分析，得到碳势控制的单参数数学模型，可用于指导实际的渗碳工艺，以控制炉气碳势（见图7-8）。

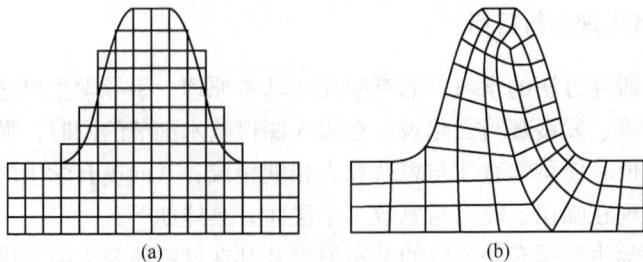

图7-8 数学建模中的模型建立方法
（a）差分法网格划分；（b）有限元法网格划分

在深度整合专业知识与思政教育方面做出了积极尝试，旨在通过全方位、多维度的教学活动，引导学生构建起坚实的专业基础与崇高的思想境界。在传授材料科学研究的前沿知识与技术方法时，特别注重引导学生从历史的角度审视材料科学的发展历程，理解其在国家现代化进程中的重要作用，从而树立起正确的国家观和历史观。同时，通过解析材料科学中的基本原理与实验现象，引导学生以科学的态度和方法去认识世界、改造世界，培养他们严谨的科学观。在教学过程中，尤为注重材料本身所蕴含的人文精神的挖掘与传承。从古代文明的璀璨成就到现代科技的日新月异，材料始终是推动人类社会进步的重要力量。引导学生通过材料的发展轨迹，感受人类文明的演进历程，理解材料与人类社会的紧密联系，从而培养他们的文化观和发展观。这种教学方式不仅丰富了学生的精神世界，也增强了他们的社会责任感和使命感。

在讲到材料研究中有限元法基本原理这一具体案例时，更是将思政元素巧妙地融入其中。通过对比有限差分法与有限元法在解决工程问题时的差异，让学生深刻理解到不同方法背后的科学原理与适用场景，培养他们的批判性思维和解决问题的能力。同时，强调"精确预测的科学精神"，引导学生认识到科学研究需要严谨的态度、扎实的功底和不懈的探索精神。通过介绍有限元法在解决复杂工程问题中的广泛应用和显著优势，激发学生的创新潜能和科研热情，鼓励他们勇于挑战未知、追求真理。

（3）教学反思。在整合专业知识与思政教育时，需要更加细致地把握两者的契合点。本次课程虽然在材料科学研究与思政理念的结合上做出了一定尝试，但仍存在提升空间。未来，将更加深入地挖掘专业课程中的思政元素，力求找到更多自然、贴切的切入点，使思政教育与专业知识学习相得益彰。单纯的知识传授往往难以触及学生的心灵深处，而情感共鸣与价值引领则能够激发学生的学习动力与内在潜能。因此，要注重与学生的情感交流，通过生动的案例、感人的故事等方式，激发学生的爱国情怀、社会责任感和历史使命感，引导他们树立正确的国家观、历史观、科学观、发展观与文化观。此外，在培养学生的专业能力与思维能力时，需要更加注重实践与创新。

📖 延伸阅读

有 限 元 法

在数学中，有限元法（Finite Element Method，FEM）是一种为求解偏微分方程边值问题近似解的数值技术。求解时对整个问题区域进行分解，每个子区域都成为简单的部分，这种简单部分就称作有限元。它通过变分方法，使得误差函数达到最小值并产生稳定解。类比于连接多段微小直线逼近圆的思想，有限元法包含了一切可能的方法，这些方法将许多被称为有限元的小区域上的简单方程联系起来，并用其去估计更大区域上的复杂方程。它将求解域看成是由许多称为有限元的小的互连子域组成，对每一单元假定一个合适的（较简单的）近似解，然后推导求解这个域总的满足条件（如结构的平衡条件），从而得到问题的解。这个解不是准确解，而是近似解，因为实际问题被较简单的问题所代替。由于大多数实际问题难以得到准确解，而有限元不仅计算精度高，而且能适应各种复杂形状，因而成为行之有效的工程分析手段。

（资料来源：https://baike.so.com/doc/5414349-5652491.html）

7.9　技术引领失效分析，思路启迪创新之路——失效分析的技术与思路

7.9.1　课程思政育人理念与目标

　　紧密围绕社会主义核心价值观中的"敬业"精神，旨在通过专业课程的学习，不仅传授学生关于机器零件用钢服役条件、失效形式及性能要求等专业知识，更深刻地引导学生领悟并践行敬业这一中华民族的传统美德。课程致力于将"敬业"精神与专业知识学习相融合，使学生培养起对工作的热爱、专注与责任感，形成积极向上的职业态度和人生追求。课程目标体现在知识、能力与思政三个层面，具体如下：

　　知识目标：使学生掌握失效分析的基本理论、方法及技术路线，理解不同材料、结构在特定服役条件下的失效机理，为后续专业学习和工程实践打下坚实基础。

　　能力目标：培养学生运用所学知识分析、诊断并解决工程实践中复杂失效问题的能力，提升其批判性思维、创新能力和团队协作精神，为成为行业内的佼佼者奠定能力基础。

　　思政目标：培养学生专注、细致、精益求精的职业态度，树立忠诚于岗位、奉献于社会的职业观，同时增强学生的创新思维和批判性思维，为成为有担当、有情怀的新时代工程师贡献力量。

7.9.2　课程思政元素与融入点

专业知识点	思政元素	课程思政的实施路径与方式
失效分析的技术与思路	技术引领失效分析，思路启迪创新之路	融入思政元素，开展互动式体验教学

7.9.3　课程思政案例

　　(1) 案例教学目标。通过"上海'11·15'火灾事故"案例，引导学生理解失效分析的重要性，掌握其在预防安全事故、保障生命财产安全中的关键作用。同时，强化学生对社会主义核心价值观"敬业"的认识，激发他们勤奋刻苦、为事业尽心尽力的精神，培养严谨、专业的职业态度，提升解决实际问题的能力。

　　(2) 案例主要内容。2010 年，上海余姚路胶州路一栋高层公寓起火。公寓内住着不少退休教师，起火点位于 10~12 层，整栋楼都被大火包围着，楼内还有不少居民没有撤离。事故原因，是由无证电焊工违章操作引起的，四名犯罪嫌疑人已经被公安机关依法刑事拘留，还因装修工程违法违规、层层多次分包；施工作业现场管理混乱，存在明显抢工行为；事故现场违规使用大量尼龙网、聚氨酯泡沫等易燃材料；以及有关部门安全监管不力等问题。在本案例教学中，以"上海'11·15'火灾事故"为震撼人心的切入点，通过视频资料与现场图片的直观展示，将学生带入灾难现场，感受火灾的无情与生命的脆弱，同时，强调一个人要对自己所从事的工作负责的态度，深刻挖掘并融入了社会主义核心价值观中的"敬业"精神，旨在通过具体的历史文化脉络与现代实践案例的结合，使

学生深刻理解并内化这一传统美德的时代价值。这一环节不仅激发了学生对安全生产的重视，更为后续探讨失效分析的重要性奠定了情感基础。紧接着深入剖析了火灾事故发生的可能原因，引出失效分析这一专业概念。通过详细讲解失效分析的方法论与实际应用，使学生认识到，在工业生产、建筑设计乃至日常生活的方方面面，任何细微的疏忽或材料、设备的失效都可能引发严重后果。失效分析不仅是对事故原因的科学探索，更是预防未来悲剧重演的关键手段。这一过程不仅强化了学生的专业知识，更激发了他们作为未来工程师、技术人员或社会公民对工作、对社会的责任感和使命感（见图7-9）。

图7-9　上海"11·15"火灾事故图片

在此基础上，进一步引导学生思考"敬业"精神在失效分析乃至整个职业生涯中的重要意义。从孔子"执事敬""事思敬"的谆谆教诲，到程颐"主之一谓敬，无适之谓一"的深刻阐释，让学生感受到"敬业"不仅是个人修养的体现，更是推动社会进步、保障人民福祉的强大动力。鼓励学生将"敬业"精神内化于心、外化于行，在未来的工作中始终保持高度的责任心、严谨的态度和不懈的努力，为实现个人价值与社会进步贡献自己的力量。

（3）教学反思。在本次案例教学过程中，通过深度融合社会主义核心价值观"敬业"元素与"上海'11·15'火灾事故"的案例分析，深刻反思了教学方法与学生学习的互动效果。选取具有强烈冲击力的真实案例作为教学起点，有效激发了学生的情感共鸣与学习兴趣，使他们能够迅速投入对失效分析重要性的探讨中。然而，在引导学生从情感共鸣转向理性思考的过程中，需要更细致地设计过渡环节，确保学生能够在情绪稳定的基础上，深入剖析问题本质。将传统文化中的"敬业"精神与现代工业生产、安全管理的实际需求相结合，为学生提供了跨越时空的价值观共鸣。这种教学方式不仅加深了学生对"敬业"内涵的理解，也促使他们思考如何将这一传统美德转化为实际行动，指导自己的职业生涯。但未来教学中，需进一步丰富教学资源，如引入更多古今中外的敬业典范案例，以更广泛的视角展现"敬业"精神的多样性与普遍性。此外，在探究过程中，部分学生对于失效分析的专业知识掌握不够扎实，影响了讨论的深度与广度。因此，未来需加强课前预习与课后复习的指导，确保学生具备足够的理论基础参与课堂讨论。

📖 **延伸阅读**

敬

指对工作严肃、认真。孔子说"君子有九思"，其中之一就是"事思敬"（《论语·季氏篇第十六》）。他说："道千乘之国，敬事而信，节用而爱人，使民以时。"（《论语·学而篇第一》）他还说："居处恭，执事敬，与人忠，虽之夷狄，不可弃也。"（《论语·子路篇第十三》）"事思敬""敬事""执事敬"，都是指以严肃、认真的态度对待工作。这是孔子的一贯思想。他认为，无论到什么地方，以严肃、认真的态度对待工作，都是必要的。

孔子"事思敬"的观点是正确的。"事思敬"应当成为每个国民的工作作风，并把这种作风一代一代地传下去，使之成为中华民族的传统美德。

"敬"又指恭敬人、尊重人，有礼貌。例如，"子游问孝。子曰：今之孝者，是谓能养。至于犬马，皆能有养；不敬，何以别乎？"（《论语·为政篇第二》）再如，"子曰：'事父母几谏，见志不从，又敬不违，劳而不怨。'"（《论语·里仁篇第四》）孔子认为，对父母要孝，而孝的核心是"敬"，即使在父母不接受自己的意见的时候，也要保持恭敬的态度，不能有怨恨情绪。

此外，孔子还把对人的尊重当作治国的根本大政提了出来。例如，"孔子遂言曰：'昔三代明王之政，必敬其妻子也，有道。妻也者，亲之主也，敢不敬与？子也者，亲之后也，敢不敬与？君子无不敬也。敬身为大。身也者，亲之枝也，敢不敬与？……三者，百姓之象也。身以及身，子以及子，妃以及妃。君行此三者，则忾乎天下矣。大王之道也如此，则国家顺矣。'"（《礼记·哀公问第二十七》）这是孔子提倡的"推己及人"的政治主张：尊重自身，则尊重百姓之身；尊重自己的妻子儿女，则尊重百姓的妻子儿女。这种主张突出了对人的尊重，有一定的进步意义。

（资料来源：https://lunyu.5000yan.com/sixiang/6877.html）

7.10 在否定之否定中探寻真理之光，创新思维与批判性思辨——固相反应中的扩散

7.10.1 课程思政育人理念与目标

在探索固相反应中扩散的奥秘时，秉承"在否定之否定中探寻真理之光"的哲学精神，激励学生勇于质疑、敢于创新，以批判性思维审视传统理论，用创新思维突破认知边界。通过深入剖析杨德与金斯特林格方程，培养学生科学严谨的态度和辩证发展的眼光，引导他们在知识的海洋中不断探索、追求真理，成为具有创新精神和社会责任感的时代新人。课程目标体现在知识、能力与思政三个层面，具体如下：

知识目标：掌握固相反应中扩散的杨德与金斯特林格方程，理解其模型建立与推导过程，明确两者联系与适用范围。通过对比学习，培养创新思维与批判性思辨能力，理解否定之否定规律在科学探索中的应用，促进对真理的深入探索与理解。

能力目标：培养学生运用创新思维分析固相反应扩散机制，通过批判性思辨审视现有理论，在否定之否定中探索新见解。提升问题解决与科研探索能力，促进科学思维与逻辑推理的全面发展。

思政目标：通过固相反应扩散学习，引导学生理解否定之否定规律，培养创新思维与批判性思辨，树立勇于探索真理的精神。增强学生社会责任感，激发科学报国之志，为可持续发展贡献力量。

7.10.2　课程思政元素与融入点

专 业 知 识 点	思 政 元 素	课程思政的实施路径与方式
固相反应中的扩散	在否定之否定中探寻真理之光，创新思维与批判性思辨	组织学生参观薄膜材料生产企业、科研机构或实验室

7.10.3　课程思政案例

（1）案例教学目标。通过固相反应中扩散现象的探索，引导学生在否定之否定的哲学思维中深化对真理的追求。学生将学习杨德与金斯特林格方程，掌握其推导与应用，同时培养创新思维与批判性思辨能力。通过对比分析两种方程，学生将学会从多角度审视问题，形成独立思考与科学探索的习惯，为未来的科研与社会实践奠定坚实的基础。

（2）案例主要内容。固相反应动力学的研究初期，科学家们对固体之间的反应过程进行了初步的观察和思考。当时已经认识到固相反应的复杂性，涉及物质的扩散、化学反应等多个过程。这些早期的研究为后续杨德方程的提出奠定了理论基础。杨德在抛物线速度方程基础上采用了"球体模型"来研究固相反应。他提出了一系列假设，比如反应物是半径为 r 的等径球粒；反应物 A 是扩散相，A 成分总是包围着 B 的颗粒，且 A、B 同产物 C 是完全接触的，反应自球表面向中心进行；A 在产物层中的浓度是线性的等。基于这些假设，杨德对固相反应过程进行了分析和推导。通过对扩散过程的分析以及结合假设条件，杨德将反应过程中的产物层厚度等参数与反应时间建立起联系，推导出了相应的动力学方程。其方程形式为 $f(g) = (1 - (1-g)^{1/3})^2 = k_5 t$，其中 g 是以 B 物质为基准的转化程度，k_5 是杨德速度常数。在杨德方程应用的过程中，其局限性逐渐被认识到，尤其是扩散面积恒定这一假设与实际情况的不符。这引发了研究者对固相反应动力学模型的进一步思考，为金斯特林格方程的提出提供了动机和改进方向。金斯特林格推导出的动力学方程相比杨德方程更具有普遍性和准确性，能够更好地描述固相反应过程中扩散面积不断变化的实际情况。其方程能够更准确地反映出反应转化率与时间的关系，为固相反应动力学的研究提供了更有力的工具。

本案例深入剖析了固相反应中扩散现象的核心，聚焦于两种典型动力学方程——基于平板扩散模型的杨德方程与基于球体模型的金斯特林格方程，不仅仅局限于方程本身的模型建立与推导过程，更通过细致入微的分析，揭示了二者之间的内在联系与演进轨迹，以及它们在不同应用场景下的独特优势与局限性。在此过程中，巧妙地将"唯物辩证法的否定之否定规律和真理观"融入教学之中，引导学生理解科学探索的曲折性与前进性，认识到每一次理论的突破都是对既有认知的否定与超越，而真理的显现则往往隐藏在这些否定与超越的循环往复之中。

通过本案例的学习，学生不仅能够获得丰富的理论知识，更能在实践中提升归纳与演绎的能力，逐步构建起科学严谨的思维体系。鼓励学生以批判性的眼光审视传统理论，勇于提出疑问与接受挑战，同时运用创新思维探索未知领域，寻找解决问题的新途径。最终，期望学生能够在否定之否定的哲学思维指引下，始终保持对真理的渴望与追求，用辩证发展的眼光去审视世界、分析问题、解决难题，成为具有创新精神与社会责任感的新时代青年。

（3）教学反思。通过对杨德方程与金斯特林格方程的深入探讨，学生不仅掌握了固相反应中扩散的动力学原理，更在批判性思维与创新能力的训练中得到了显著提升。反思教学过程，引导学生理解"否定之否定"的哲学思想，不仅是理论学习的需要，更是培养他们科学精神与探索勇气的关键。学生在对比两种方程时，展现出了独立思考与质疑精神，这正是教育所追求的目标。然而，在激发学生创新思维的同时，需更加注重培养其将理论应用于实际的能力。在未来教学中，将进一步探索案例教学与实践操作的结合方式，让学生在"做中学"，在"学中思"，从而更加深刻地理解知识，提升解决问题的能力。

📖 延伸阅读

否定之否定规律

否定之否定规律是黑格尔在《逻辑学》中首先提出，恩格斯将它从《逻辑学》中总结和提炼出来，使辩证法的规律变得更加清晰。

马克思、恩格斯的否定之否定原理来源于黑格尔的"肯定—否定—结合"三阶段理论：事物的辩证发展就是经过两次否定，三个阶段，即"肯定—否定—否定之否定"，形成一个周期。其过程可以简单描述为：由于内部矛盾的发展，处于"肯定"状态的事物会过渡到否定，成为"否定"阶段，这是第一个否定；从相反阶段到相反阶段的过渡是否定之否定。否定之否定之后，事物显然又回到了"正"的状态。事物的这种否定之否定过程，从内容上看，是自己发展自己、自己完善自己的过程；从形式上看，是螺旋式上升或波浪式前进，方向是前进上升的，道路是迂回曲折的，是前进性和曲折性的统一。

准确理解这个规律，首先要搞清楚：第一，什么是肯定因素，什么是否定因素；第二，什么是辩证否定观。首先来看第一个概念，什么是肯定因素和否定因素，肯定因素是维持现存事物存在的因素，而否定因素是促使现存事物灭亡的因素。肯定因素和否定因素的概念在否定之否定规律的内容是掌握的基础，如果对概念部分不理解就无法理解否定之否定规律的内容。

第二，什么是辩证否定观。辩证否定观是相对于形而上学否定观而提出的。形而上学否定观是外在的否定，是不承认旧事物当中合理的部分的，所以是绝对的否定。辩证否定观是内在的否定，是一种内部矛盾引起的自我否定，自我否定实现内部矛盾的转化而使矛盾得到解决的过程。形而上学否定观是一种孤立的、静止的否定，没有看到辩证的否定是一种联系的、发展的否定，同时发展的实质也是一个"扬弃"的过程，将两者进行结合就能更好地理解和掌握辩证否定观的概念内容了。哲学学习中关于否定之否定的例子很多，例如生物生长，麦粒生长出麦苗，麦粒被麦苗否定；麦苗结出麦穗（新麦粒），麦穗（新麦粒）否定了麦苗等。

（资料来源：https://zhuanlan.zhihu.com/p/682284401，作者进行了适当修改）

8 科技创新和可持续发展意识案例

科技创新是指在科学理论的指导下，通过研究和实验，创造新知识、新技术、新产品、新工艺，并将其应用于生产和生活实践中，以推动社会进步和经济增长的过程。它包括知识创新、技术创新、管理创新等多个方面，旨在通过不断的发明和改进，实现生产力的飞跃和社会的持续发展。科技创新的内涵丰富，不仅涵盖了科学原理的发现和验证，还包括技术的应用与推广，以及伴随而来的管理方法和经营模式的革新。它要求科研人员、企业、政府和社会各方面的紧密合作，形成强大的创新生态系统。

可持续发展意识是一种注重长期视角和发展的整体性的思维模式，它强调在满足当前社会需求的同时，不损害后代人满足其需求的能力。这种意识的内涵包括环境保护、经济发展、社会公正、资源合理利用和代际公平等多个方面。可持续发展意识的核心在于认识到人类活动与自然环境之间的密切联系，并在此基础上寻求平衡点。它要求我们在经济增长中注重资源的高效和循环利用，减少对环境的破坏；在社会发展中追求公平和包容，确保所有人都能共享发展成果；在资源管理中提倡节约和保护，以维持资源的长期可持续性。

科技创新与可持续发展意识的结合是推动现代社会进步的关键力量。科技创新通过不断发明新技术、新产品和新服务，为经济增长提供新动力，同时，可持续发展意识确保这些创新活动在满足当前社会需求时，不损害后代满足其需求的能力。这种结合体现了对环境保护的承诺、对资源合理利用的重视，以及对未来世代福祉的关注。科技创新在推动可持续发展方面发挥着至关重要的作用。它不仅能够提高生产效率、降低成本，还能开发出更加环保和高效的方案来应对气候变化、资源枯竭和环境污染等全球性挑战。例如，通过发展可再生能源技术、提高能源利用效率、减少温室气体排放，科技创新有助于实现绿色低碳的经济转型。同时，科技创新还能够促进社会公平和包容性发展。例如，通过信息技术的应用，可以提高教育资源的可获取性，加强医疗服务的普及，缩小城乡差距，从而推动实现更加均衡和全面的社会进步。此外，科技创新与可持续发展意识的结合还能够增强国家在全球竞争中的地位。通过加强科技创新能力，国家能够在全球经济中占据更有利的位置，推动经济结构优化升级，实现从劳动密集型向技术密集型产业的转变。科技创新与可持续发展意识的结合是实现长远、全面和平衡发展的重要途径。这种结合不仅能够推动经济增长，还能够保护环境、节约资源、促进社会公正，为人类和地球的未来发展提供坚实的保障。

8.1　薄膜科技领航，共筑可持续梦——薄膜材料的应用及发展

8.1.1　课程思政育人理念与目标

秉承科技创新为翼，可持续发展为舵的育人理念。通过探索薄膜材料的前沿应用，不

仅给学生传授专业知识与技能，更着力于培养学生的环保意识、社会责任感及创新思维。通过引导学生理解科技进步与环境保护的和谐共生，激发他们成为未来绿色科技领域的探索者与引领者。共同构筑人类与自然和谐共存的可持续发展蓝图，让科技之光照亮绿色地球的未来之路。课程目标体现在知识、能力与思政三个层面，具体如下：

知识目标：使学生全面了解薄膜材料的多样应用，掌握其最新的科技进展，同时深刻理解科技创新对推动可持续发展的重要性。通过本课程，学生将具备分析薄膜材料性能、应用潜力及对环境影响的能力，为未来参与绿色科技创新与可持续发展贡献力量。

能力目标：培养学生掌握薄膜材料应用与发展的创新能力，强化其在科技创新与可持续发展中的实践能力。学生将学会运用前沿科技知识，分析并解决薄膜材料领域的实际问题，同时树立绿色发展理念，为构建可持续未来贡献智慧与力量。

思政目标：以薄膜科技为引，融合思政元素，旨在培养学生科技创新意识与可持续发展的责任感。通过学习薄膜材料应用与发展，引导学生树立绿色科技观，增强社会责任感，共筑可持续发展之梦，成为有担当、有远见的时代新人。

8.1.2 课程思政元素与融入点

专业知识点	思政元素	课程思政的实施路径与方式
薄膜材料的应用及发展现状	薄膜科技领航，共筑可持续梦	组织学生参观薄膜材料生产企业、科研机构或实验室

8.1.3 课程思政案例

（1）案例教学目标。通过深入分析薄膜材料在环保、能源、医疗等领域的具体应用案例，如可降解包装薄膜减少塑料污染、高效光伏薄膜促进清洁能源发展等，使学生深刻理解科技创新如何推动薄膜材料技术的革新与应用拓展，同时强化他们对可持续发展重要性的认识。此目标旨在培养学生将理论知识与实践应用相结合的能力，激发其探索薄膜科技新领域的兴趣与热情，为未来的可持续发展贡献创新力量。

（2）案例主要内容。2019年三星正式推出全新旗舰手机Galaxy S10系列，该系列手机上高导热石墨片所使用的高性能聚酰亚胺（PI）薄膜，70%来自株洲时代新材料科技股份有限公司（简称"时代新材"）的PI薄膜生产线。这也是目前国内唯一一条实现批量制造的化学亚胺法制膜生产线。PI薄膜又被称为"黄金薄膜"，主要用于轨道交通、电子信息、航空航天、新能源、军工等高科技领域。将高性能PI薄膜依次通过高温碳化以及石墨化处理后，可以得到导热率数倍于铜的导热石墨片，这是目前电子产品解决散热问题的最佳方案。凭借先进的化学亚胺化技术，国外PI膜生产企业长期垄断市场，并对我国限量供货，极大地制约了我国相关战略产业的发展。时代新材于2011年启动PI膜项目研发，先后攻克了配方技术、装备技术及制膜工艺难题，于2017年年底建成国内首条化学亚胺法PI薄膜生产线，成功实现了高端PI薄膜的批量制造，年生产能力达500 t，成为全球第四家、中国首家具备批量产能的供应商。

经过批量试用，产品品质达到美国、日本同类产品水平，成功替代进口产品。批量投产以来，国产高端 PI 薄膜已成功应用于华为、VIVO 等手机。这一案例不仅展示了我国在高科技材料领域的突破，更引出了科研精神与工匠精神。正是凭借对科研的执着追求和对工艺的精益求精，时代新材才能在短时间内攻克技术难关，实现 PI 薄膜的国产化。这种精神，正是新时代青年学子应该学习和传承的。从专业角度来看，这一案例涉及薄膜材料在高科技产品中的广泛应用。以智能手机为例，其内部核心部件如 CPU、存储器及显示屏，都离不开薄膜材料的精妙应用。CPU 中的薄膜材料在微纳尺度下实现了高效能与低功耗的完美结合；存储器则借助薄膜技术，实现了数据存储密度与速度的大幅提升；而显示屏从 LCD 到 OLED 的转变，更是薄膜材料技术创新引领视觉革命的生动例证。

　　首先以日常生活中不可或缺的智能手机为例，深入剖析了其内部核心部件——CPU、存储器及显示屏中薄膜材料的精妙应用。在介绍手机 CPU 中的薄膜材料时，强调了其在微纳尺度下实现高效能、低功耗的关键作用；而谈及存储器，则不得不提薄膜技术在提升数据存储密度与速度方面的巨大贡献。至于显示屏，从 LCD 到 OLED 的转变，更是薄膜材料技术创新引领视觉盛宴的生动例证（见图 8-1）。这些薄膜材料不仅实现了元件的高度集成与性能优化，还展现了材料科学的无限可能。

图 8-1　智能手机核心部件
（a）手机 CPU；（b）手机存储器；（c）手机显示屏

　　同时，不忘将目光投向国内，简要概述了我国企业在薄膜材料及相关领域的发展现状，既肯定了取得的成就，也正视了与国际先进水平的差距。在此过程中，巧妙融入思政元素，强调"科学技术是第一生产力"的核心理念，以及"发展才是硬道理"的时代强音。引导学生认识到，我国目前在半导体领域面临的挑战与困境，既是历史赋予的沉重课题，也是实现科技自立自强、推动可持续发展的宝贵机遇。作为新时代的青年学子，应勇于担当起解决半导体领域难题的使命，以薄膜科技为引领，共筑中华民族伟大复兴的可持续之梦。

　　（3）教学反思。以智能手机为切入点，生动展示了薄膜材料在高科技产品中的广泛应用及其重要性，有效激发了学生的学习兴趣和探索欲。不仅让学生认识到薄膜材料的巨大应用前景，还展示了薄膜材料在现代科技中的关键作用和创新潜力。深刻理解了"科学技术是第一生产力"的深刻内涵。

　　然而，在教学过程中也发现了一些需要改进的地方。首先，部分学生对薄膜材料的基础理论知识掌握不够牢固，导致在分析具体案例时略显吃力。未来应加强对基础知识的教学与巩固。其次，课堂互动环节虽有所增加，但仍有部分学生参与度不高，需进一步探索多样化的教学手段，提高全体学生的参与度和积极性。最后，案例教学虽能生动展现薄膜材料的应用现状，但对学生创新思维和问题解决能力的培养还需加强，未来应设计更多具有挑战性的学习任务，引导学生主动思考、勇于创新。

📖 延伸阅读

薄膜材料的应用

半导体功能器件和光学镀膜是薄膜技术的主要应用。

一个人们熟知的表面技术应用是家用的镜子：为了形成反射表面在镜子的背面常常镀上一层金属，镀银操作广泛应用于镜子的制作，而低于一个纳米的极薄的镀层常常用来制作双面镜。

当光学用薄膜材料（例如减反射膜消反射膜等）由数个不同厚度不同反射率的薄层复合而成时，他们的光学性能可以得到加强。相似结构的由不同金属薄层组成的周期性排列的薄膜会形成所谓的超晶格结构。在超晶格结构中，电子的运动被限制在二维空间中从而不能在三维空间中运动于是产生了量子阱效应。

薄膜技术有很广泛的应用。长久以来的研究已经将铁磁薄膜用于计算机存储设备，医药品，制造薄膜电池，染料敏化太阳能电池等。

陶瓷薄膜也有很广泛的应用。由于陶瓷材料相对的高硬度使这类薄膜可以用于保护衬底免受腐蚀氧化以及磨损的危害。在刀具上陶瓷薄膜有着尤其显著的功用，使用陶瓷薄膜的刀具的使用寿命可以有效提升几个数量级。

现阶段对于一种被称为多组分非晶重金属阳离子氧化物的新型的无机氧化物材料的研究正在进行，这种材料有望用于制造稳定，环保，低成本的透明晶体管。

（资料来源：https://baike.baidu.com/）

8.2　可持续之路，与科技创新同行——薄膜内应力的影响因素

8.2.1　课程思政育人理念与目标

以科技创新为驱动力，深入探索薄膜内应力的形成机制与调控策略，培养学生严谨的科研态度与创新能力；同时，强化可持续发展意识，引导学生关注薄膜技术在绿色能源、环境保护等领域的应用，树立科技服务社会的责任感与使命感。通过课程学习，学生将深刻理解科技创新与可持续发展的内在联系，成为未来科技领域的创新者与可持续发展理念的践行者。课程目标体现在知识、能力与思政三个层面，具体如下：

知识目标：使学生掌握薄膜内应力的基本概念、来源及其对薄膜性能的影响，理解科技创新在调控薄膜内应力方面的作用，同时认识薄膜技术在推动可持续发展中的关键角色，形成系统的知识体系，为后续研究与应用奠定基础。

能力目标：致力于培养学生分析薄膜内应力及其对性能影响的能力，掌握科技创新方法调控薄膜内应力，提升解决复杂工程问题的能力，同时增强可持续发展意识，促进科技创新与环保实践的融合。

思政目标：通过薄膜内应力学习，激发学生科技创新热情，培养其勇于探索、敢于担

当的精神；同时，强化可持续发展理念，引导学生将科技创新成果服务于社会可持续发展，成为有责任感的时代新人。

8.2.2 课程思政元素与融入点

专 业 知 识 点	思 政 元 素	课程思政的实施路径与方式
薄膜的内应力	可持续之路，科技创新同行	邀请行业专家、学者来校举办专题讲座和研讨会

8.2.3 课程思政案例

（1）案例教学目标。使学生深入理解薄膜内应力的调控机制及其在提升薄膜性能中的应用。同时，引导学生探讨科技创新如何助力解决薄膜技术中的可持续发展问题，如减少资源消耗、提高能效、促进环保等。通过案例分析，培养学生的创新思维、问题解决能力和可持续发展意识，为其未来在科技领域的发展奠定坚实基础。

（2）案例主要内容。在夏天买西瓜的时候可能会出现这样一种情况：刀尖刚碰到西瓜，就听到"砰"的一声西瓜裂了一个大口子。这是由于生长更快的瓜瓤被瓜皮压缩禁锢，瓜皮被瓜瓤撑着，两者之间存在力的平衡。但当瓜皮被刀扎到时，外力使瓜皮的完整性被破坏，无法继续承受瓜瓤带来的力，平衡瞬间被打破，瓜瓤所受的压力释放，导致瓜皮炸开。实际上，瓜皮和瓜瓤都"变形"了，瓜瓤被压缩，不是没有束缚的自由状态，瓜皮也受到力的作用，两者都"暗暗使劲"试图使自己恢复到"变形"以前的状态，两者产生的力我们可以称为应力（内应力）。完好的西瓜能保持力的平衡，只是因为受到的内应力合力为零，而并非其内部结构的力不存在，这些留在物体内自相平衡的内应力便是残余应力。而在航空航天领域，零部件在机械加工、工艺强化时，也会出现残余应力引起零件发生翘曲或扭曲变形，甚至开裂，或经淬火、磨削后表面会出现裂纹。这些生产制造过程中看得见的危害就已经令材料制备者头疼不已，然而更严重的是成型产品中的残余应力，甚至可能成为引发空难的罪魁祸首。1972年年底和1973年年初，两架 L-1011 飞机先后发生 RB211 发动机风扇盘甩离机体的严重故障，所幸飞机迫降成功未造成人员伤亡。事故原因之一便是风扇盘加工中的残余应力在热处理后未能全部消除，降低了其使用强度。这一案例不仅引起了航空领域的广泛关注，也为我们提供了一个宝贵的视角，去审视和理解材料科学中应力控制的复杂性。

针对这一问题，深入剖析了薄膜本征内应力产生的根源及其多维影响因素，揭示了薄膜应力形成机制的复杂性与精妙性。通过聚焦实际溅射镀膜过程，生动展示了在薄膜生长这一微观世界里，镀料粒子的能量如何成为内应力形成过程的关键驱动因素。学生将理解到，控制镀料粒子能量的微妙平衡，即是在解决薄膜应力调控这一技术难题中抓住的主要矛盾。具体而言，引导学生关注基底温度和基底偏压这两个核心调控参数，它们如同精密调控的旋钮，直接作用于镀料粒子的能量状态，进而影响薄膜内应力的分布与变化。这一过程不仅锻炼了学生分析复杂问题的能力，更培养了他们在科技创新道路上勇于探索、敢于突破的勇气与智慧（见图8-2）。

同时，本案例紧扣"可持续之路，与科技创新同行"的主题，强调在追求薄膜技术

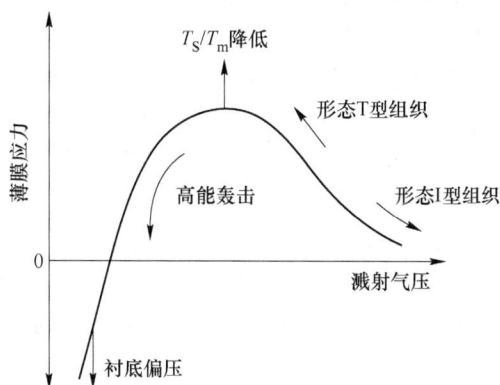

图 8-2　溅射参数对薄膜内应力的影响

进步的同时，必须兼顾资源节约、环境保护等可持续发展目标。鼓励学生思考如何通过优化镀膜工艺参数，减少能耗、提高材料利用率，实现科技创新与可持续发展的和谐共生。通过这样的教学安排，学生将在掌握专业知识的同时，树立起绿色科技观，为未来的科技事业贡献自己的力量。

（3）教学反思。通过深入剖析薄膜内应力的形成与调控，学生不仅掌握了专业知识，更在解决问题的过程中锻炼了科学思维。然而，在追求技术创新的同时，如何更好地将可持续发展理念融入教学，引导学生思考技术背后的环境与社会责任，是一个值得持续探索的课题。目前计划进一步优化案例选择，引入更多与环保、节能相关的薄膜技术实例，让学生在分析讨论中深刻理解科技创新与可持续发展的紧密联系。同时，加强实践教学环节，通过模拟实验、项目研究等方式，让学生亲身体验科技创新的过程，培养其解决实际问题的能力，特别是针对复杂问题的分析能力和抓住主要矛盾的意识。此外，还将注重培养学生的创新意识和社会责任感，鼓励他们将所学知识应用于解决社会实际问题，为可持续发展贡献自己的力量。

📖 延伸阅读

薄膜内应力产生因素

磁控溅射镀膜中，薄膜由于各种原因会产生内应力，不将其控制在合理的范围内会出现薄膜脱落等负面情况，大大减少了使用寿命。内应力通常由于产生因素不同，会出现"拉应力"和"压应力"两种情况。由于内应力产生因素较多且镀膜种类方式均有不同。

（1）热应力：膜基膨胀系数不同＋薄膜沉积时温差（产生附加应力）→膜基结合发生形变，产生热应力。

（2）相变效应：气态液态固态，三态转换时体积变化产生内应力。

（3）空位的消除：退火处理；采用原子扩散消除晶格缺陷，使薄膜内部空位和孔隙消失等，会影响薄膜体积收缩，产生拉应力性质的内应力。

（4）界面失配：指的是薄膜材料的晶格结构与衬底材料的晶格结构不同，薄膜与衬底接触面薄膜晶格结构会形成类似衬底的晶格结构，然后在向本来的结构慢慢过渡，这个过程会产生畸变，从而薄膜内部有内应力。

（5）杂质效应：薄膜沉积时，残余气体或其余杂质进入薄膜产生压应力。在薄膜形成时，环境气氛对内应力有一定响应。一般是压缩应力的产生与残留气体有密切关系。残留气体作为一种杂质在薄膜中埋入越多则越易形成大的压应力。另外，由于晶粒间界扩散作用，即使在低温下也可产生杂质扩散从而形成压应力。

（6）原子、离子埋入效应：一方面薄膜沉积时会形成空位或填隙原子等缺陷造成薄膜体积增大，这些空位的存在会引起拉伸应力（而非压应力）；另一方面在反溅射过程中，由于外在离子轰击时薄膜表面原子向内部移动，导致体积增大。以上两点会导致薄膜产生内应力。

（7）表面张力：固体的表面张力（表面能）为 $10^2 \sim 10^3$ mN/m，内应力中的一部分可以归结为这种表面张力。但是当内应力为 10^4 mN/m 时，其内应力就不能作为表面张力考虑。例如在 LiE 薄膜形成的出阶段它是岛状结构，这时的晶格间隔比块材宽一些，这样，表面张力是负值，小岛发生收缩。对于薄膜整体来说则形成张力形式的内应力。

（8）靶电流影响：靶电流过大，导致靶材溅射原子能量过高，且沉积到衬底上的原子数量会很多，这样会使沉积薄膜存在内应力，减小结合力。

（9）表面张力和晶粒间界弛豫。在薄膜形成初期具有不连续结构的薄膜都是由孤立小岛或晶粒构成的，这些晶粒用于基体附着力的作用不能随意移动，而且表面张力是压缩性的；它要向外扩展，于是显示一种压缩应力状态。随着晶粒的成长，晶粒间隔逐渐减小并达到接近晶格常数 α 的数量级。晶粒表面的原子与另一个晶粒表面的原子相互间受到引力作用，相对应两个晶粒的两个表面结合起来形成了一个晶粒间界，在晶粒结合时因表面能作用形成的压缩状态得到弛豫，晶粒再进一步长大便产生张应力。

（资料来源：https://zhuanlan.zhihu.com/p/266925251，作者进行了适当修改）

8.3　创新热喷涂，强化材料心——热喷涂技术的发展

8.3.1　课程思政育人理念与目标

秉承科技创新与可持续发展的核心理念，该课程不仅传授热喷涂技术的最新进展与应用，更注重培养学生的创新思维与环保意识。课程旨在通过解析热喷涂技术如何高效强化材料性能，激发学生对科技改变世界的热情，同时引导学生思考技术发展背后的资源节约与环境保护责任。课程目标体现在知识、能力与思政三个层面，具体如下：

知识目标：使学生掌握热喷涂技术的基本原理、工艺方法及材料强化机制，了解热喷涂技术的最新进展及其在工业领域的应用，同时培养学生在材料科学与工程领域的科技创新意识，为可持续发展贡献技术力量。

能力目标：培养学生掌握热喷涂技术应用能力，解决材料强化的实际问题；激发学生创新思维，推动热喷涂技术创新发展；增强学生可持续发展意识，促进技术应用与环境保护和谐共生。

思政目标：通过热喷涂技术学习，培养学生创新精神与实践能力，强化社会责任感，树立可持续发展观念，为科技进步与绿色发展贡献力量。

8.3.2 课程思政元素与融入点

专 业 知 识 点	思 政 元 素	课程思政的实施路径与方式
热喷涂技术的发展	创新热喷涂，强化材料心	利用课前任务引导学生自主学习热喷涂技术的基础知识，课堂上则重点进行讨论和案例分析

8.3.3 课程思政案例

（1）案例教学目标。通过探讨热喷涂技术的最新创新应用，使学生深入理解科技创新如何推动材料表面强化的革命性进展。课程将聚焦热喷涂技术在提升材料性能、延长使用寿命及促进资源循环利用方面的关键作用，培养学生具备分析解决复杂工程问题的能力。同时，强化可持续发展理念，引导学生思考并设计环境友好型的热喷涂方案，旨在培养未来工程师在推动产业升级、实现绿色制造中的核心竞争力。

（2）案例主要内容。20 世纪 50 年代，为了攻克坦克零部件磨损后的修复难关，徐滨士经过 100 多个日夜的试验和无数次失败，成功研制了国内第一台振动电弧堆焊设备，突破了薄壁零件不能修复的禁区。一次偶然的机会，他看到哈尔滨锅炉厂用等离子堆焊技术制造高压阀门来提高零件的耐磨性，从而萌生出将等离子喷涂技术用于坦克零件维修的想法。此后，他带领团队历经数十次失败，先后攻克喷枪、电源等一系列技术难关。通过等离子喷涂技术处理的零件，耐磨性比原来提高了 1.4 至 8.3 倍，而维修成本只有新购零件的 1/8。20 世纪 90 年代末，在传统等离子喷涂技术的基础上，徐滨士研究开发出高效能超音速等离子喷涂技术，能耗和气体消耗量下降 1/3，喷涂的纳米涂层可用于修复高性能飞机发动机叶片，该技术获得国家科技进步奖二等奖。徐滨士院士还全力研究和解决表面工程中的许多基础理论与关键技术问题，带领课题组攻克众多技术难题，成功开发出纳米颗粒复合电刷镀技术，制备出了不同体系的 20 余种纳米电刷镀液。这种新型镀液可显著提高材料的耐高温、耐磨及抗接触疲劳性能，并延长使用寿命，解决了重载车辆、舰船、飞机发动机等一些关键零件的再制造技术难题。

徐滨士院士以其前瞻性的视野和深厚的专业造诣，推动了热喷涂技术在废旧装备修复与再制造中的创新应用，不仅显著提升了废旧产品的资源利用率，还确保了再制造产品性能达到甚至超越新品标准，同时实现了生产资源消耗的最小化。这一中国特色再制造模式，不仅为废旧机电产品的循环利用开辟了新路径，更成为延长装备服役周期、促进循环经济发展的高级形式。

通过深入剖析徐滨士院士的杰出贡献，引导学生理解科技创新与可持续发展之间的紧密联系。不仅要铭记前辈们的初心与使命，更要在此基础上不断探索与创新，将热喷涂技术作为强化材料性能的利器，进一步推动其在循环经济中的应用与发展。通过教学，期望能够培养学生的科学发展观与创新意识，使他们能够成为未来推动国家循环经济发展战略、实现资源节约与环境保护的中坚力量。

（3）教学反思。通过生动展示热喷涂技术在材料强化领域的创新应用（见图 8-3），学生不仅掌握了专业知识，更对技术的未来发展充满了期待。然而，在反思中也意识到一些不足。首先，需进一步加强实践教学环节，让学生在动手操作中更直观地感受科技创新

图 8-3　热喷涂技术

的力量，同时培养其解决实际问题的能力。其次，应更深入地探讨热喷涂技术在可持续发展中的角色，引导学生寻找技术发展与环境保护之间的平衡点，培养其环保意识和社会责任感。

📖 延伸阅读

热喷涂技术

热喷涂技术是利用热源将喷涂材料加热至熔化或半熔化状态，并以一定的速度喷射沉积到经过预处理的基体表面形成涂层的方法。热喷涂技术在普通材料的表面上，制造一个特殊的工作表面，使其达到：防腐、耐磨、减摩、抗高温、抗氧化、隔热、绝缘、导电、防微波辐射等一系列多种功能，为使其达到节约材料，节约能源的目的，我们把特殊的工作表面叫涂层，把制造涂层的工作方法叫热喷涂。热喷涂技术是表面过程技术的重要组成部分之一，约占表面工程技术的三分之一。

（资料来源：https://baike.so.com/doc/6834081-7051295.html）

8.4　表面强化新篇章，科技创新促环保——电镀废水的处理

8.4.1　课程思政育人理念与目标

秉承"绿色引领科技，创新赋能未来"的育人理念，通过探索水溶液表面强化技术的创新应用，不仅传授给学生专业知识与技能，更着重培养学生的环保意识和社会责任感。引导学生将科技创新与可持续发展紧密结合，树立绿色发展观，鼓励他们在未来职业生涯中，以科技创新为驱动，积极投身环保事业，共同守护地球家园，促进人与自然和谐共生。课程目标体现在知识、能力与思政三个层面，具体如下：

知识目标：掌握水溶液表面强化的基本原理与技术前沿，理解其在材料表面性能提升中的关键作用。同时，使学生深刻认识到科技创新对环保事业的重要性，明确可持续发展理念在水溶液表面强化技术中的应用方向，为环保与发展贡献力量。

能力目标：培养学生具备运用水溶液表面强化技术解决实际问题的能力，同时激发其

科技创新思维，能够在环保领域探索新技术、新方法。此外，强化学生的可持续发展意识，使其能够在实践中兼顾经济效益与环境保护，为绿色发展贡献力量。

思政目标：树立学生绿色科技观，强化环保意识，通过水溶液表面强化的学习，激发学生对可持续发展的责任感。培养创新思维，鼓励学生将科技创新与环保实践相结合，为实现绿色中国贡献力量。

8.4.2 课程思政元素与融入点

专 业 知 识 点	思 政 元 素	课程思政的实施路径与方式
电镀废水的处理	表面强化新篇章，科技创新促环保	采用问答、讨论、辩论等多种方式，激发学生的学习兴趣和积极性

8.4.3 课程思政案例

（1）案例教学目标。使学生深入了解水溶液表面强化技术在环保领域的应用与创新，掌握其技术原理与实施方法。同时，培养学生运用科技创新思维解决环保问题的能力，强化他们的可持续发展意识。在案例分析过程中，引导学生思考技术发展与环境保护的平衡点，鼓励他们探索更多绿色、高效的表面强化技术，为环保事业贡献自己的力量。

（2）案例主要内容。在加工电子产品时会产生大量废水，其中以电镀过程为最，据不完全统计全国现有 1.5 万家电镀生产厂，每年排出的电镀废水约 $4 \times 10^9 \, m^3$，其中约有 50% 未达到国家排放标准。电镀废水的来源一般为镀件清洁水、废电镀液、其他废水、设备冷却水以及金属表面处理产生的废水等。在面临电镀废水复杂性与高毒性的挑战下，水溶液表面强化技术的环保与发展成为推动行业绿色转型的关键。鉴于废水中重金属离子（如铬、锌、铜、镍、镉）及有害化学物质（酸、碱、氰化物等）的严重威胁，国家不仅制定了严格的污水排放标准，更鼓励技术创新以应对这一全球性环境问题（见图8-4）。

图 8-4 电镀废水的处理设备

在此背景下，"以表面强化新篇章，科技创新促环保——电镀废水的处理"主题应运而生，旨在通过科技创新引领表面处理行业的绿色革命。需不断加强技术研发，引入高效、低耗、无害化的清洁生产工艺，结合先进的监控与管理机制，精准控制生产过程中的污染物排放，最大限度减少资源消耗与环境污染。同时，推动产学研深度融合，加速科技成果向现实生产力转化，为电镀废水处理提供更为安全、经济、可行的解决方案。这一系列努力不仅是对自然环境的保护，更是对表面处理行业健康可持续发展的有力支撑，共同绘制出一幅科技引领绿色发展的美好蓝图。

（3）教学反思。在教学过程中学生不仅掌握了水溶液表面强化的技术原理与应用，更深刻理解了环保责任与可持续发展的紧迫性。在教学过程中，注重引导学生思考技术创新与环境保护之间的平衡，鼓励他们提出创新性的解决方案。然而，也意识到在复杂多变的环保挑战面前，单纯的技术创新并不足以解决所有问题。因此，未来教学中需进一步强化跨学科知识融合，将环境科学、化学工程、材料科学等多领域知识有机结合，共同应对环保难题。同时，案例教学应更加注重实践性与时效性，让学生在真实或模拟的环保项目中锻炼能力，培养解决实际问题的能力。

📖 延伸阅读

废水处理方法

（1）气浮法。气浮法是向水中通入空气，产生微小气泡，由于气泡与细小悬浮物之间黏附，形成浮选体，利用气泡的浮升作用，上浮到水面，形成泡沫或浮渣，从而使水中的悬浮物质得以分离。按照气泡产生方式的不同，可分为充气气浮、溶气气浮和电解气浮三类。

气浮法是代替沉淀法的新型固液分离手段，1978 年上海同济大学首次应用气浮法处理电镀重金属废水处理获得成功。随后，因处理过程连续化，设备紧凑，占地少，便于自动化而得到了广泛的应用。

气浮法固液分离技术适应性强，可处理镀铬废水、含铬钝化废水以及混合废水。不仅能去除重金属氢氧化物，而且可以去除其他悬浮物、乳化油、表面活性剂等。气浮法用于处理镀铬废水的原理是：首先在酸性的条件下硫酸亚铁和六价铬进行氧化还原反应，然后在碱性条件下产生絮凝体，在无数微细气泡作用下使絮凝体浮出水面，使水质变清。

（2）离子交换法。离子交换法主要是利用离子交换树脂中的交换离子同电镀废水中的某些离子进行交换而将其除去，使废水得到净化的方法。

国内用离子交换技术处理电镀废水是从 20 世纪 60 年代开始进行试验研究的，到 70 年代末，因为迫切需要解决环境污染问题，这一技术得到了很大发展，当前已成为处理电镀废水和回收某些金属的有效手段之一，也是使某些镀种的电镀废水达到闭路循环的一个重要环节。但是采用离子交换法的投资费用很高，系统设计和操作管理较为复杂，一般的中小型企业难以适应，往往由于维修、管理等不善而达不到预期的效果，因此，在推广应用上受到了一定的限制。

当前，国内普遍采用离子交换法处理含铬、含镍等的电镀废水，在设计、运行和管理上已有较为成熟的经验。经处理后水能达到排放标准，且出水水质较好，一般能循环使用。树脂交换吸附饱和后的再生洗脱液经电镀工艺成分调整和净化后能回用于镀槽，基本实现闭路循环。另外，离子交换法也可用于处理含铜、含锌、含金等废水。

（3）电解法。电解法主要是使废水中的有害物质通过电解过程在阳、阴两极上分别发生氧化和还原反应，转化成无害物质；或利用电极氧化和还原产物与废水中的有害物质发生化学反应，生成不溶于水的沉淀物，然后分离除去或通过电解反应回收金属。国内在20世纪60年代开始用电解法处理电镀含铬废水，70年代末对含银、铜等废水进行实验研究，回收银、铜等金属，取得了很好的效果。

电解法处理电镀废水一般用于中、小型厂，其主要特点是不需投加处理药剂，流程简单，操作方便，占生产场地少，同时由于回收的金属纯度高，用于回收贵重金属有很好的经济效益。但当处理水量较大时，电解法的耗电较大，消耗的铁极板数量也较大，同时分离出来的污泥与化学处理法一样不易处置，所以已较少采用。

（4）萃取法。萃取，又称溶剂萃取或液液萃取，是利用系统中组分在溶剂中有不同的溶解度来分离混合物的单元操作。废水回收中的萃取法是利用一种不与水互溶却能溶解水中某种物质（称溶质或萃取物）的溶剂加入废水中，使溶质充分溶解在溶剂内，从而从废水中分离除去或回收某种物质的方法。萃取操作过程包括混合、分离和回收三个主要工序。

（资料来源：https://baike.so.com/doc/5750645-5963402.html，作者进行了适当修改）

8.5 科技筑防线，海腐不再侵——海水腐蚀工程贡献科技力量

8.5.1 课程思政育人理念与目标

秉承"科技赋能，绿色守护"的育人理念。通过深入探讨海水腐蚀机理与防护技术，不仅为学生传授专业知识，更能激发学生的科技创新精神，培养其解决复杂环境问题的能力。同时，强化学生的环保责任感与可持续发展意识，引导学生将科技创新成果应用于海洋环境保护，共同构筑人类与自然和谐共生的蓝色防线，实现海洋资源的可持续利用与发展。课程目标体现在知识、能力与思政三个层面，具体如下：

知识目标：掌握海水腐蚀的基本原理与影响因素，了解当前先进的防腐蚀技术与材料。通过课程学习，学生能够分析海水腐蚀案例，提出有效的防护策略，并认识到科技创新在解决海水腐蚀问题中起的关键作用，为可持续发展提供技术支持。

能力目标：培养学生分析海水腐蚀问题的能力，掌握创新防护技术的设计与应用能力。通过实践训练，学生能够独立设计并实施防腐蚀方案，同时考虑环境友好与可持续性，为海洋工程领域提供有效的防腐解决方案。

思政目标：树立学生海洋环保意识，强化科技向善的责任感。通过海水腐蚀防护的学习，激发学生对科技创新的热情，同时培养其在科技应用中考虑环境保护与可持续发展的价值观。

8.5.2 课程思政元素与融入点

专业知识点	思政元素	课程思政的实施路径与方式
海水腐蚀	科技筑防线，海腐不再侵	设计与海水腐蚀防护相关的实验和实训项目，让学生在实践中掌握防腐技术的具体应用

8.5.3   课程思政案例

（1）案例教学目标。通过案例教学，旨在使学生深入理解海水腐蚀的机理及其对环境与经济的深远影响。同时，培养学生运用科技创新思维，探索高效、环保的海水腐蚀防护技术与方法。通过案例分析与实践操作，提升学生解决实际问题的能力，并树立可持续发展观念，为海洋工程领域贡献科技力量，共同守护蓝色家园。

（2）案例主要内容。自 2019 年 12 月 17 日，我国第一艘国产航母正式交付海南三亚的某军港海军，标志着我们国家的海上作战能力又上升了一步。我国第二艘航母成功入列，充分表明了中国的海军实力已经达到了一个新的台阶，也就意味着中国已经成为世界上第三个拥有双航母的国家，也体现我国这方面的技术已经达到了全球领先水平。在这么多光环下，山东舰也受到很多人的关注，然而有人发现刚开始服役的山东舰上竟然有很多锈蚀的痕迹，主要是由于山东舰舰身的金属材料受到海洋环境中的酸性物质的腐蚀，虽然我国尚缺乏海洋腐蚀损失量具体的数据，但由于海洋腐蚀环境的苛刻性，而且海水中的盐浓度高（一般在 3.5% 左右）、富氧，并存在着大量海洋微生物，加之海浪冲击和阳光照射，海洋腐蚀环境较为恶劣，有理由相信海洋的腐蚀损失十分严重。

在 ISO—12944-2 中把大气腐蚀分为 6 类，海洋环境的腐蚀等级最高。受海水飞沫中含有的氯化钠颗粒的影响，近海 200 m 以内的陆地环境上的腐蚀也属于海洋环境腐蚀的范畴。在海洋环境中服役的基础设施和重要工业设施的腐蚀问题严重，特别是船舶与海洋平台的腐蚀问题更加突出，腐蚀已经成为影响船舶、近海工程、远洋设施服役安全、寿命、可靠性的最重要因素，引起世界各国政府和工业界的高度重视。因此，大力发展海洋工程防腐材料和技术，对于保障海洋工程和船舶的服役安全与可靠性，降低重大灾害性事故的发生，延长海洋构筑物的使用寿命具有重大意义。本案例以我国首艘自主设计、建造并全面配套的国产航空母舰——山东舰为核心，不仅展示了中国海军装备建设的辉煌成就，更以此为契机，深入剖析了山东舰在复杂海洋环境中面临的严峻挑战：海水腐蚀。通过这一真实而生动的案例，旨在让学生深刻认识到海水腐蚀对舰船结构安全、性能保持乃至使用寿命的巨大威胁，进而激发他们对海水腐蚀防护知识的浓厚兴趣（见图 8-5）。

(a)   (b)

图 8-5   海洋环境中的腐蚀问题
(a) 在海洋上服役的山东舰；(b) 海水腐蚀现象

在案例教学中，我们将系统介绍海水腐蚀的机理，包括电化学腐蚀、微生物腐蚀等，以及影响腐蚀速率的关键因素，如海水温度、盐度、流速、含氧量等，还有材料本身的耐蚀性能。同时，结合国内外先进的防腐技术与实践案例，探讨如何通过科技创新，如采用高性能防腐涂料、金属表面处理、电化学保护等手段，构建坚实的防腐防线，确保山东舰及类似海洋工程设施在恶劣海况下依然能够坚如磐石，捍卫国家海疆。

（3）教学反思。在案例教学中，通过山东舰这一国之重器的引入，不仅增强了课程的吸引力和现实感，更激发了学生对海水腐蚀防护技术的探索热情。然而，反思教学过程，在引导学生深入理解科技创新背后的环保考量和社会责任方面仍有待加强。未来，将更加注重跨学科知识的融合，如环境科学、材料科学等，以更全面的视角审视海水腐蚀问题。同时，鼓励学生参与实践项目，将理论知识转化为解决实际问题的能力，培养他们在科技创新中注重可持续发展的意识和行动。通过这样的反思与改进，相信能够进一步提升案例教学的质量，为培养具有创新精神和社会责任感的未来人才贡献力量。

📖 延伸阅读

腐蚀的定义

材料在和周围介质接触过程中，发生物理、化学或电化学反应等而使材料遭受破坏或性能恶化的过程称作腐蚀。广义的腐蚀指材料与环境间发生的化学或电化学相互作用而导致材料功能受到损伤的现象。狭义的腐蚀是指金属与环境间的物理-化学相互作用，使金属性能发生变化，导致金属、环境及其构成系功能受到损伤的现象。

出于物理原因造成的破坏不称为腐蚀，而称为磨损或磨耗等。但实际情况下腐蚀和物理损伤是伴随发生的，物理损伤更是加速了腐蚀的进度。腐蚀现象非常普遍，但非常复杂。老房木板上生锈的铁钉、铁护栏的生锈、锡罐头盖的生锈、钢筋的锈蚀、轮船设备的锈蚀、腐蚀的自来水管道流出黄色的水、输油输气管道、开水管道、大雁塔广场上铜雕塑上的铜绿、秦始皇的铜车马、兵马俑、银首饰的变色、塑料的硬脆、橡胶轮胎的老化、古籍纸质的发黄变脆、丝绸的化丝、朽木、涂料的褪色及脱落、牙齿的坏烂、石头的风化等等都是腐蚀现象。腐蚀包括非金属腐蚀与金属腐蚀。

（资料来源：https://baike.so.com/doc/25732722-26864083.html，作者进行了适当修改）

8.6 科技防蚀新策，创新筑就绿色未来——防腐蚀领域的卓越创新

8.6.1 课程思政育人理念与目标

秉持"科技引领，绿色防护，创新驱动，责任担当"的育人理念。通过讲授阴极保护等先进防腐技术，不仅传授专业知识，更激发学生的环保意识与科技创新精神。引导学生将个人发展与国家生态文明建设相结合，培养他们在科技创新中追求绿色、低碳、可持续的解决方案，成为新时代绿色发展的践行者和推动者。课程目标体现在知识、能力与思政三个层面，具体如下：

知识目标：掌握阴极保护法基本原理与关键技术，理解其在防腐蚀领域的创新应用。

通过学习，学生能够分析不同环境下的腐蚀问题，设计并实施阴极保护方案，同时了解科技创新在推动绿色防腐技术发展中的重要作用。

能力目标：培养学生应用阴极保护技术解决实际腐蚀问题的能力，包括设计、实施与评估。同时，激发学生创新思维，探索绿色防腐新技术，为可持续发展贡献科技力量。

思政目标：树立绿色防腐意识，强化科技创新的责任感与使命感。通过阴极保护学习，引导学生关注环境保护，倡导可持续发展理念，为构建绿色未来贡献力量。

8.6.2　课程思政元素与融入点

专 业 知 识 点	思 政 元 素	课程思政的实施路径与方式
防腐涂层、牺牲阳极的阴极保护法	科技防蚀新策，创新筑就绿色未来	利用信息技术手段，如在线课程、微课等，让学生在课前自主学习阴极保护的基础知识

8.6.3　课程思政案例

（1）案例教学目标。使学生深入理解牺牲阳极的阴极保护技术在防腐蚀领域的创新应用与成效，掌握其技术原理与实施要点。同时，引导学生思考科技创新在推动绿色防腐、实现可持续发展中的关键作用，通过培养学生的创新思维与环保意识，激发其探索更高效、环保防腐技术的热情，为未来的科研与实践工作奠定坚实基础。

（2）案例主要内容。2013年，中石化管道公司发生了一起震惊全国的原油泄漏及爆燃事故。这起事故的起因，是输油管线外壁因长期运行而遭受严重腐蚀，最终导致管道破裂，原油泄漏。泄漏的原油流入排水暗渠，甚至反冲到路面，形成了巨大的安全隐患。在这起事故中，现场人员为了应对紧急情况，采用了液压破碎锤在暗渠盖板上打孔破碎，却不慎产生了撞击火花。这火花如同点燃导火索，瞬间引发了暗渠内积聚的油气爆炸，造成了严重的人员伤亡和财产损失（见图8-6）。

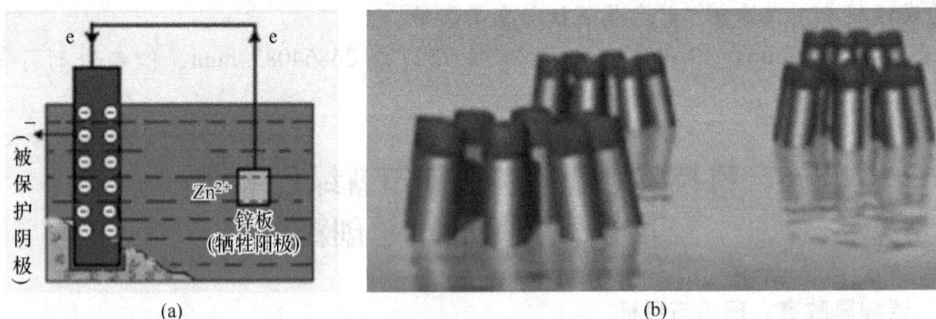

图 8-6　防止腐蚀的双重防护策略
（a）牺牲阳极法阴极保护示意图；（b）涂层＋牺牲阳极阴极保护

通过这一生动的案例，学生们不仅加深了对腐蚀现象及其机制的理解，还深入学习了阴极保护和牺牲阳极法等防腐技术的理论知识和实践应用。这一案例教学不仅拓宽了他们的视野，使他们对国内外防腐领域的研究现状有了更为全面的认识，而且通过紧跟前沿科技动态，有效提升了他们的专业素养与综合能力。更重要的是，此案例激发了学生们的创新思维与自主学习能力，鼓励他们勇于探索未知，以科技创新为引领，致力于开发更加高效、环保的防腐技术。

（3）教学反思。在案例教学中，学生们不仅学习了牺牲阳极的阴极保护技术的专业知识，更深刻理解了科技创新在防腐领域的巨大潜力及其对可持续发展的贡献。反思此次教学，在激发学生兴趣的同时，还需进一步引导他们深入思考技术背后的社会、经济与环境影响。未来教学中，将更加注重培养学生的批判性思维和跨学科视角，鼓励他们在掌握专业知识的基础上，积极探索更加绿色、高效的防腐解决方案。此外，案例教学应与时俱进，紧跟科技发展前沿。因此，需要持续关注防腐技术的最新进展，不断更新教学内容，确保学生能够接触到最先进、最实用的知识。通过这样的教学反思与改进，相信能够进一步提升教学质量，为培养具有创新精神和社会责任感的未来工程师奠定坚实基础。

📖 **延伸阅读**

溯防腐之源扬防腐文化

李现修，是防腐大军中的优秀代表。防腐，改变了李现修和家人的命运；防腐，也成就了他事业的辉煌。他把防腐视作自己的第一生命，有着浓郁的防腐情怀。从20世纪80年代起，他就潜心研究防腐文化和防腐史，有时宁肯舍弃重大项目，也要搜集一些关于防腐的资料。例如博物馆大厅内现存放的清朝时期官宦人家给棺木涂刷漆油的漆盆及民国初期与新中国建国时期相关的防腐工具与文献。他还潜心研究防腐历史，发现长垣防腐源于20世纪50年代，整整把长垣防腐历史提前了20年。这一发现在2019年10月有20多个国家参加的国际防腐论坛上，受到了与会领导和专家的高度赞扬与认可，震动了防腐学界，使长垣中国防腐之都的地位更加牢不可撼。在四十多年的防腐生涯中，李现修注意到，几千年来，从中国古代的大漆防腐，到如今的现代化工业防腐，在中国防腐历史上，留下了许多文化遗存，传颂着许多故事歌谣，诞生了许多世界纪录，涌现了许多精英人物……他认为，将这些遗存保护起来，记录下来，展示出来，传承起来，是当代防腐人义不容辞的职责。他决心要倾自己一己之力，建设一座全景式展现中国防腐历史的博物馆，通过丰富的实物资料和翔实的文字资料，让更多的人认识防腐，走进防腐，感受防腐，以教育后代，启迪未来。

（资料来源：https://www.163.com/dy/article/HPCOTAEE0521STT2.html）

8.7 创新破局，科技赋能——模具材料的热处理之渗碳

8.7.1 课程思政育人理念与目标

通过深入探索模具材料渗碳技术的最新进展，不仅培养学生扎实的专业技能与科研素养，更能激发其创新思维与解决复杂工程问题的能力。同时，强化环保意识，引导学生理解并实践绿色热处理技术，将可持续发展理念深植于心，培养成为既有专业深度又有社会担当的新时代工匠与科技创新者。课程目标体现在知识、能力与思政三个层面，具体如下：

知识目标：使学生掌握模具材料渗碳热处理原理与技术，了解前沿科技创新在渗碳工艺中的应用，同时培养对绿色热处理技术的认知，实现专业知识与可持续发展理念的融合。

能力目标：提升渗碳热处理工艺设计与优化能力，培养科技创新思维，掌握绿色热处理技术，实现模具材料性能与环保效益的双重提升。

思政目标：强化科技创新意识，树立绿色发展理念，通过模具材料渗碳热处理学习，培养具有社会责任感与环保意识的新时代工匠，为可持续发展贡献力量。

8.7.2　课程思政元素与融入点

专业知识点	思政元素	课程思政的实施路径与方式
模具材料的热处理之渗碳	创新破局，科技赋能	参观具有渗碳工艺的企业，使学生真正了解渗碳过程

8.7.3　课程思政案例

（1）案例教学目标。使学生深入理解渗碳技术的原理与应用，掌握其工艺优化与创新能力。同时，结合具体案例，探讨科技创新如何推动渗碳技术向更高效、更环保的方向发展，引导学生关注并思考在热处理过程中如何实现可持续发展目标。通过案例分析，增强学生的实践能力和问题解决能力，培养其成为具备创新思维和环保意识的模具材料热处理领域的专业人才。

（2）案例主要内容。龙泉宝剑是中国著名的传统工艺品，以锋刃锐利、寒光逼人、刚柔并济、纹饰精致而著称。其历史可以追溯到春秋战国时期。龙泉宝剑的锻制技艺在2006年被列为国家级非物质文化遗产。相传，铸剑大师欧冶子在浙江龙泉发现了一个适合铸剑的地方，并在此铸成了"龙渊""泰阿""工布"三把宝剑，其中"龙渊"宝剑最为出名，后来改名为"龙泉宝剑"。西汉中山靖王墓，即刘胜墓，出土了许多珍贵文物，其中包括一些宝剑。这些宝剑反映了汉代的工艺技术水平和科学研究价值，是研究西汉时期手工业和工业艺术发展情况的重要实物资料。墓中出土的兵器中，有我国最早采用刃部淬火新工艺的铁剑，而刘胜的铁铠甲，也是迄今考古发掘中所见到的保存最完整的西汉铁甲。这些宝剑不仅是武器，也是当时社会文化和军事技术的象征。龙泉宝剑更多地代表了传统铸剑工艺的传承和发展，而中山靖王墓中的宝剑，为我们提供了直接的历史物证，让我们能够更加直观地了解汉代的宝剑制作技术和文化。但他们都是中国宝剑文化的重要组成部分，体现了中国古代铸剑技术的高超技艺和深厚的文化内涵。

在深入剖析"模具材料的选材及热处理"这一核心课程内容时，巧妙地融入了中国悠久的历史文化瑰宝——举世闻名的龙泉宝剑与西汉中山靖王墓中惊世骇俗的宝剑，不仅给学生传授专业知识，更激发学生的民族自豪感和文化自信。龙泉宝剑，这一承载着千年匠心的艺术品，其精湛的渗碳技艺可追溯至春秋战国，完美展现了我国古代在化学热处理领域的卓越成就。西汉中山靖王墓出土的宝剑，其心部与表面含碳量的显著差异，无声地诉说着古人对渗碳技术的深刻理解与精准掌握，这不仅是对古代科技智慧的颂扬，更是对当代学子的一次深刻启示（见图8-7）。

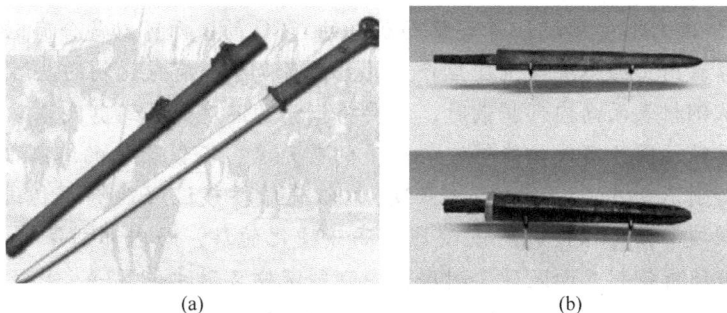

图 8-7　中国悠久的历史文化瑰宝
（a）龙泉宝剑；（b）西汉中山靖王墓出土宝剑

　　以此为契机，进一步探讨模具材料热处理技术的最新进展，特别是渗碳工艺在提升模具表面硬度、延长使用寿命方面的关键作用。同时，强调在科技创新的引领下，如何实现热处理技术的绿色化、高效化，以适应可持续发展的时代需求。通过这样的教学设计，旨在培养学生不仅成为掌握先进技术的专业人才，更成为具有深厚文化底蕴、强烈民族自豪感和坚定文化自信的新时代工匠。

　　（3）教学反思。通过将龙泉宝剑及西汉宝剑等发展历史融入课程，不仅有效激发了学生的学习兴趣，还显著提升了他们对我国古代科技智慧的认同感与民族自豪感。这一尝试证明了将历史文化与现代科技相结合的教学方法的巨大潜力。然而，在此过程中也发现了一些需要改进之处。首先，虽然案例选取具有吸引力，但在讲解过程中需更加注重逻辑性和系统性，确保学生既能感受到历史的厚重，又能清晰理解渗碳技术的科学原理。其次，应进一步加强师生互动，鼓励学生就案例中的技术细节、创新点及可持续发展意义展开讨论，以深化其理解和思考。此外，随着科技的飞速发展，未来教学应更加紧密地跟踪行业前沿动态，引入最新的科研成果和技术应用，使课程内容保持鲜活与前沿性。同时，也应注重培养学生的批判性思维和创新能力，鼓励他们敢于质疑、勇于创新，以科技的力量推动模具材料热处理技术的不断进步和可持续发展。

📖 延伸阅读

模具如何进行渗碳处理？

　　渗碳工艺应用于冷、热作和塑料模具表面强化中，都能提高模具寿命。如 3Cr2W8V 钢制的压铸模具，先渗碳、再经 1140~1150 ℃淬火，550 ℃回火两次，表面硬度可达 56~61 HRC，使压铸有色金属及其合金的模具寿命提高 1.8~3.0 倍。进行渗碳处理时，主要的工艺方法有固体粉末渗碳、气体渗碳以及真空渗碳、离子渗碳和在渗碳气氛中加入氮元素形成的碳氮共渗等。其中，真空渗碳和离子渗碳则是近 20 年来发展起来的技术，该技术具有渗速快、渗层均匀、碳浓度梯度平缓以及工件变形小等特点，将会在模具表面尤其是精密模具表面处理中发挥越来越重要的作用。渗碳处理技术即渗碳硬化，其是表面硬化法的一种，属于化学表面硬化法。渗碳工艺首先会在钢材表面形成新生的碳原子，随后促使这些碳原子渗透到钢材的表层，并逐渐向内部扩散。这些新生的碳原子是通过分解如CO（一氧化碳）或 CH_4（甲烷）等气体而获得的。CO 的来源可以是含有 CO 的气体，也可以是在渗碳容器内由固体渗碳剂反应产生的，或者是从含有氰化物的盐浴中获得的。当新生的碳原子从钢材表面向内部扩散时，需要将钢材的温度升高到奥氏体温度范围内，以促进碳原子的扩散。因为奥氏体能够溶解较多的碳元素，而铁素体的溶解能力则非常小，所以渗碳温度必须高于 Ac_3（钢的临界温度），以确保渗碳过程能够顺利进行。接下来，配合各种热处理技术，可以使钢材表面形成高碳硬化的层，而内部则保持低碳的低硬度层。这样的处理使得钢材表面既硬又耐磨，内部则既韧又耐冲击。

（资料来源：http://www.usteel.net/mujugang/87109.html，作者进行了适当修改）

8.8　材料科技飞跃，中国创新绿领未来——不可思议的发泡材料

8.8.1　课程思政育人理念与目标

融合科技创新与可持续发展理念，旨在培养学生成为材料科技领域的绿色创新者。通过探索发泡材料的奇迹应用，激发学生探索未知、勇于创新的精神，同时强化环保意识，引导学生将个人发展融入国家绿色发展战略，共同绘制中国绿色未来的宏伟蓝图。课程目标体现在知识、能力与思政三个层面，具体如下：

知识目标：掌握发泡材料的基本原理、种类特性及制备工艺，了解其在节能、环保、轻量化等领域的最新应用与技术创新趋势。同时，深化学生对科技创新驱动材料科学发展的认识，并使其理解发泡材料在推动可持续发展中的重要作用与潜力。

能力目标：培养学生具备研发和应用发泡材料的能力，包括材料设计、性能测试及优化改进。同时，强化学生的创新思维与问题的解决能力，使其能在科技创新中寻求可持续发展路径，为解决环境、能源等社会问题贡献力量，成为未来材料科技领域的绿色领军人才。

思政目标：通过发泡材料课程，增强学生的科技创新意识与环保意识，树立绿色发展理念。引导学生将个人成长融入国家绿色发展战略，培养责任感与使命感，成为具有爱国情怀、国际视野和可持续发展能力的时代新人，共同推动中国材料科技绿色引领未来。

8.8.2　课程思政元素与融入点

专业知识点	思政元素	课程思政的实施路径与方式
不可思议的发泡材料	材料科技飞跃，中国创新绿领未来	挖掘专业课程中蕴含的思政元素，通过线上＋线下进行教育

8.8.3　课程思政案例

（1）案例教学目标。深入了解发泡材料在绿色建筑、交通轻量化、环保包装等领域的创新应用。旨在培养学生分析问题的能力，激发创新思维，同时强化可持续发展观念，引导学生思考如何将科技创新与环境保护相结合，为构建绿色、低碳、循环发展的经济体

系贡献力量。

（2）案例主要内容。气凝胶第一次产业化是在 20 世纪 40 年代早期，美国孟山都公司生产气凝胶粉体以用作化妆品、凝固汽油增稠剂等，但最终因高昂的制造成本及应用开发的滞后以失败告终。第二次产业化发生在 20 世纪 80 年代，本阶段出现了不同技术方向的典型代表。瑞典公司的甲醇超临界技术、美国公司的 CO_2 超临界技术、德国公司的常压干燥技术等为代表的超临界技术迸发，人们持续探索气凝胶身上的更多可能性。在 2003 年，我国同济大学开始发表常压干燥的研究论文，我国技术工作者在常压干燥领域的投入逐渐增多，这是我国迈向气凝胶探索的重要一步。第三次产业化是相当具有代表性的一个节点。在 21 世纪初，美国 Aspen Aerogel 成功将气凝胶商业化，将其应用于航天军工、石化领域，受到市场青睐。这是气凝胶商业化的一个雏形，在气凝胶绝热毡、粉体等制品正式投入使用后，气凝胶的浪潮越发澎湃，我国也开始出现从事气凝胶材料产业化研究的企业。如今，我国正经历气凝胶的第四次产业化。随着气凝胶制备技术的成熟、工艺成本的降低、产业规模的扩大，气凝胶市场日益成熟，也有更多企业入局此赛道。从陆续开拓工业设备管道节能、新能源汽车安全防护、建筑防火隔热保温等应用市场，到气凝胶因为政策、节能等因素价值得到重视，气凝胶至今都在不断迈向新的台阶。

在探讨发泡材料，特别是气凝胶材料这一前沿领域的研究发展历程时，特别聚焦于我国科技工作者所取得的辉煌成就，这些成就不仅彰显了我国科技水平的飞跃，也深刻体现了中国创新在全球绿色未来中的引领作用。2013 年，浙江大学的科学家团队凭借卓越的研究实力，成功制造出世界领先的全碳气凝胶，这一里程碑式的突破不仅在国际上引起了轰动，更标志着我国在气凝胶材料领域迈出了坚实的一步。紧接着，在 2015 年，东华大学的科学家们再接再厉，制备出了纳米纤维气凝胶，其性能之卓越，不仅打破了此前全碳气凝胶保持的最轻纪录，更将我国在这一领域的研究推向了新的高度（见图 8-8）。

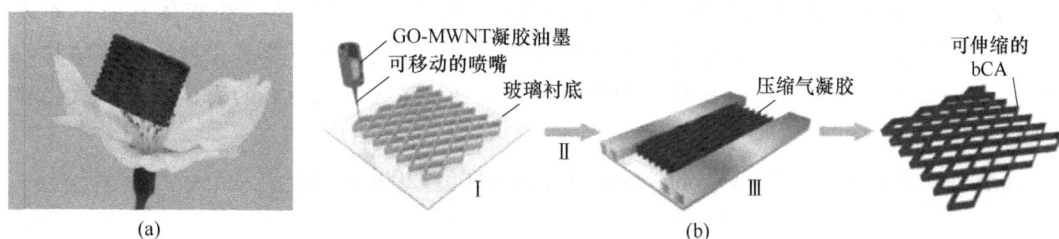

图 8-8 浙大科学家制造出全碳气凝胶
（a）轻质纳米纤维气凝胶；（b）纳米纤维气凝胶制备过程

这些辉煌的成就，不仅是我国科技工作者智慧与汗水的结晶，更是我国科技创新实力的有力证明。通过介绍这些案例，旨在引导学生深刻认识到，在材料科技的浩瀚星空中，中国正以其独特的创新光芒照亮前行的道路。这不仅能够激发学生对我国科技实力和水平的自豪感，更能增强他们的理论自信和制度自信，激励他们在未来的学习与研究中，勇于探索未知，敢于攀登科技高峰，为我国乃至全球的可持续发展贡献自己的力量。

（3）教学反思。通过介绍我国在气凝胶材料研究领域的卓越成就，不仅激发了学生对材料科技的兴趣与好奇心，更增强了他们对中国科技实力的自豪感和自信心。这一过程中，学生们不仅学习了专业知识，更在潜移默化中树立了绿色发展的价值观。然而，案例的选择应更加多样化，以覆盖发泡材料的更广泛应用领域，使学生能够从多角度、多层次理解其重要性。其次，应增加师生互动环节，鼓励学生就案例中的创新点、技术难点及可持续发展意义展开讨论，以提升其批判性思维和问题解决的能力。最后，应持续跟踪材料科技领域的最新动态，确保教学内容的前沿性和时效性，以培养学生的创新精神和未来视野。通过不断优化教学策略，期待在未来的教学中，能够更好地引领学生探索材料科技的无限可能，共同绘制中国绿色未来的宏伟蓝图。

📖 **延伸阅读**

从果冻到外太空追星：气凝胶的前世今生

气凝胶，这种获得吉尼斯世界纪录认证"世界上最轻固体"的材料，在各个领域均有不断研发成果涌现，可谓广阔天地大有作为。1997 年，气凝胶在火星探路者号上使用，隔离仪器不受极高温的破坏，从此成为美国国家航空航天局宇宙飞船的标准绝热材料。1999 年，气凝胶再次被委以重任，随星尘号宇宙飞船出征，执行人类首次的彗星尘埃采集任务。太空尘时速 1.8 万公里，比子弹还要快，可以直接击穿普通材料，而气凝胶每立方厘米内有数十亿个泡泡，能让太空尘粒子缓缓减速不会受损，完好无缺地拦阻住彗星抛出的尘埃样本，将其收入囊中，此举被地上的人们诗意地形容为"捉星星"。气凝胶是由美国人契史特勒（Samuel Kistler）于 20 世纪 30 年代发明的，化学家契史特勒发明气凝胶纯粹出于对果冻的兴趣。因为对"果冻算液体还是固体"这一疑问的追索，契史特勒发现明胶分子入水后会先分解再连成网状，把液体锁住让它无法流动。果冻几乎百分之百是水，熔点为 35 ℃，放入口中后明胶网格就会瓦解，给我们带来液体的口感。契史特勒通过反复实验，证明胶体结构和内部液体互相独立，探索出了用气体代替胶体内液体的方法。为了达成更强韧的结构，他选择玻璃的主要成分，制造出了以二氧化硅为固体结构的胶体，接着再按先前的程序去除胶体中的液体，制造出了世界上最轻的固体——二氧化硅气凝胶。

（资料来源：https://www.sohu.com/a/409142506_120008715）

8.9   中国材科崛起，创新驱动可持续——硅酸盐水泥的水化与硬化

8.9.1   课程思政育人理念与目标

在中国材科崛起的时代背景下，以"硅酸盐水泥的水化与硬化"为核心，通过科技创新视角，深入解析硅酸盐水泥的奥秘，同时融入可持续发展理念。强调在追求材料科技进步的同时，应不忘对环境的尊重与保护，以培养学生的创新意识、环保责任感和家国情怀。通过本课程，学生将学会用科技的力量解决现实问题，为构建绿色、低碳、可持续的未来贡献自己的力量。课程目标体现在知识、能力与思政三个层面，具体如下：

知识目标：聚焦于硅酸盐水泥的水化与硬化过程，旨在使学生深刻理解硅酸盐水泥的

化学反应机理、水化产物特性及其对水泥性能的影响。通过科技创新的视角，学生将掌握硅酸盐水泥的最新研究成果与技术进展，同时认识到水泥工业在可持续发展中的重要性。

能力目标：培养学生在中国材科崛起背景下，针对硅酸盐水泥水化与硬化过程进行深入分析的能力。学生将掌握科技创新方法，能够运用所学知识解决实际工程问题，提升材料设计与应用水平。同时，通过本课程的学习，学生将增强可持续发展意识，具备在材料研发中考虑环保因素的能力，为推动我国材料科技绿色、低碳、可持续发展贡献力量。

思政目标：以科研精神为灯塔，引导学生树立探索未知、追求真理的崇高理想；以匠心精神为基石，培养学生精益求精、追求卓越的职业素养。通过陶瓷塑性变形影响因素的学习，学生将深刻领悟科研精神与工匠精神的内涵，形成严谨求实的科学态度与高尚的职业操守，为成为有担当、有情怀的科技工作者奠定坚实的思想基础。

8.9.2 课程思政元素与融入点

专业知识点	思政元素	课程思政的实施路径与方式
硅酸盐水泥的水化与硬化	中国材科崛起，创新驱动可持续	通过数字化资源的应用，增强课程的互动性和趣味性

8.9.3 课程思政案例

（1）案例教学目标。使学生深入理解硅酸盐水泥水化硬化的复杂过程及其重要性。首先，学生需掌握硅酸盐水泥水化反应的基本原理、产物及其对水泥性能的影响。其次，通过探讨科技创新在水泥水化硬化过程中的应用，如新型外加剂、矿物掺合料等，增强学生的创新意识与问题解决能力。同时，融入可持续发展理念，分析水泥工业对环境的影响及节能减排措施，培养学生的环保意识和可持续发展观念。最后，通过案例分析，激发学生对中国材料科学的热爱与探索精神，为推动我国材料科学的绿色、低碳、可持续发展贡献力量。

（2）案例主要内容。在中国，古人用一种材料研磨成"白灰面"，用来涂抹山洞，这可以说是中国最早类似"水泥"的材料。随着历史的发展，人们又逐渐发明了泥草土浆、石灰砂浆、三合土以及糯米石灰浆等建筑材料。这些材料在一定程度上具有黏合和硬化的特性，被广泛应用于古代建筑的修建和修补中。糯米石灰浆作为一种强度极高的建筑材料，更是被广泛应用于故宫、明长城等重要古代建筑的修建中。现代硅酸盐水泥是在古代建筑材料的基础上，经过长期的研究和改进获得的。尽管现代硅酸盐水泥与古代建筑材料在成分和制作工艺上存在显著差异，但它们在黏合和硬化方面却有一定的相似之处。硅酸盐水泥加水后，熟料中的矿物与水发生水化反应，生成水化产物，并放出热量。这些水化产物逐渐凝结硬化，形成具有一定强度的石状体。这与古代建筑材料中的石灰砂浆、三合土以及糯米石灰浆等材料在水化硬化方面的原理有一定的共通之处（见图8-9）。

本案例在深入讲授硅酸盐水泥的水化与硬化核心内容时，特别聚焦于硅酸三钙这一关键成分的水化过程，细致剖析其各阶段所经历的复杂物理与化学变化。通过生动的实例与直观的演示，让学生亲眼见证硅酸三钙遇水后的奇妙转变，从松散粉末到坚硬固体的硬化现象，不仅揭示了水泥硬化的本质原因，更巧妙地融入了"宝剑锋从磨砺出，梅花香自

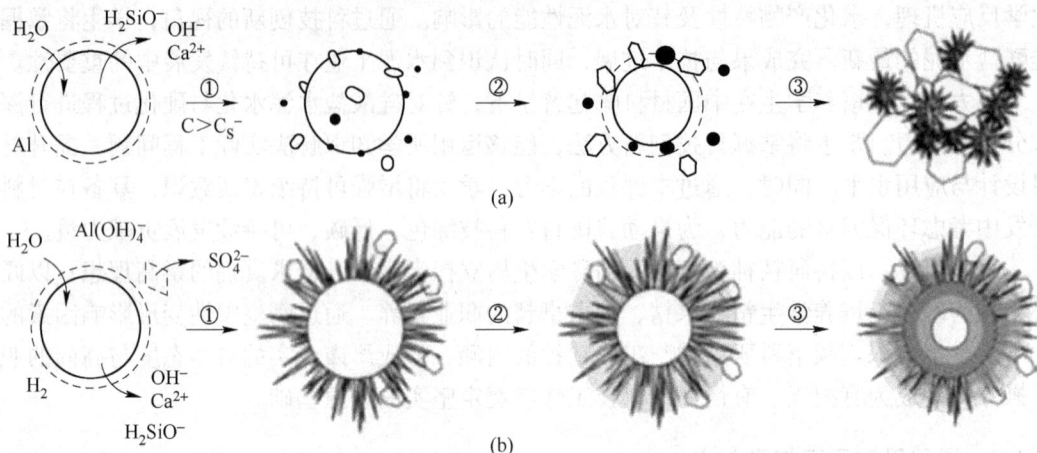

图 8-9　硅酸盐水泥水化过程示意图

（a）一次水化过程；（b）二次水化过程

苦寒来"的思政元素。引导学生深刻理解，正如宝剑需经千锤百炼方显锋芒，梅花在严寒中独自绽放更显芬芳，硅酸盐水泥的硬化同样是一个历经挑战、不断强化的过程。这一过程不仅是对物质性质的深刻探索，更是对学生精神世界的一次洗礼，鼓励他们面对困难和挑战时，应持之以恒、勇于磨砺，不断提升自我。

　　同时，通过分析硅酸盐水泥遇水硬化的现象，培养学生的缘事析理能力，引导他们从现象入手，深入剖析其背后的科学原理，进而形成独立思考、善于分析问题的良好习惯（见图 8-10）。这一能力的培养，不仅有助于他们在学业上取得优异成绩，更为他们未来在材料科学领域的探索与创新奠定了坚实的基础。在中国材科崛起的时代背景下，期待每一位学子都能成为创新驱动可持续发展的生力军，为国家的繁荣富强贡献自己的力量。

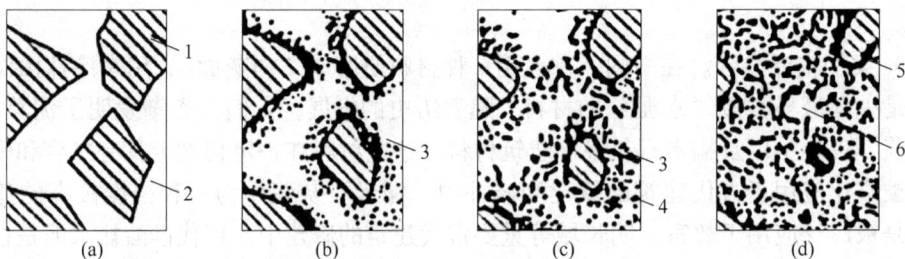

图 8-10　水泥硬化过程

（a）分散在水中未水化的水泥颗粒；（b）在水泥颗粒表面形成水化层；

（c）膜层长大并相连接（凝结）；（d）水化物进一步发展填充毛细孔（硬化）

1—水泥颗粒；2—水分；3—凝胶体；4—晶体；5—水泥颗粒的未水化内核；6—毛细孔

　　（3）教学反思。通过深入分析硅酸三钙水化各阶段的物理化学变化，学生们不仅掌握了水泥硬化的核心知识，更在"宝剑锋从磨砺出，梅花香自苦寒来"的思政引导下，领悟到了坚持与磨砺的价值。教学反思中，案例的选择与呈现方式对于激发学生兴趣、深化理解至关重要。未来，将继续探索更多生动、贴近实际的案例，以增强教学的吸引力和实效性。同时，也将更加注重培养学生的批判性思维和创新能力，鼓励他们在掌握基础知识的同时，勇于探索未知，提出新的见解和解决方案。此外，还将加强可持续发展观念在课程中的渗透，引导学生关注水泥工业对环境的影响，思考如何在材料科学研究中实现经济效益与环境保护的双赢。通过案例教学，希望能够培养出既具备扎实专业知识，又具备强烈社会责任感和可持续发展意识的新时代材料科学人才，为中国材科的崛起和可持续发展贡献力量。

📖 延伸阅读

宝剑锋从磨砺出，梅花香自苦寒来

"宝剑锋从磨砺出，梅花香自苦寒来"出自《警世贤文·勤奋篇》，意思是宝剑的锐利刃锋是从不断的磨砺中得到的，挨过寒冷冬季的梅花更加的幽香。由此引申开来，要想拥有珍贵品质或美好才华，都需要不断的努力、修炼，需要克服一定的困难才能实现。这其中的道理早已深深地烙印在中华民族的心灵深处，激励着每一个中华儿女砥砺前行、迎难而上，成就了勤劳勇敢、自强不息的民族精神。

"宝剑锋从磨砺出"这句话首先讲的是"勤奋"，要磨砺出锋利的宝剑，没有刻苦努力肯定是不行的。我国古代的许多经典书籍都有劝人奋进的名言。《尚书》的"功崇惟志，业广惟勤"讲的是要实现远大抱负，不仅要有远大的志向还要能勤奋务实。《左传》的"民生在勤，勤则不匮"则从国家社会的层面提出了勤奋的重要性。《吕氏春秋》也是提出了"流水不腐，户枢不蠹"的观点，用流水和门轴告诉我们勤奋的可贵。尔后又有许多先贤发出了"业精于勤荒于嬉，行成于思毁于随""黑发不知勤学早，白首方悔读书迟""勤则兴，懒则败"等感慨，向我们叩问"人生在勤，不索何获？"劝勉我们"世上无难事，只要肯攀登"。对于"勤奋"的内涵，不只是古人多有感慨。

与"勤奋"相对应的品质还有"坚持"二字，"宝剑锋从磨砺出，梅花香自苦寒来"的内涵自然也要讲究一个"坚持"。中华民族自古以来就不缺乏持之以恒、坚韧不拔的人，孔子"韦编三绝"，方成圣人；勾践卧薪尝胆，乃就霸业；王羲之"入木三分"，始成书圣之名；祖逖"闻鸡起舞"，遂逞北伐之志。古代贤人可歌可泣的事迹依然脍炙人口，这中间传达给后人的正是"坚持"的可贵。当然，中国自古就有"立言不朽"的说法，历史文化长河中关于"坚持"的格言也是不胜枚举。罗大经的"绳锯木断，水滴石穿"说明了只要坚持下去，即使力量微弱，也可以取得成功。郑板桥的"千磨万击还坚劲，任尔东西南北风"用竹子面对风雨的折磨击打依然坚定顽强、咬定青山来告诉人们"坚持"的内涵。而"天行健，君子以自强不息""贵有恒何必三更眠五更起，最无益只怕一日曝十日寒"等名言的背后也蕴藏着"坚持"的道理，告诉人们干事创业过程中务必要持之以恒，才能够"干霄凌云，而为栋梁之用"。

坚持的路上往往不是一帆风顺，人生的历练中都会经历到不如意，感觉到辛苦。因此，我们还要在这句话中得出"不经一番寒彻骨，怎得梅花扑鼻香"的结论，即要像梅花一样面对寒冬腊月这样的逆境，扛住压力、迎难而上。孟子曰："故天将降大任于是人也，必先苦其心志，劳其筋骨，饿其体肤，空乏其身，行拂乱其所为，所以动心忍性，曾益其所不能。"这句话为我们指明了抗压与发愤的重要性。宋代的理学家辅广对孟子的话深有体会："人不经忧患、穷困、顿挫、折屈，则心不平，气不易，察理不尽，处事多率，故人须从这里过。"人只有经历过穷苦、困难、逆境、失败、挫折、寂寞，而后扛住压力，克服低落、灰心、愤怒、厌世、焦虑，发愤图强才能取得成功、胜利及人生的圆满。"文王拘而演《周易》；仲尼厄而作《春秋》；屈原放逐，乃赋《离骚》；左丘失明，厥有《国语》；孙子膑脚，兵法修列；不韦迁蜀，世传《吕览》；韩非囚秦，《说难》《孤愤》"，司马迁讲过的这些故事都指向一个道理——"古之立大事者，不惟有超世之才，亦必有坚忍不拔之志"和"君子遇穷困，则德益进，逆益进"。

（资料来源：http://www.jsycjw.gov.cn/a/fLUk2DUbvJ，作者进行了适当修改）

8.10 绿色科技浪潮，驱动变革新纪元—— 太阳能发电引领能源革命

8.10.1 课程思政育人理念与目标

通过深入探索太阳能这一清洁、无限的能源转换奥秘，不仅能传授学生专业知识与技能，更激发他们对环境保护的责任感与使命感。课程旨在培养具有前瞻视野、创新能力和社会担当的未来栋梁，鼓励他们成为绿色科技的践行者与传播者，携手共创一个低碳、环保、可持续发展的美好世界。课程目标体现在知识、能力与思政三个层面，具体如下：

知识目标：深入剖析太阳能发电原理，使学生掌握其技术精髓。通过探索光伏效应、热能转换等前沿科技，理解太阳能发电技术的多样性与创新点。同时，强化学生对科技创新在推动太阳能发电效率提升、成本降低方面的作用的认识，培养其参与可持续发展的能力。

能力目标：培养学生掌握太阳能发电技术的设计与应用能力，通过实践案例分析，提升学生创新思维与问题解决能力。同时，强化学生在可持续发展理念下的能源规划与管理能力，为未来参与绿色科技领域工作奠定坚实基础。

思政目标：通过太阳能发电原理的学习，引导学生树立绿色发展观，增强环保意识与责任感。在科技创新与可持续发展的框架下，培养学生成为绿色科技的传播者与践行者，为构建生态文明社会贡献力量。

8.10.2 课程思政元素与融入点

专 业 知 识 点	思 政 元 素	课程思政的实施路径与方式
太阳能发电原理	绿色科技浪潮，驱动变革新纪元	组织课堂讨论、小组合作等活动，促进师生之间的交流和互动

8.10.3 课程思政案例

（1）案例教学目标。通过引入国内外太阳能发电技术的成功案例，如高效光伏电站、光伏建筑一体化应用等，旨在使学生深入理解太阳能发电技术的实际应用价值与社会效益。通过案例分析，激发学生的创新思维，培养其将科技创新与可持续发展理念相结合的能力，为未来在绿色能源领域的发展奠定坚实基础。

（2）案例主要内容。2023 年 5 月 24 日，在上海国际光伏展会（SNEC 2023）上，隆基绿能对外公布其晶硅-钙钛矿叠层电池效率达 31.8%。而 6 月 4 日的欧洲光伏展会（Intersolar Europe 2023）上，该公司称这一效率已提高至 33.5%。2023 年 11 月 3 日，记者再次获悉，隆基绿能自主研发的晶硅-钙钛矿叠层电池效率实现重大突破，效率达到了 33.9%，距离上一次效率更新也就不到 5 个月。事实上，本次 33.9% 的新世界纪录意义不凡，这是自 2016 年有晶硅-钙钛矿叠层电池效率记载以来，第一次由中国企业打破该纪录。隆基绿能公布其硅异质结电池效率突破 26.81%，彼时，该公司创造了全球晶硅单结电池领域的世界纪录。这些成就不仅仅是数字上的跃升，更是对太阳能电池材料科学、光电转换机理以及光伏系统集成技术等多方面研究的深刻体现。每一项技术进步的背后，都是对材料性能极限的挑战，对工艺制造流程的优化，以及对新能源应用场景的不断拓展。正是在这样的科技浪潮之下，本案例深度聚焦于太阳能电池这一核心元件的工作原理（见图 8-11），不仅详细解析光电转换的奥秘，更引导学生从宏观视角审视科技发展如何引领能源革命，进而触及国家产业结构调整的战略高度。通过具体案例，如高性能光伏材料的研发历程、转换效率如何随着技术创新而显著提升，以及新材料不断涌现如何推动光伏产业迭代升级，学生将深刻理解到材料科学在绿色能源领域中的基础性、先导性作用。此过程旨在唤醒学生对科技进步驱动社会变革的敏锐感知，激发他们精益求精的工匠精神，认识到每一份微小的技术突破都是推动世界向更加绿色、可持续方向迈进的重要力量。同时，鼓励学生将这份认识转化为对专业学习的热情与使命感，不仅追求知识的深度与广度，更要在实践中不断探索、勇于创新，为解决能源危机、促进可持续发展贡献自己的力量。

图 8-11　太阳能电池

（3）教学反思。通过具体生动的案例讲解，学生不仅掌握了太阳能发电的基本原理，更在思想层面产生了深刻的共鸣。案例的选择与呈现方式至关重要，它们如同桥梁，连接了理论知识与实际应用，让学生直观感受到科技创新如何推动能源结构转型，促进可持续发展。同时，在引导学生思考科技发展带来的能源改革和国家产业结构调整时，需要更加注重培养学生的全局意识和长远眼光。因此，在教学中不仅要融入更多时事热点和前沿动态，还需要鼓励学生跳出专业局限，从更广阔的视角审视问题。

太阳能电池板：140多年创新的伟大时刻

第一次安装光伏太阳能电池板是在1884年，当时查尔斯·弗里茨（Charles Fritts）在纽约市的一个屋顶上，在木架上组装了一个台球桌大小的太阳能电池板。弗里茨使用涂有一层金薄膜的硒，将阳光转化为电能的效率不到1%，他将其描述为"连续、恒定和相当大的力量"。

太阳能电池的第一次主要应用是在1958年发射的先锋一号卫星，使其成为太空中第一个太阳能驱动的物体。今天的太阳能电池板在其性能开始下降之前可以使用25～30年，但即使如此，它们每年也只会在其规定的使用寿命之外损失大约百分之一的发电能力。便携和灵活的太阳能技术正在把这种廉价、可靠的能源带到各种各样的新应用中。

然而，与太阳能技术有关的最大突破之一是电池存储。由于太阳能只能在一天的一部分时间内发电的固有限制，储存多余的能量对于使太阳能成为可靠的、全天候的能源至关重要——特别是在市政电网规模上。随着一系列不同的电池技术的进步和成本的降低，太阳能发电在提供稳定可靠的能源方面变得越来越可行，即使在晚上，使用太阳能充电的电池组也是如此。

（资料来源：https://baijiahao.baidu.com/s?id=1807890622820288967&wfr=spider&for=pc，作者进行了适当修改）

9 团队协作和责任意识案例

团队协作是一群个体为了共同的目标和任务而协同工作的能力，它要求成员之间相互依赖、沟通、支持，并利用各自的技能和知识来实现超出个体能力的成果。团队协作的内涵包括明确的目标、角色分配、沟通协调、相互信任、尊重多样性、共享资源和适应变化。团队协作的重要性体现在多个方面。首先，它能够促进集思广益，通过汇集不同背景和专业知识的团队成员的想法，增强创新和解决问题的能力。其次，团队协作可以提高工作效率，因为成员可以分工合作，各自专注于自己的强项，从而更快地完成任务。此外，团队协作有助于增强团队的凝聚力，成员在共同工作的过程中建立了信任和支持的关系，这有助于提升团队的整体表现。团队协作还允许成员共同分担风险和挑战，减少了个人的压力，并通过集体智慧找到更好的解决方案。同时，团队协作为个人提供了学习和成长的机会，成员可以在团队中学习新技能，获得反馈，并从他人的经验中受益。此外，团队协作有助于提升决策质量，因为团队成员可以共同讨论和辩论，从而更全面地考虑问题。

责任意识是指个体或组织在行动和决策时，对于自己行为可能产生的后果的认识和承担相应责任的意愿。它体现了一个人或集体对自身角色、任务和使命的深刻理解，以及对他人和社会的尊重和承诺。责任意识的内涵包括自我管理、对他人负责、对社会负责三个层面。自我管理是指个体能够自律，对自己的行为进行监督和控制；对他人负责则体现在对他人权利和需求的尊重与满足；对社会负责则是指个体或组织在追求自身利益的同时，也考虑到对社会和环境的影响，积极履行社会责任。责任意识的重要性体现在多个方面。首先，它有助于个体建立良好的社会形象和信誉，促进人际关系的和谐。其次，对于组织而言，强烈的责任意识能够提高团队的凝聚力和执行力，推动组织目标的实现。此外，责任意识也是社会稳定和进步的基石，它促使人们在追求个人利益时不忘公共利益，共同维护社会的秩序和可持续发展。

团队协作与责任意识的结合是实现组织目标的关键。团队成员若能相互协作，将各自的专长和技能汇集起来，便能创造出更大的价值。而责任意识则确保每位成员都能对自己的工作负责，对团队的成果承担相应的责任。这种结合不仅增强了团队的凝聚力，还提升了执行力和创新能力。当团队成员都具备强烈的责任感时，他们更可能主动沟通、解决冲突，并在面对挑战时互相支持。因此，团队协作与责任意识的结合对于提高工作效率、促进项目成功和维持组织稳定至关重要。

9.1　责任为舵诚信为帆，考评承诺共筑协作航向——诚信考评体系的建设

9.1.1　课程思政育人理念和目标

秉持以责任为舵，诚信为帆，考评承诺共筑协作航的思政育人理念，旨在通过团队协

作的实践，增强学生责任意识，让每位学子成为航行中的坚实舵手。同时，诚信作为前行的风帆，引导学生树立求真务实、言行一致的高尚品德。考评不仅是检验学习的标尺，更是促进学生自我反思与成长的契机，携手共筑协作之舟，让学生在知识的海洋中乘风破浪，成长为有担当、讲诚信的时代新人。课程目标体现在知识、能力与思政三个层面，具体如下：

知识目标：使学生全面掌握学科知识体系，通过系统学习，深入理解各章节核心概念与理论框架。同时，强化学生对课程各环节要求的理解，如课堂考勤、作业提交、课外调研等，确保每位学生都能清晰把握学习要点，为知识的深入探索打下坚实基础。

能力目标：提升自主学习、团队协作与问题解决的能力。在明确的学习任务与评估标准引导下，学生将学会高效管理时间，独立完成课后作业与调研任务。同时，分组互评环节将锻炼学生的批判性思维与沟通协作能力，促进学生在实践中成长，为将来步入社会做好充分准备。

思政目标：以"责任为舵，诚信为帆，考评承诺共筑协作航向"为主题，本课程致力于培养学生的责任感、诚信意识和团队协作精神。建立的考评机制，不仅是对学习成果的检验，更是对学生诚信品质与责任担当的考验，最终引导学生形成诚信为本、责任为先的核心价值观。

9.1.2　课程思政元素与融入点

专 业 知 识 点	思 政 元 素	课程思政的实施路径与方式
全面了解材料英语学科体系	责任为舵诚信为帆，考评承诺共筑协作航向	签署诚信承诺书，课堂考勤＋互动、课后作业、课外调研、分组互评、期末考试等

9.1.3　课程思政案例

（1）案例教学目标。通过课程学习方法及考评要求的介绍，以及诚信要求承诺书的签订作为切入点，引导学生树立诚信意识、纪律意识和规章意识，培养严谨、求真、诚信的核心价值观。通过对课程各环节的要求明确，如课堂考勤＋互动、课后作业、课外调研、分组互评、期末考试等，激励学生从日常学习点滴小事做起，实现培养学生负责任、守诚信的美好品德。

（2）案例主要内容。作为我国著名的防护工程专家，钱七虎院士在军事工程领域取得了卓越的成就。他始终坚持实事求是的科学态度，严谨治学，勇于创新。同时，他也非常注重学术道德的培养和传承，为培养新一代科研人才做出了巨大贡献。钱院士强调，科学是老老实实的学问，绝不能弄虚作假，要加强自身作风和学风建设，坚决和背离科学家精神、违反科研道德规范、突破科研诚信底线的行为做斗争。科研诚信是科技创新的基石、学术发展的底色，更是广大科研工作者应该遵循的基本行为准则。营造良好的学术环境，创造良好的诚信氛围，引导科研人员树立正确的科学道德观，是培养优秀科研人才、提升学院科研发展水平的重要基础，也是科研诚信建设的重要内容。

在课程伊始，通过我国著名防护工程专家钱七虎院士的话，让学生明确自己对诚信的认知和承诺，确立学习过程中的道德规范和底线。同时，在课堂上，会明确各环节要求：

详细说明课堂考勤＋互动、课后作业、课外调研、分组互评、期末考试等各环节的要求和评估标准，帮助学生了解每个环节的重要性和实施方法。同时，在整个课程进程中强化诚信、纪律意识和规章意识，通过明确各环节要求，强调学生在学习过程中应遵守规章制度，养成良好的学习习惯和行为规范，培养学生的纪律性和自律意识；另外，还会引导学生从点滴小事做起，通过对学习过程中的细节要求和规章制度的执行，注重细节、严谨细致，培养细心和耐心。

同时，将培育严谨、求真、诚信的核心价值观贯穿于整个教学过程中，把培养学生严谨求真的态度，注重诚信执着，并逐步引领他们形成诚信为本的核心价值观作为本课程的核心内容。

（3）教学反思。在教学过程中，要不断强调诚信和纪律的重要性，鼓励学生从小事做起，注重实践和执行，帮助他们养成良好的学习习惯。同时，要着重培养学生的自主性和责任感，在实施规章制度的过程中，激发学生内在的动力和自我管理能力。另外，要积极与学生互动，建立良好的师生关系，让学生感受到关怀和支持。总的来说，这种教学方法形成了一个闭环，通过签订承诺书、明确要求、强化执行和培养核心价值观的环节，为学生提供了一个全面、系统的学习体验，有助于他们全面发展并在学习和生活中树立正确的行为准则。

📖 延伸阅读

解锁人生密码：以责任为舵，以经历为帆，驶向性格铸就的命运彼岸

在浩瀚的人生海洋中，每个人都是一艘独一无二的航船，扬帆起航，追逐着心中的那片星辰大海。这条旅途中，有人乘风破浪，勇往直前；有人则随波逐流，迷失方向。然而，无论你的航程如何曲折多变，始终有三盏明灯指引着你前行——责任、经历和性格，它们共同构成了你人生航程的罗盘，引领你驶向命运的彼岸。你的责任是你的方向：责任铸就使命感；责任激发潜能；责任塑造品格。你的经历就是你的资本：经历是成长的阶梯；经历是智慧的源泉；经历是人生的财富。以责任为舵，以经历为帆，驶向性格铸就的命运彼岸，解锁人生密码。

（资料来源：https://baijiahao.baidu.com/s?id=1809219879854881239&wfr=spider&for=pc）

9.2 团队共育分析才，责任铸就安全魂——安全生产意识的培育

9.2.1 课程思政育人理念和目标

秉承"团队共育分析才，责任铸就安全魂"的宗旨，本课程深度融合专业知识与思政教育，通过剖析安全生产事故，强化团队协作与责任意识，培育学生深厚的工程分析能力和坚实的安全生产意识，为材料工程领域输送既懂技术又担责任的未来栋梁。课程目标体现在知识、能力与思政三个层面，具体如下：

知识目标：掌握材料工程基础理论与技术知识，深入理解安全生产事故背后的技术原

理与防控策略，构建系统的工程分析框架。

　　能力目标：提升团队协作与问题解决能力，能运用所学知识独立或团队分析工程问题，预见并有效预防潜在安全风险，培养成为具备实战能力的工程师。

　　思政目标：树立强烈的职业责任感与社会担当，激发自主学习与持续改进的动力，将安全生产意识内化于心、外化于行，成为材料工程领域可信赖的安全守护者。

9.2.2　课程思政元素与融入点

专 业 知 识 点	思 政 元 素	课程思政的实施路径与方式
工程分析能力和安全生产意识	团队共育分析才，责任铸就安全魂	通过课堂讨论、小组研讨等形式，鼓励学生积极参与、相互学习，培养团队协作意识和良好的沟通能力

9.2.3　课程思政案例

　　（1）案例教学目标。以近年发生、社会影响巨大、具有一定负面特征的典型社会事件、安全生产事故等为对象，深入剖析涉事方酿成大祸的深层次技术原因，分析其基础认知在材料工程领域的可能欠缺，以"外行看热闹，内行看门道"的代入式激励，鼓励学生自己利用所学材料工程知识分析事故原因，归纳为杜绝类似事件发生，材料工程从业人员必须学习和掌握的基础知识和技术，并积极利用本课程的各个综合考核环节进行切实的掌握程度范围检验。

　　（2）案例主要内容。2014年8月，昆山中荣金属制品有限公司发生严重铝粉尘爆炸。事故车间除尘系统较长时间未按规定清理，铝粉尘集聚。除尘系统风机开启后，打磨过程产生的高温颗粒在集尘桶上方形成粉尘云。1号除尘器集尘桶锈蚀破损，桶内铝粉受潮，发生氧化放热反应，达到粉尘云的引燃温度，引发除尘系统及车间的系列爆炸。因没有泄爆装置，爆炸产生的高温气体和燃烧物瞬间经除尘管道从各吸尘口喷出，导致全车间所有工位操作人员直接受到爆炸冲击，造成重大损失（见图9-1）。本案例通过对粉体材料物理特性及主要制备技术等专业内容的学习，结合2014年"8·2"昆山工厂爆炸事故等恶

图9-1　2014年"8·2"昆山工厂爆炸事故现场图

性安全事故案例的剖析，引导学生认识到恶性安全事故和材料特性间的关系并积极思考材料专业技术人员的职责和行动方法，认识材料生产与安全环保、劳动保护之间的辩证关系，促其正确领会以人为本、可持续发展对材料生产的具体要求，培育正确的工程伦理和社会责任意识。

（3）教学反思。通过本案例，学生们不仅加深了对专业知识的理解，更在团队协作中学会了如何"通门道"，即透过现象看本质，深入剖析技术细节。同时，在教学过程中，如何更好地平衡理论知识传授与实践能力培养，以及如何在激发学生兴趣的同时，保持对安全生产的敬畏之心，是今后需要不断探索和完善的地方。

📖 **延伸阅读**

练就"火眼金睛"为煤炭安全生产"把脉"

2004 年，刘青从河南工程学院测量专业毕业后来到鹤煤八矿，经过两年轮岗，刘青进入地测科，正式成为一名矿山测量工。这一干就是 17 年。一个点、一条直线、一组数据，从事煤炭测量工作 17 年，刘青十几年如一日地扮演着"探路者"的角色，百米井下、毫厘之间，他用精准测量为矿井护航，获得"河南省劳动模范""中原大工匠""全国煤炭行业技能大师""河南省五一劳动奖章""河南省技术能手"等荣誉称号，并带领创新团队累计完成创新成果 1500 余项。2017 年，刘青代表公司参加河南省煤炭系统职业技能大赛，并在矿山测量工比赛中摘得桂冠。近年来，由刘青主持完成的创新成果及课题攻关达 100 余项，其中《矿井地测防治水预测三维可视化建模研究》《鹤壁矿区深部高承压灰岩水害防治技术研究》等获得河南能源化工集团科技进步奖。在刘青的引领下，技术团队通过创新驱动、成果转化，累计为企业节支创效近亿元，为企业高质量发展做出重要贡献。"作为一名技术负责人，未来我将坚持带领团队进行技术攻关，希望通过技术革新让井下作业越来越机械化、智能化。"刘青展望。

（资料来源：https://hn. cri. cn/20231205/3eaab4e7- d80d- 8139- 8571- fe0ad83e3489. html）

9.3   共筑文明新风尚，社会责任不可忘——"强意识"的重要性

9.3.1   课程思政育人理念和目标

秉承"共筑文明新风尚，社会责任不可忘"的育人理念，将湿法冶金技术学习与生态文明、社会责任深度融合，培育学生"强意识"，即强烈的团队协作意识与责任意识，促进技术与伦理并重，推动个人成长与社会发展和谐统一。并深入理解科学技术和政治制度全面现代化的意义，全面认识公正、文明也是新时代中国特色社会主义发展的硬指标，青山绿水可持续发展才是民族崛起的正确路径。课程目标体现在知识、能力与思政三个层面，具体如下：

知识目标：掌握湿法冶金中堆浸出法炼金的关键技术，包括浸出剂成分、原理及装置要求，理解尾矿概念及其处理规范。通过案例分析，深刻认识冶金工程对环境的潜在影响及安全风险管理要点。

能力目标：培养学生综合分析能力，能从多角度审视冶金技术与环境、安全的关系；增强团队协作与问题解决能力，在模拟或真实情境中提出有效的污染防控与安全管理措施。

思政目标：引导学生树立正确的生态文明观与可持续发展理念，认识到科技应用需遵循法律法规与道德规范，强化社会责任意识。激发学生参与五个文明建设的热情，理解公正、文明是新时代发展的重要标尺，共同探索"青山绿水"与民族崛起的双赢之路，为实现中国梦贡献力量。

9.3.2 课程思政元素与融入点

专 业 知 识 点	思 政 元 素	课程思政的实施路径与方式
湿法冶金	共筑文明新风尚，社会责任不可忘	教授湿法冶金技术及其应用的同时，引导学生反思科技与社会发展之间的关系

9.3.3 课程思政案例

（1）案例教学目标。使学生深入理解湿法冶金堆浸出法炼金的技术细节与环保挑战，掌握浸出剂成分、原理及装置要求；强化尾矿管理意识，分析典型溃坝事故，探讨冶金工程与环境安全的内在联系。培养学生从社会、环境、技术等多维度分析问题的能力，提升团队协作与责任意识，增强社会责任感，深刻理解可持续发展与五个文明建设的重要性，为实现绿色中国梦贡献力量。

（2）案例主要内容。2008 年 9 月，山西省襄汾县新塔矿业有限公司新塔矿区硐尾矿库发生特别重大溃坝事故。这是一起违法违规生产导致的特别重大责任事故。此次发生崩溃的尾矿库是 20 世纪五六十年代建成的，十几年前就已积满泥沙。因矿下需要通风，也为了保持紧急救援的通畅，所以需要经常从矿下抽水。被抽出来的水会直接排到选矿场，之后又不断流入十几米外的尾矿库。在这种情况下，尾矿库水位不断升高，而水对土壤的渗透破坏力增强，改变了坝的坡度。在没有下雨情况下，也极易引发坍塌事故。而尾矿库溃坝，将直接导致泥石流灾难。该事故不仅夺去了无数宝贵的生命，造成了巨大的经济损失，更暴露了湿法冶金过程中尾矿管理存在的严重问题及其对环境和社会的巨大威胁。鉴于此，本案例将围绕湿法冶金堆浸出法展开，详细阐述浸出剂的选择依据、浸出反应机制及高效浸出装置设计原理。随后，引入尾矿概念，讲解尾矿的形成过程及环保处理标准。通过镇安县与襄汾尾矿库溃坝事故案例分析，剖析冶金工程活动对环境的潜在威胁及恶性事故成因，引导学生探讨防止污染与事故的有效策略。结合五个文明建设理论，讨论法律法规、技术规范及社会各界的责任与义务，审视我国在此领域的成就与不足，激发学生思考如何在发展中平衡经济与生态，促进全面现代化。

（3）教学反思。在教学过程中，发现学生对湿法冶金技术及其环境影响的浓厚兴趣，通过案例分析，学生不仅能够将理论知识与实践问题相结合，还展现出对社会责任的深刻思考。然而，也意识到在培养学生批判性思维和跨学科综合能力方面仍有提升空间。未来教学中，将更加注重引导学生从多角度、多层次分析问题，加强团队协作训练，同时融入更多最新的科研成果与政策法规，使教学内容更加贴近实际，更具前瞻性和启发性。此外，还需进一步激发学生的创新精神，鼓励他们为解决环境与发展难题贡献青春力量。

📖 延伸阅读

湿法冶金技术的历史

湿法冶金是将矿石、经选矿富集的精矿或其他原料经与水溶液或其他液体相接触，通过化学反应等，使原料中所含有的有用金属转入液相，再对液相中含有的各种有用金属进行分离富集，最后以金属或其他化合物的形式加以回收的方法。

湿法冶金技术是指通过将金属矿石放入酸性溶液中，通过浸出、萃取、还原等一系列过程，使金属得到分离与提取。自从 19 世纪中叶，这项技术进入实际应用领域以来，已经经历了若干次的技术革命，涉及的金属种类也从最初的银、铜逐渐扩展到钒、锌、镍等多种金属。

湿法冶金技术的起源可以追溯到 18 世纪，但是直到 19 世纪晚期，随着矿石开采的难度加大以及对金属的需求量增加，这项技术在实际应用中才开始逐渐显现其优势。在早期的应用中，主要是利用硝酸和盐酸对金属进行浸出、萃取，但是这种方法耗费大量的化学药品，处理废弃物排放问题也变得日益严重。

到了 20 世纪 20 年代，一些新的化学试剂被引入湿法提金工艺中。比如，芳香族杂环醇、硝酸盐、醌类、醛类等，这些化学药品的应用，大大提高了金属的回收率，并减少了废弃物的排放量。

近几十年来湿法冶金技术在金属提取及材料工业中具有日益重要的地位。目前，绝大部分的锌、铜、氧化铝、稀有金属矿物原料的处理及其贵金属的提取等都采用湿法冶金的方法来实现。此外，近年来许多领域采用（或正在研究采用）湿法冶金的方法制取性能优异的材料（或粉末），如纳米级复合金属粉、超导材料、陶瓷材料等。因此，湿法冶金学在冶金学科中地位十分重要。

湿法冶金在我国古代就有，《天工开物》中有增青得铜的记载。就是在铜的硫酸盐溶液中加入铁，可以得到铜。其实就是用金属性强的物质，去置换比它弱的金属，这就是湿法炼铜的原理。

我国劳动人民很早就认识了铜盐溶液里的铜能被铁置换，从而发明了水法炼铜。它成为湿法冶金术的先驱，在世界化学史上占有光辉的一页。

在汉代许多著作里有记载"石胆能化铁为铜"，东晋葛洪《抱朴子内篇·黄白》中也有"以曾青涂铁，铁赤色如铜"的记载。南北朝时更进一步认识到不仅硫酸铜，其他可溶性铜盐也能与铁发生置换反应。南北朝的陶弘景说："鸡屎矾投苦酒（醋）中涂铁，皆作铜色"，即不纯的碱式硫酸铜或碱式碳酸铜不溶于水，但可溶于醋，用醋溶解后也可与铁起置换反应。显然认识的范围扩大了。到唐末五代间，水法炼铜的原理应用到生产中去，至宋代更有发展，成为大量生产铜的重要方法之一。

（资料来源：https://baijiahao. baidu. com/s?id = 1790526402937638091&wfr = spider&for = pc）

9.4　从机构自由看秩序，团队意识是核心——对团队意识的思考

9.4.1　课程思政育人理念和目标

通过专业课知识的学习培养学生的家国情怀、大国工匠、遵守政策与法规的意识，使学生在复杂工程问题中感受责任担当、使命担当，自觉锤炼品格，做新时代既具有优秀专业背景又有家国情怀的社会主义核心价值观践行者。鼓励学生以专业为基，情怀为魂，自觉遵守政策法规，锤炼品格，成为新时代中国特色社会主义核心价值观的坚定践行者，为国家繁荣贡献智慧与力量。课程目标体现在知识、能力与思政三个层面，具体如下：

知识目标：掌握机构自由度的计算方法及其在设备设计中的应用，理解机械设备设计的基本原理与流程，为解决复杂工程问题奠定坚实基础。

能力目标：提升团队协作与项目管理能力，能够在团队中有效沟通、协调资源，共同解决设计难题。同时，培养创新思维与问题解决能力，以适应快速变化的工程需求。

思政目标：增强学生的社会责任感和使命感，通过机械设备设计的学习，深刻理解团队合作对于国家发展和社会进步的重要性。培养家国情怀，激发为中华民族伟大复兴贡献力量的热情，成为既懂技术又具高尚品德的社会主义建设者。

9.4.2　课程思政元素与融入点

专业知识点	思政元素	课程思政的实施路径与方式
机构自由度的计算以及机构自由度和机构运动规律的关系	从机构自由看秩序，团队意识是核心	通过案例学习，引导学生思考并讨论在团体和社会中成员、部门之间的联系和相互制约关系，最终上升到对团队合作、社会秩序的思考

9.4.3　课程思政案例

（1）案例教学目标。通过本课程的案例教学，学生将能够：理解机构自由度的概念及其计算方法，认识自由度与机构运动规律之间的密切关系。掌握各构件之间相互连接并相互制约的原理，了解系统总自由度与主动件个数相等对机构正常工作的重要性。分析当机构自由度过高或过低时可能导致的问题，培养学生对于系统平衡的敏感性和意识。引导学生思考团队和社会中成员、部门之间的联系和相互制约关系，从机构自由度原理延伸到团队合作和社会秩序的重要性。启发学生在实际生活中应用机构自由度的概念，促进他们更加关注和重视团队协作、社会秩序等方面的重要性，为未来的团队工作和社会参与培养积极的思考和行动能力。

（2）案例主要内容。从初出茅庐的一线工人到如今的国家高级技师，王光挣认为自

己这一路走来获得的一切，都离不开国家政策和公司的支持，让他可以不断学习和实践，可以有机会在舞台上尽情地发挥技能水平。他希望未来可以通过技术传承和人才培养，带领自己的团队一起当好民族汽车模具的守护者。车间里先后成立了"模具钳工技能大师工作室""王光挣技能大师工作室"等班组，主要负责解决生产中的各种疑难问题，并通过师带徒技艺传授，为企业培养高技能人才。在王光挣的带动与指导下，多名班组成员成为行业中的佼佼者，有的还获得"集团技能能手"和"全国优胜奖"等荣誉称号。在王光挣的徒弟眼中，他简直就是模具能人，不但懂得模具理论知识，更会应用于实践。在本次教学中，正如王光挣一样，与团队一起攻克难关，聚焦于团队协作的深层机制及其对社会秩序的启示（见图9-2）。首先，通过生动的类比，阐述了团队成员间如同机械机构中各构件般紧密相连、相互制约的关系。这一环节强调，高效沟通与紧密协作是确保每位成员顺利完成任务、部门间工作无缝对接的关键。学生们认识到，个人努力虽重要，但团队的整体效能更依赖于成员间的默契配合与相互依赖。接着，引入机构自由度的概念，以此类比团队成员在团队运作中的"自由度"。讨论指出，适度的自由度能激发成员的创造力和自主性，但过高的自由度可能导致方向偏离、效率低下；反之，过低的自由度则会抑制创新，影响成员积极性。因此，寻找并维持团队成员自由度的最佳平衡点，对于团队项目的成功至关重要。

最后，教学深入到团队合作与社会秩序的关系探讨。引导学生思考，如何在团队内部建立有效的协作机制，以促进任务高效完成，并类比至更广泛的社会层面，讨论如何维护社会秩序的稳定性。通过讨论，学生们深刻体会到，无论是微观的团队协作还是宏观的社会治理，都需要建立清晰的规则、促进信息的流通与共享，以及强化成员间的责任感与相互尊重，从而推动项目与社会的和谐、可持续发展。

图9-2 大国工匠王光挣制备模具的图片

（3）教学反思。本次教学反思聚焦于教学目标达成、教学方法的有效性及讨论引导的深入度。通过课程，学生基本掌握了机构自由度的概念及其与机构运动的关系，但将其灵活应用于团队合作、社会秩序等领域的延伸思考尚显不足。教学方法上，虽采用了案例与图表辅助，但学生参与度有提升空间，未来需探索更多互动元素，如小组讨论，以激发更广泛的思考与讨论。反思讨论中，学生表现出对概念的基本理解，但在联系实际、提出具体见解方面略显薄弱。为提升教学效果，计划增强课程的互动性。同时，丰富实例库，确保抽象概念能更紧密的关联到现实生活，从而加深学生对知识的理解和应用能力。

📖 延伸阅读

团队协作是构建业务成功不可或缺的基石

在协作的框架下，团队成员间建立的信任不仅是稳固发展的支柱，更是实现共同目标的关键要素。这种信任推动着员工更积极地参与工作，迸发出卓越的团队绩效，使其超越非协作团队的业绩表现达到惊人的五倍。

研究结果显示，协作团队之所以能够如此显著地领先于非协作团队，关键在于他们共同感受到对共同目标的激励。这种共同目标的激励作用，不仅让团队成员保持高度的责任心，更促使他们超越个体利益，追求整体团队的成功。

然而，要构建一个真正协作的团队环境并非易事。这需要组织付出巨大的努力，将合作的理念融入公司文化的方方面面。

通过打造协作文化，企业能够实现人才的最大潜能发挥，推动业务的卓越表现。

（资料来源：https://news.sohu.com/a/749703046_121637599）

9.5　四杆机构藏智慧，努力方向定高低——对发展方向意识的思考

9.5.1　课程思政育人理念和目标

通过专业课知识的学习培养学生的家国情怀、大国工匠、遵守政策与法规的意识的思政理念，在探索平面四杆机构死点奥秘的旅程中，不仅传授知识，更启迪学生思考努力的方向与家国情怀的融合。通过死点位置的解析，强调面对困境时的责任担当与使命必达，如同科学家袁隆平般，将个人奋斗融入国家发展洪流。同时，培养学生严谨的科学态度，遵守政策法规，确保每一步探索都坚实有力。课程目标体现在知识、能力与思政三个层面，具体如下：

知识目标：将深入剖析平面四杆机构的工作原理，特别聚焦于死点位置这一关键现象，探究其形成的物理机制与对机构运动性能的深远影响。通过理论学习与实践操作，学生将掌握分析机构运动特性的科学方法，如运动学分析、动力学建模等，从而能够精准预测并优化机构行为。

能力目标：提升学生的问题解决能力，使学生能在机构设计中敏锐识别并预见如死点问题般的潜在障碍。通过案例分析与实践操作，学生将学会运用所学知识创造性地克服难题，同时强化团队协作，促进思维碰撞，共同探索最优解决方案。

思政目标：激发学生的家国情怀，认识到个人努力应服务于国家和社会需求。增强责任意识与使命感，面对挑战不退缩，勇于担当。同时，树立遵守政策法规的意识，成为既有专业技能又具高尚品德的新时代工程师。

9.5.2 课程思政元素与融入点

专 业 知 识 点	思 政 元 素	课程思政的实施路径与方式
平面四杆机构的工作原理	四杆机构藏智慧，努力方向定高低	讲解死点位置，预警工程实践挑战，以科学家成功为鉴，激励学生坚定信念，勇于担当使命

9.5.3 课程思政案例

（1）案例教学目标。让学生了解平面四杆机构中存在死点位置的现象，理解曲柄构件的特性和力学原理。能够分析和识别工程中可能出现的机构静止不动的情况，培养学生的问题分析能力和工程思维。加强学生对于国家和社会需求的认识，引导学生根据国家和社会需求找准方向，并能够制定相应措施和行动。培养学生使命担当和责任担当的意识，鼓励学生在面对困难时不畏惧，积极解决问题，勇担责任。引导学生树立牢固的遵守政策与法规的意识，强调在专业领域中的学术和职业道德要求，确保行为符合规范。

（2）案例主要内容。在早期的一些地面雷达系统中，平面四杆机构（如曲柄摇杆机构）被用于调整天线的俯仰角。曲柄作为主动件，由电机等驱动源带动做匀速圆周运动。通过连杆的连接，使摇杆产生摆动。摇杆的摆动角度范围就可以用来控制天线俯仰角的调整范围。例如，在气象雷达的早期型号中，这种机构可以将天线的俯仰角在 0°~90° 之间进行调整，以便对不同高度的气象目标进行探测。假设雷达天线安装在摇杆的一端，当曲柄转动一圈时，摇杆会在一定角度范围内来回摆动一次。这个角度范围可以根据具体的四杆机构尺寸和设计要求进行精确控制。通过合理设计各杆件的长度和连接方式，就能够实现对天线俯仰角的准确调节，满足气象观测等不同应用场景的要求（见图9-3）。

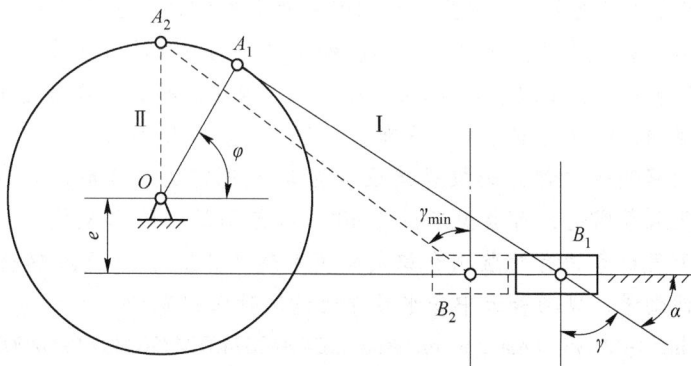

图9-3 曲柄构件的力和运动速度夹角示意图

通过天线俯仰角调整的案例，深入讲解曲柄构件的力和运动速度夹角为90°时有效分力为0的现象，学生将理解在特定条件下机构无法产生运动的原理。学生将不仅掌握了平面四杆机构的特性和机理，还培养了分析问题和解决难题的能力。同时，学生将意识到个人的成就必须与国家和社会的需求相结合，引导学生将个人成长融入到社会发展大局中。这样的教学内容不仅有助于学生在工程问题中更加深入地理解和应用所学知识，还有助于引导他们树立正确的人生价值观和发展导向，成为既具有优秀专业背景又有家国情怀的社会主义核心价值观践行者。

（3）教学反思。在本次以"四杆机构藏智慧，努力方向定高低"为主题的教学中，深刻反思了教学内容的连接性、学生参与度、实践机会及教学反馈机制的重要性。首先，通过层层递进的讲解，力求确保知识点的连贯与逻辑，但未来需进一步优化过渡，使学生更自然地构建知识体系。其次，虽引入了教育视频以丰富教学手段，但互动环节设计尚显不足，未来应增加即时问答与小组讨论，激发学生主动思考。再者，实践环节虽已规划，但实施中需确保每位学生都能动手操作，亲身体验知识的应用，增强实践能力。最后，教学反馈机制的建立至关重要，未来将继续完善反馈渠道，及时收集学生意见，调整教学策略，确保教学效果的持续提升。通过这次反思，更加明确了未来教学的改进方向，致力于为学生打造更加高效、互动、实践导向的学习环境。

📖 延伸阅读

探秘气象雷达：极端天气靠什么发出短时预警

位于南郊观象台的北京国家基本气象站是一个有着百年历史的观象台。2006 年北京第一部 S 波段的新一代天气雷达——SA 多普勒天气雷达站，也在这里建设完成并投入使用。由于天气雷达在运行时需避免遮挡，因而在开阔平原可设置在地面，而在山区或城市则要根据地形情况选取有一定相对高度的地点设置，同时设施仰角不能超过 5°，才能满足天气雷达监测的相对准确。天气雷达主要由发射机、定向天线、接收机、显示器等部分组成。目前南郊观象台的天气雷达是采用多普勒技术的新一代天气雷达，在短时的灾害性天气监测、预警方面，发挥着不可替代的作用。据了解，我国已建成的新一代天气雷达252 部，其中主要分为 S 波段、C 波段。所谓新一代天气雷达，主要是指引入了多普勒技术的 S 波段和 C 波段天气雷达。不同波段则指的是发射的厘米波波长有所不同，如 S 波长为 10 cm，C 波长为 5 cm，X 波长为 3 cm。目前，我国建设的 S 波段雷达主要分布在沿海地区及主要降雨流域，C 波段雷达主要分布在内陆地区。近几年来，为弥补新一代天气雷达的探测盲区，国家和地方都开始投资建设 X 波段天气雷达。目前，北京已建成两个 S 波段新一代多普勒天气雷达，可监视半径为 400 km 范围的强降水天气，对雷云、龙卷气旋等中小尺度强天气现象的有效监测和识别距离可达 230 km，可更准确地获取北京市及周边地区大范围面雨量、风场和云中含水量等大量实时探测资料。

（资料来源：https://www.cma.gov.cn/ztbd/2024zt/20240724/2024072404/202407/t20240726_6451728.html）

9.6 事故源于微末处，职业责任重于山——小螺栓、大事故

9.6.1 课程思政育人理念和目标

通过专业课知识的学习培养学生的家国情怀、大国工匠、遵守政策与法规的意识的思政理念，使学生在复杂工程问题中感受责任担当、使命担当，自觉锤炼品格，做新时代既

具有优秀专业背景又有家国情怀的社会主义核心价值观践行者。通过螺纹连接的深入解析，不仅传授知识，更培养学生团队协作与责任担当的意识，引导学生树立严谨细致的工作态度，将个人成长融入国家发展大局，成为有担当、有情怀的工程师。课程目标体现在知识、能力与思政三个层面，具体如下：

知识目标：全面理解螺纹连接的基本概念、工作原理及其在工程中的关键应用。通过系统学习，掌握螺纹连接的强度计算技巧，包括静态与疲劳强度评估，以及多种防松方法的理论知识，为后续工程实践打下坚实基础。

能力目标：提升学生的综合技能，包括运用所学知识分析螺纹连接潜在问题、设计并实施有效的防松措施的能力。同时，强化团队协作与项目管理能力，使学生在面对复杂工程挑战时，能够迅速响应、高效协同，共同寻找最佳解决方案。

思政目标：以"小螺栓、大事故"为镜，深刻触动学生内心，培养其强烈的职业责任感与社会使命感。引导学生认识到，每一个细节都关乎安全与责任，每一次决策都影响深远。激励学生将个人成长与国家发展紧密相连，勇于担当，不懈追求卓越，为构建安全、高效的社会贡献自己的力量。

9.6.2 课程思政元素与融入点

专业知识点	思政元素	课程思政的实施路径与方式
螺纹连接的定义、结构和工作原理	事故源于微末处，职业责任重于山	通过互动讨论，角色扮演等方式让学生理解社会主义核心价值观中强调的责任担当和勇于担当的精神

9.6.3 课程思政案例

（1）案例教学目标。学生能够识别螺纹连接失效的危害和影响，了解防松方法及其重要性，具备预防螺纹连接失效的能力，能让学生意识到专业知识的重要性和职业责任。通过案例和故事的讲解，学生能够意识到学习螺纹连接知识的重要性，明白在工程实践中承担的职业责任和社会责任。培养终身学习和自我提升的意识：通过学习螺纹连接知识，培养学生持续学习、不断提升自我的意识，发展终身学习的习惯和自我成长的动力。

（2）案例主要内容。2014年7月，南京长江四桥附近发生一起交通事故。一辆载有废旧轮胎和木板的货车因左后轮胎7根固定螺栓断裂而失控侧翻，未造成人员伤亡。事故导致轮胎散落，机油泄漏，场面惊险。司机回忆，行驶至事发地点时，车轮巨响后车辆失控。检查发现，左侧两后轮8根螺丝中7根断裂，是事故的直接原因。

即便是小小的螺栓，也可能引发巨大的安全事故。正所谓"千里之堤，溃于蚁穴"，螺栓虽小，但安全责任重于泰山。忽视一个小小的螺栓，可能会付出血与泪的沉重代价，这不禁让人心生寒意。因此，在本次课程中，以"事故源于微末处，职业责任重于山——小螺栓、大事故"为主题，深入探讨了螺纹连接在工程实践中的关键作用及其潜在风险。首先，系统介绍了螺纹连接的基本概念和原理，通过生动的实例让学生直观感受到其无处不在的应用场景与重要性。随后，逐步展开强度计算方法的讲解，从静态强度到疲劳强度，引导学生掌握科学评估螺纹连接承载能力的技能。紧接着，聚焦于螺纹连接的防松策略，通过详细介绍螺母垫片、紧固剂、双头螺栓等多种防松方法，帮助学生构建起预防螺纹松动问题的知识体系。为了加深理解，特别引入了螺纹连接失效的案例分析，这些触目惊心的故事不仅让学生深刻认识到问题的严重性，更激发了他们对螺纹连接安全性的高度重视。课程的高潮部分，通过以马蹄钉的失效为引子，引导学生深入思考责任担当与职业使命的深刻内涵。通过这一环节，旨在培养学生的团队协作意识与责任意识，激励他们在未来的职业生涯中，始终将责任放在首位，勇于承担，敢于担当。在此基础上，进一步延伸探讨了职业责任的重要性。正如南京长江四桥那起交通事故所揭示的，一个小小的螺栓松动或断裂，就可能引发严重的后果。这要求我们每一位工程从业者都必须具备高度的责任心和严谨的工作态度，对每一个细节都严格把关，确保工程的安全与质量（见图9-4）。

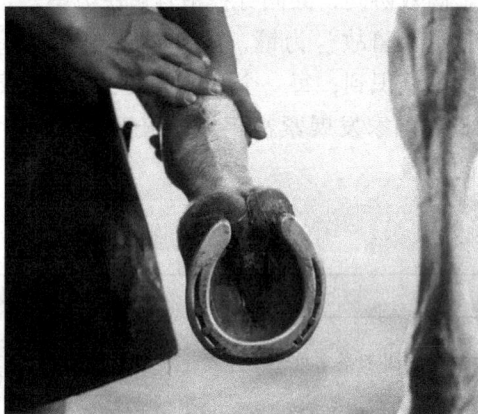

图9-4　马蹄钉的外观图

（3）教学反思。在"小螺栓、大事故"的主题引领下，成功地将专业知识传授与思政教育紧密结合，取得了一定的教学成效。然而，在反思过程中，也有一些待改进之处。首先，虽然案例分析环节有效吸引了学生的注意力，但在引导学生深入思考、提出解决方案方面仍有提升空间。其次，团队协作意识的培养需要更加具体和系统的活动设计。在未来的教学中，可以设计一些需要小组合作完成的实践项目或任务，让学生在共同解决问题的过程中，体验团队协作的力量，增强相互之间的信任与支持。最后，关于责任意识的培养，除了通过故事讲述和案例分析外，还可以邀请行业专家或校友分享他们的职业经历和责任故事，为学生提供更加生动、具体的学习榜样。

📖 延伸阅读

小小螺栓引发大事故！

螺栓在日常生活当中和工业生产制造当中是少不了的。螺栓也被称为工业之米，可见螺栓的运用之广泛。螺栓的运用范围有：电子产品，机械产品，数码产品，电力设备，机电机械产品。船舶，车辆，水利工程，甚至化学实验上也有用到螺栓。螺栓在工业领域扮演着至关重要的角色，只要工业活动在地球上持续进行，螺栓的作用就不可或缺。然而，人们往往忽视螺栓的质量问题，这一疏忽可能带来严重的后果。

因螺栓质量问题造成的事故层出不穷，小小螺栓必须引起我们的关注，紧固件检测也必须重视起来！

2010 年在深圳地铁 1 号线国贸站，一台上行自动扶梯也出现了逆行，造成 25 人受伤。事故原因也是扶梯驱动主机的固定支座螺栓松脱，1 根螺栓断裂，致使主机支座移位，造成驱动链条脱离链轮，上行扶梯下滑。

本次事故的发生自动扶梯厂家所要承担后果可想而知。由于支座螺栓的断裂导致，从紧固件检测角度分析原因可以分为两种，一是螺栓本身质量问题造成的事故，二是螺栓安装不当造成的事故。事故后可做紧固件检测失效分析，判断断裂原因。事故方更应该本着为用户负责的角度出发，严格要求质量把控，加强紧固件检测工作，排除问题隐患。

（资料来源：https://baijiahao.baidu.com/s?id = 1741302685322801870&wfr = spider&for = pc，作者进行了适当修改）

9.7 诚信如基团结魂，复合材料强合力——诚信责任相辅相成

9.7.1 课程思政育人理念和目标

秉持严谨诚信、团结协作的思政理念，从开课即严抓考勤互动、作业、调研及考试，签订诚信承诺书，强化学生诚信意识。通过团队协作大作业，结合教师指导与互评答辩，让学生在实践中领悟分工合作的价值，培养友善包容、团结协作的核心素养，为成为新时代有担当、讲诚信的复合型人才奠定坚实基础。通过对课程内容、学习方法及学习要求等内容的教学，利用与学生签订课程学习诚信要求承诺书并在课堂互动环节反复强调并即时评分等手段，强化其严谨、诚信的核心价值观。课程目标体现在知识、能力与思政三个层面，具体如下：

知识目标：使学生全面掌握复合材料的基本概念、分类、性能特点及其在工业领域的应用现状。通过专题调研，学生将深入了解一类复合材料的最新发展动态、工艺制备流程、独特性能优势及广泛应用领域，形成系统的知识体系。

能力目标：通过自行分组与互评机制的引入，本课程着力培养学生的团队协作能力、分工合作技巧及沟通协调能力。分组交换模拟答辩或演讲环节，则进一步锻炼学生的表达能力、应变能力和批判性思维，使其能够在团队合作中发挥个人优势，共同完成任务。

思政目标：以"信如基，团结魂，复合材料强合力"为主题，本课程将诚信、团结作为核心价值观贯穿始终。通过签订学习诚信承诺书，强化学生的诚信意识、纪律意识和规章意识，树立正确的学术道德观。

9.7.2 课程思政元素与融入点

专业知识点	思政元素	课程思政的实施路径与方式
复合材料分类、性能特点及其应用	诚信如基团结魂，复合材料强合力	通过分组合作，PPT展示等方式，展示各种复合材料

9.7.3　课程思政案例

（1）案例教学目标。这个教学案例的教学目标是多方面的。首先，通过签署课程学习诚信要求承诺书和明确各环节学习要求，引导学生树立正确的学习态度和价值观，培养他们自觉守纪律、尊重规章制度的品质。此外，还要通过各项考评环节的细致设计和权重分配，促使学生了解考核方式和标准，激励他们在学习过程中努力拼搏，争取更好的成绩。其次，教学目标还包括培养学生合作协作的能力。通过自行分组、结成互评对，学生将在小组内展开分工合作，共同完成专题课程调研论文的撰写和 PPT 答辩准备。在这个过程中，期望学生学会相互支持、协调合作，培养团队意识和团队精神，从而提升整体团队的绩效和成果。

（2）案例主要内容。古代，有个叫孟信的人，一次被罢免了官职以后，家里很穷，甚至连吃的东西都没有了。一天，家里人趁孟信外出把家里仅有的一头病牛卖了，来换粮食。孟信回家后发现病牛被卖了，就把家里人打了一顿，还去把病牛要了回来，他对买主说这是病牛，没什么用处了，这样的病牛不能卖给你。孟信不卖病牛的事很快传开了，连皇帝都听说了。皇帝认为孟信是个诚实守信的人，立刻派人召他进京，封他做了官。孟信直到年老才荣归故里。孟信的故事，穿越千年的时光，向我们传达了一个朴素而深刻的道理：诚信，乃立身之本，为人之魂。在当今社会，诚信同样是我们不可或缺的品质。在教育领域，诚信教育更是被放在了重要的位置。

本案例教学通过引入孟信的故事，培养学生的诚信意识，同时，在课堂教学中，引导学生掌握高效学习策略与时间管理技巧。通过签署课程学习诚信承诺书，明确考勤、作业、调研、互评及考试等各环节要求，旨在强化学生的诚信观念与规则意识。课程核心在于小组合作与复合材料专题调研，学生将自主组建 4～6 人小组，并两两互评，围绕复合材料的发展现状、制备工艺及应用特点展开深入探索。这一过程不仅锻炼学生的资料搜集、分析与整合能力，还促进了团队协作与分工协作精神的培育。随后，学生需将调研成果转化为论文，并制作 PPT 进行分组交换模拟答辩，以此提升演讲表达与应对质疑的能力。

考评体系的设计公开透明，确保每位学生了解评价标准，激励诚信学习。教学过程中，将强化预警机制，防范违纪行为，并通过协作训练与任务驱动，激发学生的内在动力，促使他们在团队中积极贡献，共同成长。整体教学内容旨在构建一个既注重知识积累又强化能力锻炼，同时融入思政元素的学习环境。

（3）教学反思。通过对以上教学案例的实施和观察，对教学过程做出了一些反思。首先，在教学目标方面，应该更加明确地表达对学生学习态度和价值观的培养目标，以及对团队合作和创新思维等方面的重视。其次，在教学内容设计方面，应该更充分地考虑到学生的实际能力和需求，提供更具挑战性和启发性的学习任务，激发学生的学习热情和兴趣。此外，在考评体系设计方面，需要更加合理地权衡各项考核环节的分数权重，确保考评体系更加公平、透明。最后，在教学过程管理方面，需要及时发现并解决学生的问题，提供有效的预警和辅导，帮助他们克服困难，达到更好的学习效果。这些反思将有助于进一步完善教学设计，提升教学质量。

📖 **延伸阅读**

季布"一诺千金"

秦末时期，有个叫季布的人，性情耿直，一向说话算数，信誉非常高，许多人都同他建立起了浓厚的友情。当时甚至流传着这样的谚语："得黄金百斤，不如得季布一诺。"这便是一诺千金成语的出处。楚汉相争时，季布是项羽的部下，曾几次献策，使刘邦的军队吃了败仗。后来，季布跟随项羽战败，为刘邦通缉，不少人都出来保护他，使他安全地渡过了难关。最后，季布凭着诚信，还受到汉王朝的重用。这个中国经典诚信故事告诉我们，一个人诚实有信，自然得道多助，能获得大家的尊重和友谊。

（资料来源：https://www.163.com/dy/article/J37FHVOH0514S57Q.html）

9.8 协作深挖隐患，责任守护安全——失效分析的技术与思路

9.8.1 课程思政育人理念和目标

秉承引导学生倡导"敬业"精神，即通过勤奋工作、尽责尽职来回报社会，强调人的社会责任感和职业道德的思政理念。通过深入分析上海"11·15"火灾事故案例，使学生能明白失效分析在提高生产安全和防范类似事故中的重要性，引导他们在未来的工作中注重职业操守，把"敬业"精神贯彻于工作实践中，以呼应社会对专业人才的期望，促进安全生产和社会和谐发展。课程目标体现在知识、能力与思政三个层面，具体如下：

知识目标：深入理解失效机理，掌握从现象到根源的剖析能力，同时强化安全生产的理论知识，构建全面的事故预防知识体系。

能力目标：培养学生的创新思维和问题解决能力，能够在复杂工程环境中迅速识别隐患，提出有效解决方案，确保工作质量与效率。

思政目标：将社会主义核心价值观中的"敬业"精神深植于心，通过案例学习，引导学生认识到在工程技术领域，敬业精神不仅是专业技能的体现，更是对社会、对生命的尊重与负责。激发学生对失效分析技术的热情。

9.8.2 课程思政元素与融入点

专 业 知 识 点	思 政 元 素	课程思政的实施路径与方式
失效分析的技术与思路	协作深挖隐患，责任守护安全	将失效分析技术与社会主义核心价值观"敬业"相结合，体现以人为本的教育理念

9.8.3 课程思政案例

（1）案例教学目标。一是引导学生深入了解失效分析技术，掌握失效分析的基本思路和方法，培养学生的技术分析能力和问题解决能力；二是引导学生认识到"敬业"精神在工程领域的重要性，明晰工作责任和职业操守，培养学生的责任感和职业道德意识；

三是通过案例分析引发学生对安全生产和事故预防的思考，强调工程技术应当与社会责任相统一，促使学生在工程实践中注重安全性和效率性的平衡，注重工作质量和细节管理，形成健康的工作态度。

（2）案例主要内容。张桂梅，一位深耕贫困地区教育事业的杰出女性，她用自己的行动诠释了何为真正的敬业。面对艰苦的环境和资源的匮乏，张桂梅没有退缩，而是毅然决然地投身于创办免费女子高中的伟大事业中。她不仅亲自授课，还时刻关心学生的生活和成长，用无私的奉献和坚定的信念点亮无数贫困女生的求学之路。她的敬业精神体现在每一个细微之处，从清晨的起床号到夜晚的熄灯铃，她始终与学生同在，用自己的坚韧和毅力为学生树立了一个光辉的榜样。本案例通过对失效分析致因论的具体案例进行深入讲解，组织学生进行课堂探究活动。这一环节的核心在于引导学生在分析和讨论中逐渐领会"敬业"这一价值观的重要性。正如张桂梅老师所展现的那样，敬业不仅是对工作的热爱和执着，更是对责任的坚守和担当。在探究活动中，学生们可以以团队协作的形式，探讨导致失效的技术原因，并提出相应的改进措施。这不仅增强了学生的责任意识，还通过实际操作培养了他们的团队合作精神。通过这一过程，学生们会逐渐认识到"敬业"精神不仅仅是一种职业态度，更是确保工作质量和安全的重要保障。要在课堂中有效引导学生理解和践行社会主义核心价值观中的"敬业"精神，可以通过以下步骤进行教学设计。首先，可以通过视频播放和案例图片展示来分析和导入相关主题。通过实际案例中的生动情境，学生能够更直观地感受到"敬业"在工作中的重要性。案例中展示的典型失效事件不仅能够引发学生的兴趣，还能让他们理解失效分析的必要性，以及在每一个工作环节中保持高度责任心和专业精神的重要性。"敬业"这一价值观的普遍性和实用性对学生未来职业生涯的指导意义。通过探究失效分析的技术与思路，学生将意识到在团队协作中深挖隐患、责任守护安全的重要性。这不仅有助于他们在未来的职业生涯中形成良好的职业习惯，也能帮助他们在面对挑战时更好地实现自我价值。通过这样的课堂设计，学生不仅学到了技术知识，更内化了"敬业"这一社会主义核心价值观，使之成为他们职业素养的一部分。

（3）教学反思。首先，通过结合失效分析技术和社会主义核心价值观"敬业"的教学方式，成功激发了学生对技术与人文的思考，提升了他们的责任感和职业操守。其次，案例选择和引导设计得当，引发了学生对安全生产和事故预防的关注，加深了他们对工程实践中的社会责任意识。然而，在教学过程中也存在一些不足，比如应该更加注重激发学生创新意识和实践能力，引导他们更加深入地探讨工程技术与社会发展的关系。因此，在今后的教学中，可以适度增加案例分析的深度和广度，鼓励学生积极参与讨论和实践，真正实现知识的传递和能力的培养。

📖 延伸阅读

失效分析报告：预防工业事故的重要措施

在工业领域，设备、产品或系统的失效可能导致严重的后果，甚至引发事故。因此，进行失效分析并撰写详细的失效分析报告，成为预防工业事故的重要措施。本文将深入探讨失效分析报告的意义、编制方法以及其在工业安全中的作用。

一、失效分析报告的意义

失效分析报告是一份详细记录设备、产品或系统失效原因、过程和后果的文件。它不仅能帮助企业了解事故发生的根本原因，还能为企业提供改进和优化的方向。通过失效分析报告，企业可以：

（1）识别系统和流程中的薄弱环节。

（2）发现潜在的安全隐患。

（3）为后续的维护和改进措施提供依据。

二、失效分析报告的编制方法

（1）收集资料：首先，需要收集与失效事件相关的所有资料，包括但不限于设备运行记录、维护记录、事故现场照片等。

（2）现场调查：对失效现场进行详细调查，记录失效部件的状态、位置以及周边环境等信息。

（3）失效原因分析：通过对收集到的资料和现场调查结果进行综合分析，确定失效的主要原因。这可能包括设计缺陷、材料问题、制造工艺问题、使用不当等。

（4）提出建议：根据失效原因，提出具体的改进措施和预防策略，以防止类似事故的再次发生。

（5）撰写报告：将上述所有信息和分析结果整理成一份详细的报告，以供企业内部审查和改进。

三、失效分析报告在工业安全中的作用

（1）预防同类事故：通过对失效事件的深入分析，企业可以识别出类似设备和系统中可能存在的问题，从而采取相应的预防措施。

（2）提升设备可靠性：失效分析报告可以帮助企业了解设备的薄弱环节，进而优化设计和制造工艺，提高设备的整体可靠性。

（3）完善维护策略：根据失效原因，企业可以调整其维护计划和策略，以更好地保护设备和系统的正常运行。

（4）增强员工安全意识：通过对失效事件的学习和讨论，可以增强员工的安全意识和提高员工的风险防范能力。

失效分析报告是预防工业事故的重要工具之一。通过对设备、产品或系统的失效进行深入分析，并撰写详细的报告，企业可以有效地识别风险、提升安全管理水平，并避免类似事故的再次发生。因此，每个工业企业都应重视失效分析报告的编制和应用，将其作为提升工业安全的重要手段。

（资料来源：https://www.sgsonline.com.cn/case/other/detail-4007.html）

9.9 协作中守诚信，责任下护学术——学术不端论文造假事件

9.9.1 课程思政育人理念和目标

秉承严谨的思政理念，以学术不端案例为镜，深刻剖析诚信缺失之害，强调在科技论

文写作中，诚信与学术道德为基石。旨在警示学生，坚守科研诚信，自觉遵循学术规范，不仅是个人品德的体现，更是科技进步的保障。引导学生树立实事求是的科研态度，追求真理，拒绝浮夸，为营造风清气正的学术环境贡献力量。课程目标体现在知识、能力与思政三个层面，具体如下：

知识目标：使学生全面了解学术不端的具体表现形式、危害性及防范措施，深入理解学术诚信的重要性。通过案例分析，掌握识别与应对学术不端行为的基本方法，增强对学术规范的认识。

能力目标：培养学生的团队协作能力，在共同讨论学术不端案例时，学会倾听、懂得批判性思考、提出建设性反馈。同时，提升学生的自我反思能力，能够从案例中汲取教训，增强个人在科研活动中的诚信意识与责任感。

思政目标：通过案例反思，激发学生的社会责任感与使命感，培养实事求是的科研态度，为构建健康向上的学术环境贡献力量。

9.9.2　课程思政元素与融入点

专 业 知 识 点	思 政 元 素	课程思政的实施路径与方式
科研诚信的重要性以及识别防范学术不端行为的方法	协作中守诚信，责任下护学术纯	引入学术不端案例，分析案例中涉及的学术不端行为等

9.9.3　课程思政案例

（1）案例教学目标。该教学案例的目标是通过引入学术不端案例，引发学生对学术诚信和道德的深刻思考。首先，案例教学旨在让学生认识到学术不端行为对科研领域和学术界的负面影响，引导他们珍惜学术诚信，树立正确的道德观念。其次，通过分析案例中的错误行为及其后果，激发学生对科研真实性和严谨性的重要性的认识，促使他们养成审慎求实的科研态度。教学案例还旨在引导学生从别人的错误中吸取教训，自觉培养起良好的学术道德观念和行为准则，形成对学术操守的自觉约束和规范。最终，教学案例希望通过思辨与总结，培养学生实事求是的科研理念和态度，使他们成为具有责任感、正直品质和扎实学术基础的科研人才。

（2）案例主要内容。针对科研诚信原则，西湖大学校长施一公认为应该有一说一，实事求是，尊重原始实验数据的真实性。在诚实做研究的前提下，对具体实验结果的分析、理解有偏差甚至错误是很常见的，这是科学发展的正常过程。可以说，绝大多数学术论文的分析、讨论和结论都存在不同程度的瑕疵或偏差，这种学术问题的争论往往是科学发展的重要动力之一，越是前沿的科学研究，越容易出现错误理解和错误结论。比较有名的例子是著名物理学家费米 1938 年获得诺贝尔奖，获奖的重要原因之一是他发现了第 93 号元素。实际上，尽管费米在 1934 年曾报道用中子轰击第 92 号元素铀可以产生第 93 号元素，德国的化学家哈恩在 1939 年 1 月发表论文，证明产生的元素根本不是 93 号元素，而是 56 号元素钡！但这个错误并没有改变费米是杰出的物理学家的事实，也没有影响他在学术上的继续进取。费米很快提出后来用于制造原子弹的链式反应理论并于 1941 年在芝加哥大学主持建成世界上第一座原子反应堆。科学的本质就是求真，科研的目标是不断拓展人类知识的边界、推动技术进步。真正的学术道德在完善科研管理体制之外，也赖于每一个个体对于科研之道的认同而实现的自律。

因此，在科研道路上，坚持实事求是、诚实守信是每一位学者的立身之本。只有脚踏实地、严谨治学，才能赢得同行的尊重与社会的认可。通过本案例的学习，期望学生能够以此为鉴，自觉抵制学术不端诱惑，养成良好的学术道德习惯，以实事求是的科研精神，为科学事业的进步贡献自己的力量。

（3）教学反思。在本次课程思政教学中，旨在使同学们了解诚信与责任在科研活动中的重要性。通过案例分析和讨论，学生们对协作中的诚信原则和学术纯洁性的维护有了更深刻的认识。然而，部分学生在面对科研压力时，对于诚信与责任的坚守有所动摇。因此，在未来的教学中，需要进一步加强对学生科研伦理和诚信意识的培养，通过更多实践案例和角色扮演等方式，让学生在模拟的科研环境中体验诚信与责任的重要性，从而内化为他们的自觉行动。同时，也要加强对学生科研方法的指导，提高他们的科研能力，减少因能力不足而导致的学术不端行为。

📖 **延伸阅读**

只赚三毛七，守信志不移——诚实守信"中国好人"林生丽

"让低收入者、困难群众也能下得起馆子，我要尽一份力。"1995年，41岁的湖南邵阳下岗女职工林生丽许下这个诺言，决心为困难群众"吃得饱"做点实事、好事。28年来，林生丽一直坚守初心，她经营的凯阳餐馆每年以"最低价"为当地老百姓提供20多万份质优早餐、中餐，周边不少低收入人群受益。她曾荣获"邵阳市道德模范""湖南好人""第九届湖南省道德模范"等称号，荣登2023年第二季度"中国好人榜"。林生丽是红旗路街道居民。1973年，她到武冈市大圳磨石岭当知青。见那里的村民一日三餐吃红薯、杂粮，还常常断粮断炊，便在心中暗自下定决心，为让困难群众下得起馆子、吃得饱饭出一份力。20世纪90年代初，林生丽历经自主创业、下广州打工赚钱，终于在1995年筹足2万元，办起凯阳餐馆。为践行诺言，从营业初，林生丽就制定了当时市场上"最低"价格的早中餐。许诺容易守诺难，诚实做人，诚信经商，林生丽的故事感动了邵阳。现在，凯阳餐馆已成为邵阳的一个"地标"，代表诚信与文明，不少人前来打卡、为餐馆提供志愿服务，以不同的方式向林生丽学习，致敬诚实守信道德模范。

（资料来源：https://www.workercn.cn/c/2024-02-06/8143738.shtml）

9.10 团队协作提质量，责任意识领航程——超高强韧钢

9.10.1 课程思政育人理念和目标

该课程旨在通过吕昭平院士团队在超高强韧钢方面的创新成果，使学生在实际项目中体会到协同创新的重要性。每一位成员都应明确自己的职责，积极参与，贡献智慧。在团队中，责任意识是推动项目成功的核心动力，只有每个人都能充分认识到自身在团队中的角色，才能形成合力，推动超高强韧钢的研发进程。通过将思政教育融入专业课程，培养

具备责任意识和团队合作能力的高素质人才。课程目标体现在知识、能力与思政三个层面，具体如下：

知识目标：学生应掌握超高强韧钢的基本概念、性能特点及其在各行业中的重要应用，特别是在航空航天、汽车制造等领域的关键作用。其次，学生需了解超高强韧钢的制备工艺及材料特性之间的关系，包括合金成分、热处理及其对材料性能的影响。此外，通过团队协作的实践，学生应学习到项目管理的基本原则和有效的沟通技巧，增强在实际工作中的协调能力和责任感。

能力目标：通过案例分析与实践活动，提升学生团队合作与沟通协调能力，能够在复杂多变的环境中灵活应对，高效协作。同时，学生还应具备较强的责任意识，能够主动承担团队任务，识别并解决潜在问题，确保项目按时高质量完成。通过角色扮演和实际案例分析，增强学生的项目管理能力，使其能够合理分配资源、制订计划，并有效应对挑战。

思政目标：通过开展项目驱动的课程，学生能够在实践中学习如何有效沟通、分工合作，并共同面对挑战。这种团队协作不仅有助于提升技术水平，更能培养学生的集体主义精神和社会责任感，激励他们在未来的工作中继续践行团队精神，为社会发展做出贡献。

9.10.2　课程思政元素与融入点

专 业 知 识 点	思 政 元 素	课程思政的实施路径与方式
超高强韧钢	团队协作提质量，责任意识领航程	组织团队项目实践，定期开展主题讨论和分享会，邀请行业专家分享经验

9.10.3　课程思政案例

（1）案例教学目标。多维度提升学生素养：首先，激发学生对材料科学研究的好奇心与热情，通过吕昭平院士团队的创新成果展示其魅力与重要性；其次，培养学生的科学思维与创新能力，通过探讨钢的强化机制及新型研究方法，深化对材料学基本原理与技术的理解；最后，提升学生的团队合作与表达能力，通过团队合作完成任务并分享见解，促进学生全面发展，为成为具备科研能力与社会责任感的优秀人才奠定坚实基础。

（2）案例主要内容。超高强韧钢在航空航天、高端装备制造、新能源、深海技术以及先进交通运输等关键领域具有迫切需求。发展我国的超高强韧钢对国民经济的可持续发展、实现结构轻量化和节能减排目标具有重要意义。吕昭平院士团队的研究指出，现有的超高强度钢主要依赖于析出半共格金属间化合物及碳化物来实现超高强度。然而，这种基于弹性畸变场与位错交互作用的强化设计，不仅需要大量昂贵的合金元素，熔炼条件也相对苛刻，热处理工艺复杂，导致成本高昂，同时服役安全性和可靠性亟待提升，这些因素极大限制了超高强钢的应用和发展。为此，团队通过创新合金设计理念，探索高密度有序$Ni(Al,Fe)$纳米颗粒强化等多种强化机制，取得了新一代超高强钢的突破性进展。新一代超高强钢的抗拉强度不低于 2.2 GPa，拉伸塑性不低于 8%。该材料最大限度地减小了析出相的点阵错配度，并引入"有序效应"作为主要强化机制。这一机制一方面显著降低了析出相的形核势垒，促进了高密度、良好热稳定性的析出相均匀分布，另一方面有效缓解了增强颗粒周边的微观弹性畸变，从而改善了材料的宏观均匀塑性变形能力。此外，新型超强韧马氏体时效钢通过采用铝元素替代传统昂贵合金元素，并允许添加传统上认为对马氏体时效钢有害的碳元素进行进一步强化，成功实现了高端钢铁材料的制备工艺简化和成本降低。这一创新不仅推动了该类材料在实际工程中的应用，也为其他超高强度材料的发展提供了新的研究思路。吕昭平院士团队在超高强韧钢的研究中，通过创新的合金设计和多种强化机制的结合，为提升材料性能和降低成本做出了重要贡献，推动了超高强韧钢在各个关键领域的广泛应用。

这个教学案例主要围绕材料科学领域展开，引导学生了解吕昭平院士团队在超强钢研究中所取得的创新成果。通过介绍超强钢的特性和应用背景，引发学生对材料科学的兴趣。详细讲解钢的强化机制以及吕昭平院士团队采用的先进研究方法，激发学生的创新思维和科学研究热情。同时，通过讨论科学家团队的合作精神和坚持不懈的追求，培养学生团队合作能力和追求科学真理的品质。强调科研道德和学术诚信的重要性，引导学生树立正确的科研态度。通过这个案例，希望学生能够深刻理解科技创新的重要性，培养他们对科学研究的热情和探索精神，促进他们在学术道路上不断成长和进步（见图9-5）。

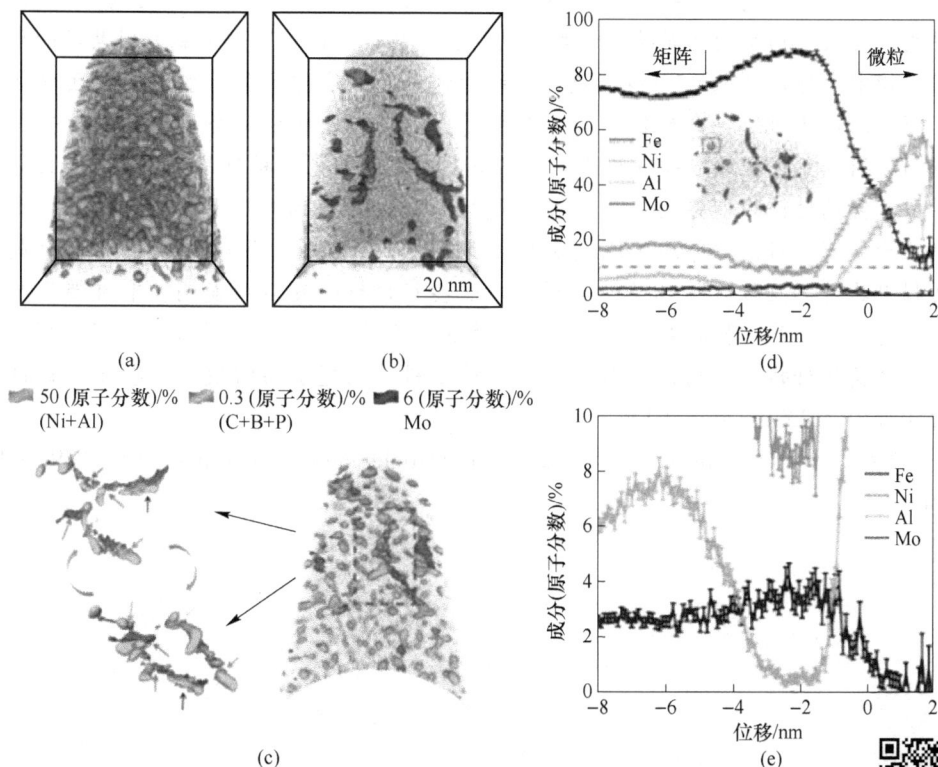

图 9-5 北科大吕昭平院士团队 2.2 GPa 超强钢
（a）等浓度表面突出显示的沉淀物；（b）等浓度表面存在间隙杂质的区域；
（c）沉淀物生长在位错附近或位错处；（d）邻近度直方图；（e）相应的特写图像

扫码看彩图

（3）教学反思。通过教学案例的设计和实施，深刻感受到了学生对科技创新和材料科学的浓厚兴趣和好奇心。他们在学习过程中展现出了积极地参与和思考，对吕昭平院士团队在超强钢研究中的成果表现出了极大的钦佩和敬意。在教学中，学生们对科学研究的方法和过程有着强烈的求知欲，他们希望深入了解科学家们是如何进行研究和解决问题的。然而，教学过程中也暴露出了一些问题和挑战。部分学生对材料科学领域的概念和知识掌握不够扎实，需要加强基础知识的教育和引导。同时，个别学生在团队合作和科研道德方面还存在一定的欠缺，需要进一步引导和培养他们的合作精神和学术诚信意识。

📖 延伸阅读

金属材料的强韧化

目前金属的四种传统强化手段分别为固溶强化、析出强化、细晶强化和相变强化，但大多以牺牲塑性为代价，从而提高材料的强度。材料科学家们从自然界中获取灵感设计出一些新颖的微观结构，如坚硬的贝壳由表及里，细胞由小到大；又如坚韧的竹子则是一种层片结构。由此出发，将金属材料设计成梯度结构、层片结构，均被证实能够有效地改善材料的性能。与传统材料的均匀结构相比，这些拥有新型的微观结构特征的材料被称为"异构材料"。目前，学术界研究的热点主要集中在：梯度结构、层片结构、双相结构、双峰结构、多级结构及纳米孪晶结构等异构材料。简单来说，这些异构材料共同的特点是在完整结构中都存在"软区"和"硬区"的结构单元，这些力学性能不同的区域在发生塑性变形时，在界面处会产生较大的应变梯度，软相和硬相之间会产生较大的长程背应力，从而利用应变梯度效应和背应力硬化来提高强度和塑性。材料是一个既古老又充满挑战的学科。金属材料的"强韧化"一直都是材料领域关注的难点和热点问题。"异构材料"的提出，以及目前以等原子比或近等原子比设计而成的"高熵合金"，都是金属材料发展历程中具有"里程碑"意义的新材料。这些新材料的发现和发明，不仅满足人们对特殊性能材料的日益增长的需求，同时在节约社会资源、保障国家安全等方面发挥着重要的作用。金属材料的"强韧化"领域也存在很多科学问题亟待解决，这也使得材料科学与其他学科的交叉融合势在必行。

（资料来源：https://pubs.cstam.org.cn/data/article/mie/preview/pdf/1000-0879-2021-2-316.pdf）

10 科技史与文化传承相结合案例

科技史是人类智慧的结晶，记录了科技的发展和创新，这些技术和创新往往与当时的文化背景紧密相连，反映了一个时代的文化特征和社会需求。文化传承则是一个民族历史的记忆，是民族精神和价值观的延续，它为科技史提供了丰富的背景和深厚的土壤。

文化传承是指一个国家或民族的历史、信仰、艺术、道德、法律、习俗以及任何其他能力与习惯，这些文化特征通过教育、实践和传播等方式代代相传。它包括物质文化如建筑、艺术品和历史遗迹，以及非物质文化如语言、音乐、节日和仪式。文化传承的内涵非常广泛，它不仅仅是对过去的复制，而是对传统的一种动态延续，能够在现代社会中发挥作用。它涉及对文化遗产的保护、修复和创新，以及对文化价值和实践的传播和教育。文化传承的重要性在于它维系着一个民族的认同感和连续性，为个体提供了归属感和历史意识，同时也是社会凝聚力和创造力的重要源泉。文化传承对于维护社会稳定和促进个人发展都至关重要。

科技史与文化传承的结合不仅有助于我们更全面地理解人类历史和文化，也为现代社会的科技发展和文化繁荣提供了重要的参考和启示。通过深入研究和传承古代科技文化，我们可以更好地认识过去，启迪现在，开创未来。

10.1 陶瓷文化承千年，科技创新展未来

10.1.1 课程思政育人理念与目标

通过先进陶瓷发展现状和未来热点的学习，使学生充分认识先进陶瓷目前在航空航天、电子、军事方面的重要性和国内外技术水平差异，加深学生对科学技术现代化、综合国力与基本国情的理解体会，激发其为中国梦而奋斗终生的远大理想，使之深刻领会"富强"这一核心价值观对于科学技术现代化、综合国力和青年一代奋斗精神的多层次要求。课程目标体现在知识、能力与思政三个层面，具体如下：

知识目标：掌握先进陶瓷的基本原理、发展历程及现状；了解先进陶瓷在航空航天、电子、军事等重要领域的应用及其重要性；熟悉国内外在高性能陶瓷领域的技术进展及存在的差距；深入理解科学技术现代化、综合国力与基本国情之间的内在联系。

能力目标：培养学生分析问题和解决问题的能力，能够针对先进陶瓷领域的某一具体问题进行深入研究；提升学生的创新意识和实践能力，鼓励其在先进陶瓷领域进行探索和创新；增强学生的跨学科学习能力，使其能够在不同学科之间建立联系，进行综合性研究。

思政目标：引导学生树立正确的历史观、民族观、国家观、文化观，增强民族自豪感和文化自信；激发学生的爱国情怀和责任感，使其愿意为实现中华民族伟大复兴的中国梦

而努力奋斗；使学生深刻理解"富强"这一核心价值观的内涵和要求，将其内化为自己的价值追求和行为准则；培养学生的团队协作精神和国际视野，提高其在国际舞台上的竞争力和影响力。

10.1.2　课程思政元素与融入点

专业知识点	思政元素	课程思政的实施路径与方式
陶瓷的发展史	陶瓷文化承千年，科技创新展未来	通过对样品进行检测分析，团队合作汇报展示等方式

10.1.3　课程思政案例

（1）案例教学目标。通过剖析某先进陶瓷在高科技领域的应用案例，学生们不仅能够直观感受到其带来的创新与价值，更能学习到如何深入分析案例并提取核心要素。这样的教学方式有助于培养学生将理论知识转化为解决实际问题的能力。在探讨案例的过程中，学生们将通过自主探究和合作学习的方式，深化对材料的理解。同时，这也将激发他们的爱国情感，认识到科技创新对于国家发展的关键作用，进一步提升他们对"富强"这一核心价值观的认同感和责任感。

（2）案例主要内容。兵马俑和赵州桥是中国古代文化和技术的杰出代表，体现了中华民族在陶瓷材料应用上的独特智慧与深厚底蕴。兵马俑，作为秦朝的陪葬品，主要由陶土制成，经过精细的雕刻和烧制，展现了古代工匠的高超技艺与艺术创造力。这些陶俑不仅是历史的见证，更蕴含着深厚的文化内涵，象征着对死后世界的敬畏与对军队的重视。兵马俑的挖掘，不仅丰富了我们对秦朝历史的了解，也激发了民族自豪感，彰显了中华文化的独特魅力。在当今社会，学习和传承这种工艺精神，能够激励我们在现代科技与艺术创作中，继续探索与创新，推动文化自信的建设。

赵州桥则是中国古代工程技术的典范，尽管主要由石材构成，但在某些装饰和功能性细节上，陶瓷材料的应用同样不可忽视。赵州桥的拱形结构展示了古代工匠对力学原理的深刻理解，体现了中华民族在建筑领域的创新与智慧。这座桥不仅是交通枢纽，更是文化交流的重要象征，承载了千年历史的风雨。通过赵州桥，我们可以看到古代中国人在材料选择和技术应用上的独特视角，以及对自然和谐共生的追求。在新时代背景下，我们应当继承和发扬这种追求卓越的精神，将传统技艺与现代科技相结合，为实现中华民族伟大复兴的中国梦贡献力量。通过对兵马俑和赵州桥的研究与传承，我们不仅能够更好地理解历史，还能在文化自信的基础上，推动社会的进步与发展。

陶瓷不仅是我们的骄傲与荣耀，更是中华文化的重要象征。然而，今天在陶瓷领域，我们却面临着"卡脖子"的困境，这背后涉及科技史与文化传承的深层次问题。回顾历史，我们可以看到，古代中国的陶瓷技术经历了漫长的发展过程，从原始的陶器到精美的青花瓷、景德镇瓷器，充分展示了中华民族的智慧与创造力。然而，随着全球化进程的加快，陶瓷技术的创新与发展也逐渐受到国际竞争的影响，特别是在高端陶瓷材料和智能制造领域，我们的技术水平与国际先进水平之间仍存在差距。面对现实，我们必须正视当前的挑战与机遇。科技的迅猛发展为陶瓷产业带来了新的可能性，例如 3D 打印技术和纳米材料的应用，使得陶瓷产品的性能和功能得到了极大提升。在此背景下，我们需要加强对陶瓷技术的研究与开发，鼓励创新，培养专业人才，推动陶瓷产业的转型升级。同时，文化传承也不可忽视，传统的陶瓷工艺与现代科技相结合，能够创造出具有时代特色的新型陶瓷产品。只有通过历史的回顾与现实的反思，确保在全球陶瓷领域重新占据应有的地位，我们才能更好地继承和发扬陶瓷文化，为中华民族的伟大复兴贡献力量（见图10-1）。

(a)   (b)

图 10-1   古代文化的杰出代表
(a) 中国的景德镇陶瓷展示；(b) 赵州桥

（3）教学反思。在教授这门课程时，深刻体会到了课程思政理念的重要性。通过引导学生了解先进陶瓷的发展现状和未来热点，对比分析现代高性能陶瓷领域的挑战与机遇，希望激发学生对科学技术现代化的热情，培养他们为国家和民族奋斗的责任感。同时，注重引导学生认识先进陶瓷在航空航天、电子、军事等方面的重要性及国内外技术差异，通过案例分析、小组讨论等方法鼓励学生参与，培养批判性思维和解决问题能力。然而，部分学生对先进陶瓷领域兴趣不高，可能是课程内容选择和呈现方式未能激发好奇心，需注重课程内容的生动性和趣味性。在思政元素融入方面，虽尝试结合"富强"价值观，但某些环节处理不够自然深入，未来将更注重有机融合。同时，深刻体会到教学反思的重要性，通过反思发现不足并及时改进，提高教学质量和效果。未来，将继续探索更有效的教学方法，为学生的成长贡献力量。

📖 延伸阅读

草鞋码头与"青花瓷"传说

草鞋码头，是景德镇的另一个称呼，喻指从五湖四海来的制瓷技工。从其貌不扬的泥土到美丽得令人惊叹的瓷器，制瓷业需经历72道工序。在成型坯房中有数不胜数的从事瓶、缸、钵、罐等琢器生产的打杂工、码头工、装坯工。明清时代因为由厂主免费提供草鞋，他们也被称为"草鞋"。一句"耕且陶焉"，显示了当时这些人的身份变动。既是陶瓷工人，又是种田的农民。因为陶瓷，他们才走上了城镇的码头，走进了城镇的作坊；因为陶瓷，他们离开田野后仍然穿草鞋，一如在田野里奔波。拉坯、利坯、画坯、施釉、烧窑……瓷器离不了泥土。这些工人离不了泥土与田野，而草鞋无意中又成了一种与土地相连的依据。

"青花瓷"传说中，当美丽的青花姑娘听说自己心爱的人想在瓷坯上直接画画，却苦于找不到颜料时，心急如焚，便找到开矿的舅舅，要求进山。女孩子进山，多有不便。但舅舅面对执拗的青花，不得不答应。在山里，青花忍饥受寒，从不放过任何蛛丝蚁迹。几个月后，找到石料之时，窑倒舅舅亡、青花也献出了年轻的生命。青花以生命为代价寻找到的石料，真的可以在瓷坯上直接画画。她的恋人画后用高温焙烧，白中泛青的瓷器上出现了青翠欲滴的蓝色花纹，成就了青花瓷的美丽。自此，一种代表这个小镇，甚至可以说代表中国的陶瓷出现了，"只供迩俗粗用"的景德镇瓷发生了革命性的变化。

景德镇陶瓷艺术发展到"珠山八友"时代，陶瓷技术与绘画艺术展现出一种新的结合。"珠山八友"对传统文人画与传统瓷艺兼容并蓄，将陶瓷的商品化与艺术化融为一体。他们各人的性情、履历、涵养、气质都有所不同，在挑选体裁、描写景象、体现技法等方面也各不相同，经过长时间的创作，逐渐形成了各自的艺术风格。徐仲南的萧疏，邓碧珊的整齐，王琦的雄奇，何许人的荒寒，田鹤仙的朴茂，毕伯涛的隽永，汪野亭的苍润，王大凡的古雅，程意亭的瑰丽，刘雨岑的韶秀，堪称是奇光异彩，显现出"珠山八友"瓷画艺术风格的多样性。而他们彼此沟通、彼此影响，又形成了大概一致的艺术基调，变成一种明显的时代风貌。他们的艺术寻求，突破了传统粉彩的审美特征和认识，他们的艺术观与审美理想，为陶瓷美学添加了新的审美范畴，具有里程碑式的意义。

（资料来源：http://culture.people.com.cn/n1/2016/1224/c1013-28973781.html）

10.2　古法今用，守护永恒——金属防护方法的发展历程

10.2.1　课程思政育人理念与目标

在讲述金属腐蚀与防护方法的历史发展过程时，引入国内外金属防护的典型成果案例，特别是在我国出土的多件文物中，剑体光亮锋利，经检测剑表面含有铬氧化膜，这种技术是近代材掌握的先进技术。这既说明我国在秦朝时就不仅拥有了较高的铸造水平，还拥有超高的防腐技术，增强学生的文化自信和使命感。本课程思政理念是通过讲述金属防护方法从经验到科学的发展过程，使学生了解科学科技对于指导人们认识事物本质、指导工业生产的重要性，引导他们认真学习专业课程，强调腐蚀防护之路是材料专业学生任重而道远的责任，培养学生的科学意识和社会责任感。课程目标体现在知识、能力与思政三个层面，具体如下：

知识目标：了解金属防护方法从经验到科学的发展过程。掌握常见的金属防护方法，学习金属防护在工业中的必要性和意义；掌握金属腐蚀的基本原理和类型；了解金属防护方法的历史发展过程及主要技术；认识国内外在金属防腐领域的典型成果和贡献；了解我国古代在金属防腐方面的先进技术，如铬氧化膜的应用。

能力目标：培养学生分析和解决金属腐蚀问题的能力；提升学生的创新意识和实践能力，鼓励其在金属防腐领域进行探索和创新；增强学生的跨学科学习能力，使其能够在不同学科之间建立联系，进行综合性研究。

思政目标：结合我国悠久而领先的金属防护技术，培养学生的文化自信和科学意识，激发学生学习专业知识的使命感和责任感；增强学生的文化自信，使其了解和传承我国古

代在金属防腐方面的卓越技术；培养学生的使命感，使其认识到腐蚀防护是材料专业学生义不容辞的责任；引导学生树立正确的价值观，强调科学科技在指导人们认识事物本质和工业生产中的重要性；培养学生的科学意识和责任感，鼓励其为社会发展和人类进步做出贡献。

10.2.2 课程思政元素与融入点

专 业 知 识 点	思 政 元 素	课程思政的实施路径与方式
我国古代在金属防腐方面的先进技术；金属防护方法从经验到科学的发展过程	文化自信与传承；科学科技的重要性；责任与使命；跨学科学习与创新；专业课程学习	依托互联网＋教学平台，开展线上线下的互动式体验教学

10.2.3 课程思政案例

（1）案例教学目标。通过具体案例，引领学生走进金属腐蚀与防护的历史长河，掌握防腐原理与方法，了解国内外最新成果。案例分析锻炼了学生的问题分析与解决能力，培养了创新与实践精神。跨学科学习使学生能将不同学科知识融合应用。介绍我国古代金属防腐技术，传承文化自信，激发爱国情怀与责任感。强调腐蚀防护在材料专业中的使命，培育学生科学意识与责任感，突显科技与工业生产的核心地位。这样，我们致力于培养既具专业知识，又有担当与情怀的新一代材料人。

（2）案例主要内容。秦剑，作为中国古代兵器的代表，历经千年而不锈，其光亮锋利的剑体不仅是武器的象征，更是中华民族智慧与工艺的结晶。经过科学检测，秦剑表面所含的铬氧化膜使其具备了优越的防锈性能，这一技术在当时可谓是超前的，因为这种先进的防腐技术，是近代材料科学才得以掌握的，它不但展现了秦代卓越的铸造水平，更体现了当时超前的防腐技术以及古代工匠对材料特性的深刻理解与运用。这种铬氧化膜的形成，不仅是化学反应的结果，更是人类在探索自然规律过程中不断创新与实践的体现。这一发现极大地增强了学生的文化自信和使命感，让他们深刻认识到中华民族在古代工艺技术方面的卓越成就。秦剑的千年不锈，象征着中华文化的持久与坚韧。正如这把剑在历史长河中屹立不倒，中华民族在艰苦卓绝的奋斗中也始终保持着文化自信与民族精神。秦朝的统一与强盛，离不开先进的科技与卓越的管理，而秦朝在科技与文化传承方面所展现出的创新与探索精神在今天仍然具有重要的现实意义。在全球化的浪潮中，我们面临着诸多挑战，但正是这种千年不锈的精神，激励着我们在科技创新与文化传承中不断前行。我们应当从秦剑的历史中汲取智慧，认识到科技与文化的结合是推动社会进步的重要动力。面对现代科技的迅猛发展，我们需要勇于创新，善于吸收与融合，将传统工艺与现代技术相结合，创造出具有时代价值的新型产品。同时，弘扬秦剑所代表的坚韧不拔与勇于探索的精神，激励我们在实现中华民族伟大复兴的道路上，坚定信念，砥砺前行。千年不锈的秦剑不仅是历史的见证，更是我们奋发向上的动力源泉。通过对这种精神的传承与发扬，我们可以在新时代的舞台上，书写出更加辉煌的篇章。

尤其引人注目的是，剑体光亮锋利、历经千年而不锈的秦剑，经检测其表面含有铬氧化膜。这一发现极大地增强了学生的文化自信和使命感，让他们深刻认识到中华民族在古代工艺技术方面的卓越成就。同时，通过金属防护方法从经验到科学的演变历程，学生们得以了解科学技术在指导人们认识事物本质、指导工业生产方面的重要作用。这一过程不仅是一次知识的积累，更是一次思想的升华。腐蚀防护作为材料专业学生的重要研究方向，承载着守护人类文化遗产、推动工业进步的重任。"古法今用，守护永恒"，这不仅是对金属防护历史的高度概括，更是对当代材料人的殷切期望。希望学生们能够秉承古人的智慧，结合现代科技，不断探索和创新，为守护人类永恒的财富贡献力量（见图10-2）。

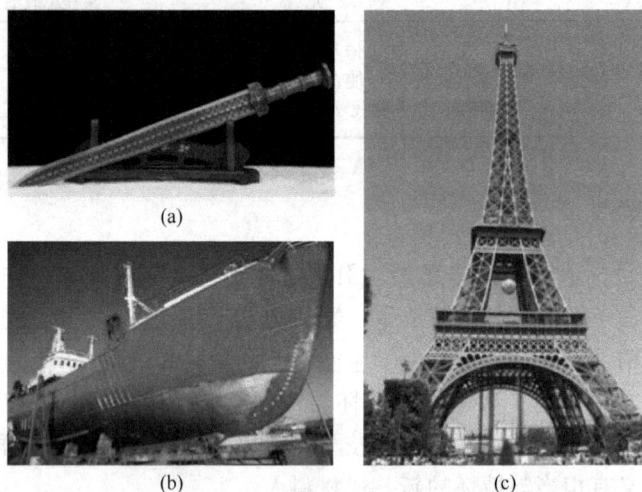

图 10-2　金属防护的典型示例
（a）秦剑；（b）船；（c）埃菲尔铁塔

（3）教学反思。通过讲述国内外典型成果，特别是我国古代卓越的防腐技术，试图引导学生增强文化自信和使命感。课堂上，学生们对中国古代防腐技术的兴趣被极大激发，对科技进步推动社会发展的作用有了更深的认识。然而，在教学过程中也存在不足。部分学生在理解金属腐蚀原理时存在困难，可能是因为讲解过于抽象。为此，计划未来加入更多实例，帮助学生更好地理解和掌握理论知识。此外，在强调腐蚀防护是材料专业学生的责任时，需要进一步激发学生的责任感和使命感。未来，将引入更多当前社会背景下金属腐蚀问题的实例，让学生意识到自己的专业知识和技能在解决这些问题中的重要作用。同时，也深刻体会到教学反思的重要性，通过反思发现不足并及时改进，提升教学质量，为学生的成长和发展贡献力量。

📖 延伸阅读

"青铜剑"的千年不锈

作为有"世界第八大奇迹"之称的秦始皇兵马俑，对它们的发现无疑称得上是"20世纪最伟大"的考古发现之一。而随着秦始皇陵兵马俑的不断挖掘出来，越来越多秦朝的历史文物被发现，其中就有将要讲到的青铜剑。那些在地下已经沉睡2000多年的青铜剑，不像其他的文物那样，身上留着古老的痕迹，剑身光亮平滑，刀刃部分的刻纹没有丝毫损坏，依然细腻平整，似乎只是被封印了 2000 年，一经面世依然锋利无比，谁与争锋。

无独有偶，考古学家们在挖掘春秋古墓的时候，意外发现了一把越王勾践所用的佩剑。这把剑做工也十分精细，甚至可以说跟刚做好的没有什么两样，经过测试似乎并没有经过时间的打磨而剑刃迟钝，依旧是削铁如泥般锋利。而这两大考古的发现，立即被传遍大江南北，这还不算更大的"奇迹"。之后，这批出土的青铜剑以及越王勾践所使用的佩剑，在经过相关科研人员的反复检测发现，宝剑上有一层铬盐化合物质。而这也正是宝剑千年不锈的最终原因，虽然原因找到了，但依然轰动了整个世界，毕竟这种铬盐氧化的处理方法是近代才有的先进工艺。

众所周知，铬是一种稀有金属，它的熔点约为 2000 ℃。提取非常不易，而到近现代才发现的提取方法，竟然早在公元前 200 多年就已经有了提取它的方法。可以想象，古人的智慧有多高，而谁又能想象得到原来秦始皇手中拿的剑，竟然是"现代科学"的结晶，可惜的是并没有相关史料记载当年是如何提炼出铬来的，这层层谜团恐怕就只能成为"千古之谜"了。

（资料来源：https://www.163.com/dy/article/DUAJM1ID0523UK0P.html）

10.3　热工技艺传千载，加热装备展新颜——材料加热装备的发展

10.3.1　课程思政育人理念与目标

本课程旨在让学生了解中华民族辉煌的科技发展史，培养学生科技自信、文化自信的爱国主义情怀。课程目标体现在知识、能力与思政三个层面，具体如下：

知识目标：了解材料加热技术和加热设备的基本概念、发展历程及现状；掌握我国古代先进的陶瓷制造、冶炼技术及其在材料加热方面的应用；熟悉火的利用、半坡陶瓷、六大名窑及古代铸鼎等历史背景和技术特点。

能力目标：培养学生分析问题和解决问题的能力，能够针对材料加热技术或设备的具体问题进行深入研究；提升学生的创新意识和实践能力，鼓励其在材料加热领域进行探索和创新；增强学生的跨学科学习能力，使其能够在不同学科之间建立联系，进行综合性研究。

思政目标：通过介绍我国古代先进的陶瓷制造、冶炼技术，增强学生的科技自信和文化自信；培养学生的爱国主义情怀，使其了解和传承中华民族辉煌的科技发展史和伟大的民族精神；引导学生树立正确的价值观，强调勤劳智慧、科技创新对于国家发展的重要性。

10.3.2　课程思政元素与融入点

专业知识点	思政元素	课程思政的实施路径与方式
材料加热装备的发展历史与现状	热工技艺传千载，加热装备展新颜	开展翻转课堂，小组式学习互动

10.3.3　课程思政案例

（1）案例教学目标。引领学生探索材料加热技术与设备的发展历程，掌握我国古代陶瓷制造与冶炼技术的精髓。学生将了解中华科技的辉煌历程，感悟民族精神。此过程旨在培养学生分析解决问题的能力，鼓励创新实践，强化跨学科学习。介绍古代技术，增强学生的科技与文化自信，培养爱国情怀。引导学生珍视勤劳智慧、科技创新的精神，认识其对国家发展的重要性。这样，期望培育出既具有深厚文化底蕴，又勇于探索创新的科技人才。

（2）案例主要内容。我国古代的陶瓷制造技术以其精湛的工艺和独特的美学享誉世界，圆窑作为其中的核心设备，承载了数千年的陶瓷生产历史。圆窑的设计不仅提高了烧制效率，还使得温度分布更加均匀，从而确保了陶瓷制品的质量。早在汉代，制瓷技术就已相当成熟，尤其是在唐宋时期，青瓷、白瓷等名品层出不穷，展现了我国在陶瓷冶炼与烧制技术上的卓越成就。这些技术的背后，凝聚了无数工匠的智慧与心血，体现了古人对自然与材料的深刻理解。它是中国古代加热技术发展的一个缩影，更是中国智慧的结晶。然而，圆窑所蕴含的意义远不止于陶瓷制造本身，它更映射出中华民族的团结与合作精神。在古代，制瓷不仅是个人技艺的展示，更是一个团队的协作成果。工匠们在窑场中共同研究、探讨烧制技术，传承经验，这种合作精神在今天依然具有重要的现实意义。在中国特色社会主义新时代，面对经济全球化的挑战，我们更需要凝聚力量，携手共进，以团结的精神应对各种困难。正如圆窑内的每一块陶瓷，都是团队智慧的结晶，只有通过合作与创新，才能在激烈的竞争中立于不败之地。

圆窑，作为历史的璀璨明珠，承载着千年的热工技艺传承，见证了无数工匠的智慧与勤劳。它以独特的结构和巧妙的设计，为陶瓷和冶金等行业的发展立下了赫赫战功。热工技艺在圆窑中不断演进，从简单烧制到精细加工，凝聚着工匠们对技艺的执着追求与创新精神，体现了中华民族勤劳勇敢、精益求精的品质。我们应以圆窑为鉴，将传统热工技艺与现代科技相结合，在传承中创新、在创新中传承，让这一技艺在新时代焕发新的光彩。此外，圆窑不仅是陶瓷制造的工具，更是文化交流的载体。中国陶瓷在丝绸之路上促进了东西方的相互理解与尊重，彰显了文化自信与开放的精神。在全球化背景下，我们应从历史中汲取力量，推动陶瓷文化的传承与创新，形成具有中国特色的陶瓷产业。尊重文化多样性，增强文化自信，以开放包容的心态迎接未来挑战。通过深入理解圆窑及其背后的文化，我们不仅能够更好地继承和发扬中华优秀传统文化，还能为实现中华民族的伟大复兴贡献力量。让我们铭记圆窑的历史，传承热工技艺，展现加热装备的新颜，共同书写新时代的辉煌篇章。

从古至今，材料加热装备经历了无数次的变革与创新，但其背后的科技史与文化传承始终如一。这些历史故事不仅让学生们深刻理解了中华民族勤劳智慧的民族精神，也进一步培养了他们的科技自信和文化自信。通过学习这些宝贵的文化遗产，学生们会更加珍惜当下，对未来充满期待，为实现中华民族伟大复兴的中国梦贡献自己的力量。

（3）教学反思。以我国古代陶瓷制造和冶炼技术为例，让学生深入了解中华科技史，并汲取智慧与力量。学生对这些古代技术的辉煌成就表现出极大兴趣，被其精湛技艺和勤劳智慧所震撼。然而，在教学过程中也存在不足。部分学生难以理解古代技术的具体应用和原理，可能是在讲授过程中过于注重历史背景而忽略技术细节。为此，计划未来更注重技术细节分析。同时，在培养学生的科技自信和文化自信方面，将强调古代技术对现代科技的启示，加入现代科技案例，展示古代智慧与现代科技的融合。此外，也深刻认识到教学反思的重要性。通过反思，发现不足并及时改进，提升教学质量，实现课程目标，为学生的成长贡献力量。未来，将继续努力，不断探索更有效的教学方法，让历史与科技相结合，为学生的全面发展创造更好的条件（见图10-3）。

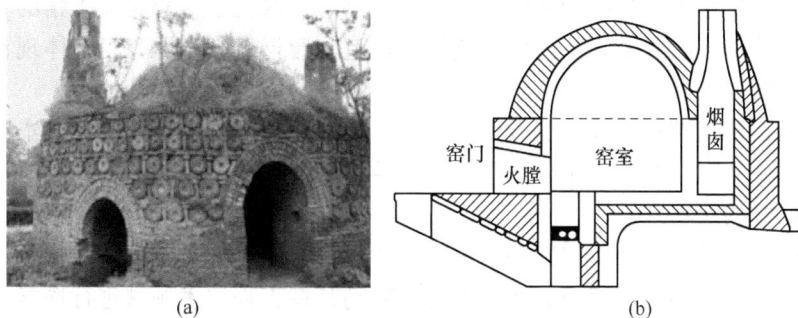

图 10-3　中国古代窑炉
（a）历史悠久的窑炉宏观图；（b）圆窑的整体结构

延伸阅读

古代的窑是谁发明的？

古代的窑是由谁发明的，历来有很多不同的说法。根据历史记载，窑的起源可以追溯到新石器时代晚期，距今约5000年前。在当时，人们已经开始使用陶器，而陶器必须经过高温烧制才能变得坚硬耐用。为了能够更好地利用热能，人们开始发明各种各样的烧窑方法，最初的窑就是在这种背景下应运而生的。

最早的窑出现在中国，其发展历史可以追溯到公元前21世纪至公元前16世纪之间的商代。当时，人们已经开始使用火焰式烧窑法，这种方法是将木材和茅草等可燃物放入窑内，点燃后利用热能将陶器烧制硬化。随着时间的推移，窑的形式和结构不断得到改进和完善，逐渐由圆形发展为方形或多边形，并且出现了专门用于烧制陶器的窑炉。

到了唐代，窑的技术得到了进一步的发展。唐朝时期出现了馒头窑和龙窑，这两种窑的形式和结构对后世产生了很大的影响。馒头窑是一种圆形的窑炉，能够很好地控制火候和温度，使陶器能够更加均匀地受热。龙窑则是一种长形的窑炉，适合烧制大型的陶器。随着宋代瓷器烧制技术的不断发展，窑炉技术也得到了进一步的改进和完善。

总之，窑的发明是人类利用热能的重要里程碑之一，为人类的生产和生活带来了极大的便利和发展。虽然不同地区和国家的人对窑的起源和发展都有不同的说法，但是不可否认的是，窑是人类智慧和创造力的结晶，是人类宝贵的文化遗产之一。

（资料来源：https://baijiahao.baidu.com/s?id=1778091244241500457&wfr=spider&for=pc）

10.4　金属之歌，文化之韵——我国金属成型技术的发展历程

10.4.1　课程思政育人理念与目标

以学生耳熟能详的"国家宝藏""国之重器"充满活力的工程现场等以及攻克难题的大国工匠事迹中汲取其中的家国情怀、文化素养和道德修养等元素，激发学生的民族自豪感和自信心，坚定学生科技报国和中国梦的理想信念，深化学生对精益求精的大国工匠精神的理解。并能够理解并遵守工程职业道德与规范，履行责任。课程目标体现在知识、能力与思政三个层面，具体如下：

知识目标：掌握课程所涉及的专业知识点，如工程技术的发展历史、基本原理及应用等；了解"国家宝藏""国之重器"等背后的科技含量和文化意义；熟悉大国工匠的精湛技艺和攻克难题的历程。

能力目标：培养学生分析问题和解决问题的能力，能够针对工程技术领域的问题进行深入探讨；提升学生的创新意识和实践能力，鼓励其在工程技术领域进行探索和创新。

思政目标：通过"国家宝藏""国之重器"等案例，激发学生的民族自豪感和自信心；坚定学生科技报国和中国梦的理想信念；深化学生对精益求精的大国工匠精神的理解，并能够将其内化为自己的行为准则；使学生能够理解并遵守工程职业道德与规范，履行责任。

10.4.2　课程思政元素与融入点

专 业 知 识 点	思 政 元 素	课程思政的实施路径与方式
成型技术的发展史；我国主要的成型技术	家国情怀；文化素养；传承与创新	组织学生参观生产企业、科研机构或实验室

10.4.3　课程思政案例

（1）案例教学目标。通过探索从古代"国家宝藏"到现代"国之重器"的金属成型技术演变，学生将深入理解其发展历程与基本原理，领略技术进步的魅力。课程不仅培养学生分析问题和解决问题的能力，更激发他们的创新意识和实践能力，鼓励在金属成型领域不断探索。介绍古代辉煌成就与现代技术突破，增强学生的民族自豪感与自信心。同时，揭示成型技术与物质基础的紧密联系，引导学生把握技术现代化脉搏，了解我国发展现状，激发他们追求创新、勇于突破的科学精神。

（2）案例主要内容。20 世纪初至 20 世纪中叶的航天领域萌芽期，成型技术主要借鉴其他工业领域成果，如金属铸造（多为传统砂型铸造）用于制造早期火箭发动机简单部件，钣金成型用于制造飞行器外壳等结构件，但效率低且质量精度依赖工人经验。20 世纪中叶至 70 年代火箭技术兴起，对材料性能和成型精度要求提高，熔模铸造用于制造火箭发动机高温部件，复合材料（玻璃纤维增强）手糊成型用于卫星部件制造。20 世纪 70 年代至 90 年代航天飞机时代，陶瓷隔热瓦通过粉末成型等技术制造，金属采用先进锻造技术，复合材料纤维缠绕技术发展用于制造压力容器等。20 世纪 90 年代至今的现代航天

时代，3D打印用于火箭制造，复合材料成型技术多样化（如RTM、自动铺放技术），微机电系统（MEMS）技术通过光刻、蚀刻等微成型技术制造微小部件用于航天飞行器的姿态控制等方面，成型技术不断向多样化与精细化发展。在航天事业的发展背后，蕴含着深厚的家国情怀和文化素养。每一颗飞向太空的卫星、每一个成功的发射，都是无数科研人员和工程师心血的结晶，体现了他们对国家和民族的责任感与使命感。这种情怀不仅激励着他们在技术上不断追求卓越，也传承了中华民族自强不息的精神。在这个过程中，传统文化与现代科技的结合，展现了中华文明的创新能力与包容性，激发了更多年轻人投身航天事业的热情，形成了强大的社会共识和文化认同。

在介绍从我国古代的"国家宝藏"到现代的"国之重器"的金属成型技术发展过程中，课程让学生感受到技术的精湛与辉煌。同时，还更引导他们理解成型技术现代化背后的物质基础。这不仅是对历史的回顾，更是对未来的启迪。通过了解我国成型技术的发展情况，学生们深刻体会到了推陈出新的科学精神，以及科技与文化相互交融的韵味。"金属之歌，文化之韵"，这一主题恰如其分地概括了我国金属成型技术的发展历程。从古代的匠心独运到现代的创新发展，金属成型技术不仅见证了科技的进步，更承载着中华民族深厚的文化底蕴。通过本课程的学习，学生们将更加坚定地走向未来，为传承和发扬这份宝贵的文化遗产贡献自己的力量（见图10-4）。

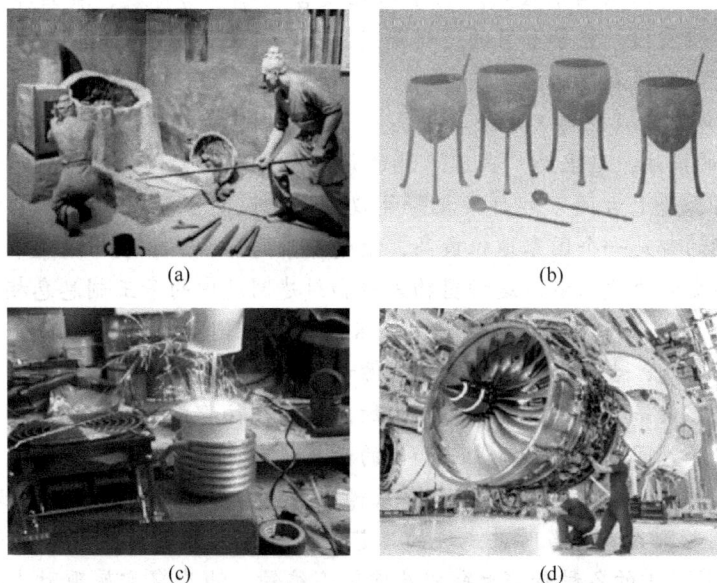

图 10-4　我国热加工工艺的发展
（a）古代铁匠铺；（b）青铜鼎和青铜勺；（c）金属熔炼装置；（d）涡轮航空发动机结构

（3）教学反思。在教授金属成型技术课程时，深刻体会到了"传承与创新"的重要性。通过引导学生了解从古代"国家宝藏"到现代"国之重器"的技术发展，旨在激发学生的民族自豪和科技创新热情。学生被生动的案例教学深深吸引，对金属成型技术产生了浓厚兴趣。然而，部分学生在理解技术深层次机制时遇到困难，计划未来采用从整体到局部的讲解方式，帮助学生更好地把握技术脉络。此外，还发现学生对工程职业道德与规范的理解尚浅，未来将加强这方面的教育，引导他们理解并遵守规范，履行责任。总结来说，从这门课程中认识到了传承与创新在工程教育中的核心地位。未来，将继续致力于提供丰富多样的教学内容，激发学生的民族自豪感，培养他们的科技创新精神和工程伦理意识，为培养优秀的工程师贡献力量。

📖 延伸阅读

国运、文化与重器：《国家宝藏》中的家国观

央视大型文化探索类节目《国家宝藏》播出以来，引发热议，收获好评无数，目前豆瓣评分高达9.2分，73.5%的评分网友给出了五星好评。《国宝档案》《鉴宝》《寻宝》……在讨论文物的时候，我们似乎对"宝"永远情有独钟。这种国宝情节从何而来？文物的价值衡量为何始终与"国宝"二字息息相关？在文物的知识普及上，是否有其他的角度和可能？

在节目的赛制和内容呈现上，《国家宝藏》一以贯之了"国宝"的观念。根据设置，节目汇集了故宫博物院、上海博物馆、南京博物院、湖南省博物馆等九家国家级重点博物馆（院），每期节目聚焦一家博物馆，由这家博物馆来推荐三件镇馆之宝，交予观众甄选。最终，节目组将以《国家宝藏》为主题在故宫举办一场特展，展品即为最终甄选出的九件国宝。不难看出，整季节目的逻辑是建立在各种文物的选拔和角逐之上的，最终目的是选出最具有国家代表性的文物。

"国宝"一词出自《左传·成公二年》："子得其国宝，我亦得地，而纾于难，其荣多矣。"按照杜预的批注，这里的"国宝"指的是甗磬（甗是古代食器，磬是古代乐器）这样的商周青铜器，是上古国家朝拜祭祀等礼仪重器，说明了其对国家的重要性。自此之后，国宝几乎指的都是一个国家地位最高，最受尊崇的器物，展现出的是最早一种朴素的器物崇拜。从历史的角度来看，这种器物崇拜和封建制度中的帝王制息息相关。传统观念中，国为民之大。作为国之重器的国宝也必然被与"家国"之威仪等而视之，成为高于民众的象征。尤其是，古代大量的财富和资源都集中在以皇帝为核心的统治阶层手里，整个国家中最精美、最昂贵、最耗费人力物力的工艺品往往都出于帝王之家，只有帝王手下的匠人才有材料和时间打造，只有帝王和他的亲属才有资格享用。因此在历史上，国宝和皇权/国家被联系到了一起，成为一个包含家国观念，与秩序和统治紧密关联的概念：作为"国宝"的器物既代表着当时最先进的工艺和审美，也代表着皇权的稳固以及财力的昌盛。《国家宝藏》中的各种釉彩大瓶以及曾侯乙编钟，均为皇室展现财力物力和时代制造水平的典型重器。

正是因为如此，古代的统治阶层不仅仅热爱制造国宝，也喜欢所统治的辖区进贡国宝。根据《旧唐书》卷三十六记载"建巳月，以楚州献定国宝，乃改元宝应"，说的是上元三年，唐肃宗收到献宝，以为这就是一种祥瑞，于是改元为宝应元年，历史上就有了宝应这个纪年的年号。同时，把得宝之地的楚州安宜改名为宝应县。由此可知，古代帝王非常看重国宝对于其巩固皇权地位的重要性，收到进献的国宝是一种证明其统治权威和江山繁荣的重要仪式。

另外，国宝不只通过从下而上的进献维护统治稳固，还有从上而下的教育功能。有钱

有势的统治阶级通过精美的工艺品从内容和形式上展现权威，征服民众。历史上无数的经典艺术作品都说明，世俗政权和宗教势力从来都是艺术创作最重要的"委托人"和绝对主题。正如明代唐志契《绘事微言》卷上写道的"图画者，有国之鸿宝，理乱之纪纲，是以汉明宫殿赞兹粉绘之功，蜀郡学堂义存劝诫之道"，说明图画已经成为助力国政、教化民众的国家宝物。在《千里江山图》的历史背景中，宋徽宗期望用一幅秀丽庄严的锦绣山河表达国之昌盛，也多有传播政治权威的意味。

综上可见，自古以来，国宝对于家国观念具有深远的意义。一个国家是否有财富和制造能力创作并保存国宝，是衡量其国力与民心的重要佐证。《晋书》卷九写道"条纲弗垂，维恩罕树，道子荒于朝政，国宝汇以小人"，说明古人认为国宝之聚散可烛照家国兴衰，国强则财聚，国荒则物散。国宝之有无，一定程度上也象征了家国的有无。在此观念的基础上，国宝和相关文化作品的一代代传承，也被视为国家文化财富的传承，是国运昌盛的标志。这种思想从古至今延续下来，"国宝"一词就被强化为与"家国"思想休戚相关的词汇。

（资料来源：https://baijiahao.baidu.com/s?id=1587460957764393224&wfr=spider&for=pc）

10.5 历史镜鉴启新程，文化传承促创新——鱼雷在战争中的关键作用

10.5.1 课程思政育人理念与目标

通过案例中创新思路的形成过程分析使学生体会如何进行创新思路的求真务实，以及从实际出发，发现材料本身蕴含的人文精神以及材料发展对于个人、社会与国家的重要影响。从而使得科学育才与思政育人协同强化学生专业能力与思维能力。课程目标体现在知识、能力与思政三个层面，具体如下：

知识目标：掌握创新思路形成过程的基本知识和方法；了解材料科学领域的发展动态和趋势。

能力目标：具备分析和解决创新思路形成过程中遇到问题的能力；能够运用所学知识进行材料创新设计。

思政目标：树立求真务实的精神，依据解放思想、实事求是、与时俱进的思想路线，去不断地认识事物的本质，把握事物的规律；培养学生的家国情怀，使学生意识到材料发展对于个人、社会与国家的重要影响；通过案例教学，使学生体会如何进行创新思路的求真务实，以及从实际出发，发现材料本身蕴含的人文精神。

10.5.2 课程思政元素与融入点

专业知识点	思政元素	课程思政的实施路径与方式
创新的概念及创新思路的形成基础	求真务实的精神；实践的重要性；创新思路的形成过程；材料发展对个人、社会与国家的影响	采用问答、讨论、辩论等多种方式，激发学生的学习兴趣和积极性

10.5.3　课程思政案例

（1）案例教学目标。本案例旨在教会学生如何根据实际环境进行创新设计，培养观察力和研究能力，激发爱国情怀。强调材料发展对个人、社会与国家的重要性，培养求真务实精神。通过案例教学，使学生体会求真务实精神在创新中的重要性，培养家国情怀，意识到材料发展的深远影响。鼓励学生以家国为重，以创新为责，为材料事业发展贡献力量，促进个人、社会与国家的共同进步。

（2）案例主要内容。鱼雷的设计灵感源于自然界中的鱼类，尤其是它们在水中灵活游动的特性。科学家们观察到鱼类在水中能够迅速改变方向和速度，巧妙地利用水流和水压来实现高效的运动。这一观察促使他们在鱼雷的研发中引入生物仿生学的理念。通过模拟鱼类的流体动力学特征，工程师们设计出更为流线型的鱼雷外形，减少水阻，提高航速（见图10-5）。同时，借鉴鱼类的感知系统，鱼雷也逐渐引入了先进的探测和导航技术，使其在复杂的水下环境中能够自主识别目标并进行精准打击。这种从自然中汲取灵感的创新思路，使得鱼雷的性能得到了显著提升。鱼雷的研发过程深刻体现了求真务实的精神。在这一过程中，科研人员不断进行实验和测试，从失败中总结经验，逐步完善设计。同时，材料的发展对个人、社会与国家的影响不容忽视。新型材料的应用不仅提升了鱼雷的性能，还推动了相关产业的进步，促进了国家的军事现代化。个人在这一过程中获得了专业技能与实践经验，社会则因科技进步而更加安全与繁荣，国家的综合实力也因此得以增强。这一切都体现了科技创新与国家发展之间的紧密联系，激励着年轻一代勇于探索、敢于创新。鱼雷作为现代军事技术的重要组成部分，其发展历程不仅是科技进步的体现，更是国家安全与国防力量提升的重要保障。随着科技的不断进步，鱼雷的智能化、无人化趋势愈加明显，强调了信息技术与材料科学的结合。这一过程不仅需要扎实的理论基础，还需要在实践中不断探索和创新。

图10-5　鱼雷示意图

本案例着重于通过分析创新思路的形成过程，引导学生树立求真务实的精神。所谓"求真"，即依据解放思想、实事求是的思想路线，不断认识事物本质，把握事物规律。而"务实"则是在这种规律性认识的指导下，勇于实践，敢于创新。以鱼雷案例为例，课程深入剖析了鱼雷在战争中的关键作用，由此引出制造鱼雷的创新思路，即顺势建立模型，根据实际应用环境进行设计。这一过程充分体现了创新思路并非凭空而来，而是源于细心的观察、深入的研究以及对实际情况的准确把握。

"历史镜鉴启新程，文化传承促创新"，本课程旨在通过科技史与文化传承的有机结合，激发学生的创新意识，培养他们的科学素养和人文精神。希望通过这样的教学方式，引导学生在未来的学习和工作中，不断追求卓越，为实现中华民族伟大复兴的中国梦贡献自己的力量。

（3）教学反思。该案例的教学目标为引导学生树立求真务实的精神，通过案例教学，使学生体会如何进行创新思路的求真务实，以及从实际出发，发现材料本身蕴含的人文精神以及材料发展对于个人、社会与国家的重要影响。在讲解鱼雷诞生的案例时，着重分析了鱼雷在战争中的重要作用，以及鱼雷问题不解决对战争局势的影响，这一思路的形成过程，正是求真务实精神的体现。在教学过程中，注重将思政元素"求真务实"融入其中，使学生明白实事求是，去实践，才能有创新。希望通过这样的教学，学生不仅能够掌握专业知识，更能够培养起求真务实的创新思路。在未来的教学中，将更加注重学生的参与和互动，鼓励他们提出自己的见解和疑问，从而培养他们的独立思考能力和创新精神中。

📖 延伸阅读

鱼雷往事，带你回顾历史

大海里有一种鱼，名叫剑鱼，它游泳速度极快，而且性情凶猛，发现猎物时会以迅雷不及掩耳之势冲过去，即使是小船，如果躲避不及，也会被它那股强大的冲击力撞得"人仰马翻"。

"能不能发明一种武器，像剑鱼一样，向敌人的潜艇冲过去，把它炸毁呢？"出生在英国的工程师罗伯特·怀特海德从剑鱼的身上受到启发，想研制一种水上使用的新武器。

这时候，奥匈帝国的海军部也找到了怀特海德，希望他能发明一种推式小艇，小艇上装炸弹，冲到敌人的军舰跟前就能立即爆炸，把敌人的军舰炸沉。怀特海德欣然接受了任务，开始按照奥匈帝国海军部的思路进行研制。

1868年，怀特海德研制出一种水上自行推进的炸弹：长约4.6 m，重约135 kg，头部为尖圆形，里面装有炸药，中部呈圆柱形，装有发动机，尾部有水平舵和垂直舵。整个外形很像一条鱼，所以就给它起了个名字，叫"鱼雷"。鱼雷一旦发射，就能盯住目标快速游去，速度达到每分钟200 m，像剑鱼那样发出巨大的冲击力，冲向敌艇，而后把敌艇炸毁。

怀特海德为自己成功制造出鱼雷而高兴，可是，一些海军武器专家看了以后，很不以为然地说：

"这算什么新武器？游得太慢了。"

"是啊，没什么大能耐，充其量是儿童玩具的新产品。"

吹毛求疵的专家们议论着、附和着。怀特海德听后，也感到很失望。

一晃几年过去了，不知不觉时间到了1877年的深秋。一天，以"英且巴哈"号为首的土耳其舰队在黑海游荡，寻找机会准备给俄国黑海舰队以致命打击。终于，一艘俄国军舰出现在他们的视野里，正当他们调整炮击距离，准备与俄国军舰决一死战的时候，突然发现一条青灰色的"鱼"向自己的军舰快速游来。

"瞧，这鱼还真不小呀，有 4 m 多长吧。""英且巴哈"号前甲板上主炮的炮长得意地说，"好兆头，鱼都主动找上门来。"

"不！你们这些笨蛋！那不是鱼，肯定是俄国人制造的一种新武器。"舰队司令拿着望远镜的手颤抖起来，"快，快闪开！"

可是，一切都来不及了，舰队司令的话音刚落，"鱼"就撞上了"英且巴哈"号。

鱼雷把"英且巴哈"号炸沉的消息公布后，专家们对怀特海德的发明才刮目相看，开始认真地研究起鱼雷来。从此以后，各种各样的鱼雷相继问世，像电动鱼雷、自导鱼雷等逐步走上了自己的"岗位"，在海战中扮演着重要角色。

（资料来源：https://baijiahao.baidu.com/s?id=1774846694016405804&wfr=spider&for=pc）

10.6　历史悠远，文脉长流——我国古代铅丸的制造

10.6.1　课程思政育人理念与目标

通过专业课知识的学习引导学生树立正确的国家观、历史观、科学观、发展观与文化观，通过扎实的学习过程使学生体会材料本身蕴含的人文精神以及材料发展对于个人、社会与国家的重要影响。从而使得科学育才与思政育人协同强化学生专业能力与思维能力。课程目标体现在知识、能力与思政三个层面，具体如下：

知识目标：掌握粉末冶金学的基础理论和方法，如粉末的制备、成型和烧结等；了解粉末冶金学领域的发展动态和趋势。

能力目标：具备分析和解决粉末冶金学相关问题的能力；能够运用所学知识进行粉末冶金制品的设计与生产。

思政目标：树立正确的国家观、历史观、科学观、发展观与文化观；体会材料本身蕴含的人文精神以及材料发展对于个人、社会与国家的重要影响。

10.6.2　课程思政元素与融入点

专业知识点	思政元素	课程思政的实施路径与方式
粉末冶金的发展历史	民族自豪感与爱国热情；中华文化传承；文化自信；中华文化传统	通过角色扮演、课堂模拟、实习实践以及线上互动等方式

10.6.3　课程思政案例

（1）案例教学目标。通过粉末冶金学理论与方法的系统教学，引导学生掌握粉末制备、成型与烧结等关键技术，洞察领域发展动态。案例教学培养学生分析问题与产品设计能力，激发民族自豪感与爱国热情。介绍粉末冶金学在中国文化中的深厚底蕴，让学生了解其发展历史及中华民族在材料科学领域的卓越贡献，进而培育文化自信。鼓励学生秉承和发扬中华民族在材料科学领域的优良传统，为科技创新与产业发展贡献力量，共同推动

中华文化与世界文明的交流与融合。

　　（2）案例主要内容。中国古代铅丸的制作历史可以追溯到汉朝，最初用于军事和狩猎。铅丸的制作过程与粉末冶金技术紧密相连，充分体现了古代工匠们的智慧与创造力（见图10-6）。粉末冶金作为一种重要的金属加工技术，通过将金属粉末压制成型并加热，使其在低于熔点的条件下结合，这一过程在铅丸的生产中得到了充分应用。随着技术的不断进步，铅丸通过形状优化设计以及重量标准化控制等技术改进，使其在战斗和狩猎中发挥了更大的作用。特别是在宋代，铅丸的制作工艺得到了进一步发展，工匠们通过改进材料和工艺，使铅丸的性能更加优越，这标志着中国古代粉末冶金技术的成熟。铅丸的制作与粉末冶金技术的结合，展现了中国古代在材料科学和工程技术方面的卓越成就。随着铅丸技术的演进，古代军事装备的精细化和高效化得以实现，极大地提升了战斗力。这一过程不仅是技术的革新，也是对国家安全和人民生活的重视。

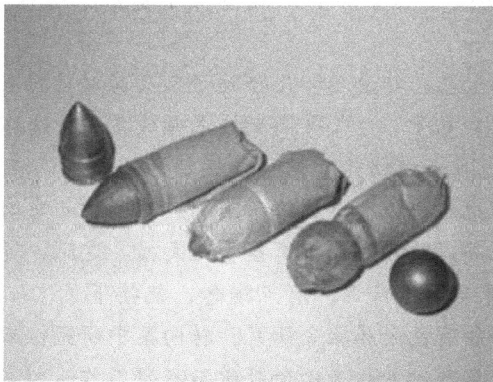

图10-6　中国古代铅丸

　　在思政教育中，铅丸的历史可以作为激励学生追求创新和实践的案例。通过学习古代工匠的精神，学生们能够认识到科技创新与国家发展的密切关系，培养他们的责任感和使命感。中华文化的传承与创新将激励年轻一代立志于科学研究与技术开发，为实现中华民族的伟大复兴贡献智慧与力量。通过深入挖掘和理解这些传统文化，学生们不仅能够增强文化自信，更能在现代社会中找到自己的定位，积极参与到国家的建设与发展中。

　　通过本课程的学习，学生们将更加坚定地传承和发扬中华文化传统，为实现中华民族伟大复兴的中国梦贡献自己的力量。同时，课程也鼓励学生们在未来的学习和工作中，不断追求卓越，将个人的发展与国家、社会的进步紧密结合起来，实现更高的价值。

　　（3）教学反思。在课程案例中特意讲解了粉末冶金的发展历史，追溯至古代铅丸制造，激发学生的民族自豪感与爱国热情，强调中国在材料科学领域的重要贡献。然而，在引导学生深入思考和讨论方面还需加强，应给予学生更多时间消化所学。对于如何将思政元素更好地融入专业知识中，还需进一步探索和实践。为此，计划改进教学，加强对学生思考能力的引导，深入挖掘专业知识中的思政元素，加强与学生的互动和交流。总之，这门课程虽取得一定成效，但仍有很大提升空间。未来将认真总结经验教训，不断完善教学方法和策略，为学生提供更优质的教育服务。

延伸阅读

中国粉末冶金之父——黄培云

黄培云院士，金属材料及粉末冶金专家，中国粉末冶金学科奠基人，中南矿冶学院创始人之一。对于自己所获成绩，黄培云曾表示："我一生参与完成两件大事，一件是艰苦建校，一件是粉末冶金学科建设。"1952 年湖南大学、武汉大学、广西大学、南昌大学、中山大学、北京工业学院 6 所高校有关地质、采矿、冶金的学科进行调整合并，成立独立的中南矿冶学院，以培养有色金属工业需要的人才为定位，于 1952 年招生，时任武汉大学矿冶系主任的黄培云参与了筹建工作。中南矿冶学院建立之初便有着蓬勃的生命力，其不到 2 周岁时更是接受了一项严峻的挑战：培养粉末冶金所需人才。谈及创建粉末冶金学科，黄培云感到无比亲切："这个学科，我参与了奠基、培养人，更直接见证了它的发展。"

粉末冶金是一门制取金属、非金属和化合物粉末及其材料的高新科学技术，它能满足航空、航天、核能、兵器、电子、电气等高新技术领域各种特殊环境中使用的特殊材料的要求。一些发达国家早在 20 世纪初就开始了该领域的研究，而在 20 世纪 50 年代时，中国还是一个空白。冶金部把这个任务下达给了刚刚成立两年的中南矿冶学院，要求设立粉末冶金专业。面对这一任务，院领导们都有些手足无措。这时，黄培云说他在麻省理工学院学过一门 30 学时的粉末冶金选修课，有点概念，就接下了这一任务。从那以后，黄培云在学术和专业方面由一般有色金属冶金研究，转向集中研究粉末冶金与粉末材料。之后的人生里，黄培云一心一意进行着粉末冶金教学与科研工作。

（资料来源：https://baijiahao. baidu. com/s? id =1626706762423533567）

10.7　合金岁月长，铜韵文化传——青铜器的发展历史

10.7.1　课程思政育人理念与目标

培养学生对专业的认知、对中国悠久、灿烂的文化历史的认同与自豪、和对国家科技发展的自信、自豪情怀，激发学生的科研热情、自主的学习能力和强大爱国情怀，为以后的社会主义事业建设添砖加瓦和奉献自己的能力。课程目标体现在知识、能力与思政三个层面，具体如下：

知识目标：铜合金基础知识掌握：学生应全面理解铜合金的分类，包括青铜、黄铜和白铜的种类、特点及其性能与应用领域；同时熟悉国家在超高压输电技术等领域的技术领先地位和贡献；历史文化认知。

能力目标：材料分析与应用能力：培养学生分析和解决实际材料问题的能力，能够针对不同应用场景选择合适的铜合金材料；科研探索与创新能力：激发学生对科研工作的兴趣，培养他们的创新思维和实践能力，鼓励其在未来学术和职业生涯中不断探索与创新。

思政目标：引导学生将个人发展与国家需要紧密结合起来，树立正确的价值观和人生观，激发他们的爱国情怀和社会责任感；团结协作与集体主义精神塑造：在课程学习和实

践中，注重培养学生的团队协作精神和集体主义精神，为他们未来的工作和生活奠定坚实基础。

10.7.2 课程思政元素与融入点

专业知识点	思政元素	课程思政的实施路径与方式
铜合金分类与性能介绍	家国情怀；文化自信；科研精神；专业认同；社会责任	将课程德育目标与教学目标有机结合，形成"一体化"课程思政教学设计

10.7.3 课程思政案例

（1）案例教学目标。通过剖析学院和学校在铜合金材料研究方面的特色与成果，让学生感受材料专业的魅力与价值，增强专业选择的自豪感。引导学生了解中国古代青铜器制造技艺及现代中国在铜合金材料和超高压输电技术等领域的领先，培养民族自信与文化自信。讲述科研工作者在铜合金材料研究领域的奋斗历程，激发学生对科研的热情与创新精神。案例分析与讨论培养学生自主学习能力和批判性思维。引导学生认识学习与未来工作对社会和国家发展的重要性，培养社会责任感与爱国情怀。

（2）案例主要内容。青铜器（Bronze Ware）在古时被称为"金"或"吉金"，是红铜与其他化学元素锡、铅等的合金，刚刚铸造完成的青铜器是金色的，但出土的青铜因为时间流逝产生锈蚀后变为青绿色，被称为青铜。中国最初出现的是小型工具或饰物。夏代始有青铜容器和兵器。商中期，青铜器品种已很丰富，并出现了铭文和精细的花纹。商晚期至西周早期，是青铜器发展的鼎盛时期，器型多种多样，浑厚凝重，铭文逐渐加长，花纹繁缛富丽。随后，青铜器胎体开始变薄，纹饰逐渐简化。春秋晚期至战国，由于铁器的推广使用，铜制工具越来越少。秦汉时期，随着陶器和漆器进入日常生活，铜制容器品种减少，装饰简单，多为素面，胎体也更为轻薄。青铜器的价值不仅在于其艺术和历史意义，更在于它所蕴含的思政启示。我们应从家国情怀中汲取力量，为国家的繁荣富强贡献自己的力量。坚定文化自信，传承和弘扬中华优秀传统文化，让青铜器所代表的古老智慧在现代绽放光彩（见图 10-7）。

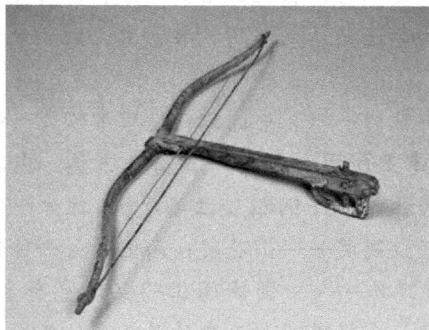

(a) (b)

图 10-7 铜合金的应用发展

（a）兵马俑的青铜弩机；（b）高压电线杆

如今，铜合金，作为一类重要的金属材料，包括青铜、黄铜和白铜等，各具特色和应用广泛。通过介绍铜合金的分类、性能与应用，结合学校铜合金材料的独特优势和国家在超高压输电技术方面的领先地位，让学生深刻认识到中国科技从仿制到领跑的历史性跨越。

课程融入思政元素，培养学生的专业认知，对中国悠久灿烂文化历史的认同与自豪，以及对国家科技发展的自信与自豪情怀。希望通过讲述铜合金的故事，激发学生的科研热情，培养他们的自主学习能力和深厚的爱国情怀。"合金岁月长，铜韵文化传"，这一主题不仅回顾了铜合金的历史长河，更展望了未来科技发展的广阔天地。期待每一位学子都能从铜合金的故事中汲取力量，为社会主义事业的建设添砖加瓦，奉献自己的青春与智慧。

（3）教学反思。本案例将思政元素融入专业知识中，成功之处在于：一是思政元素与专业知识的有机结合；二是案例教学的巧妙运用。不足之处在于：一是思政教育的深度有待加强；二是学生参与度的差异性。改进措施为：一是深化思政教育内容；二是提高学生参与度；三是加强师生互动与交流。总之，本案例不仅教会学生专业知识，更在潜移默化中培养他们的爱国情怀、人文精神和专业能力。我将继续努力，不断完善教学方法和手段，为培养更多优秀人才贡献自己的力量。在教学过程中，我注重引导学生树立正确的世界观、人生观和价值观，让他们在学习专业知识的同时，也能感受到浓厚的家国情怀和人文精神。

📖 延伸阅读

中国铜雕文化

中国的铜雕文化始于商周，在每个时期都留下了鲜明的时代烙印。商周时期的铜雕文化已经达到了很高的水平，当时，在政治、经济领域里大量使用青铜器。人们知道铜雕青铜器，但对于铜雕的起源，知者甚少。铜雕产生于商周，是以铜料为胚，运用雕刻、铸塑等手法制作的一种雕塑。铜雕艺术主要表现了造型、质感、纹饰的美，多用于表现神秘有威慑力的文化题材。其造型多呈严粗犷、端庄沉稳之态，表现出坚实浑厚、富丽辉煌的质感。铜雕的纹饰主要为饕餮纹，大多采用动物头部造型，或以鸟、兽、虫、鱼部分形体组成抽象的图案来衬托铜雕造型。

以容器为主的中国青铜器也在世界青铜文化中独树一帜。中国以铸造难度较大、纹饰复杂的容器为主。这些容器，尤其是鼎，作为封建王朝国之重器，其寓意深奥，内涵丰富，始终是鉴定家及历史学家们的兴趣所在。赵秀林以一件铜雕《兰亭序》，犹如一匹从会稽山麓呼呼跃出的骏马，一举问鼎中国民间文艺最高奖——山花奖；而他的另一件铜雕《柯桥小镇》，也摘取了另一颗民间工艺品的皇冠顶珠——中国民间工艺品博览会金奖。至于其他获奖作品，则多得连他自己也没有认真统计。紧随获奖而来的是众多的头衔和荣誉称号，如中国民间雕刻大师、中国民间德艺双馨雕刻大师、中国雕刻艺术委员会副主任、浙江省非物质文化遗产绍兴铜雕传承人、浙江省劳动模范等。

（资料来源：https://history.sohu.com/a/714576089_360517，作者进行了适当修改）

10.8　岁月烨真金，技艺承古韵——片状珠光体组织的发展过程

10.8.1　课程思政育人理念与目标

通过专业课知识的学习引导学生树立正确的国家观、历史观、科学观、发展观与文化观，通过扎实的学习过程使学生体会材料本身蕴含的人文精神以及材料发展对于个人、社会与国家的重要影响。从而使得科学育才与思政育人协同强化学生专业能力与思维能力。课程目标体现在知识、能力与思政三个层面，具体如下：

知识目标：片状珠光体组织的基础知识掌握：学生应全面了解片状珠光体、索氏体、屈氏体的定义、结构特点及其在材料中的表现形貌；显微观测技术的了解：熟悉并掌握光学显微镜（光镜）和电子显微镜（电镜）在观察和分析材料组织结构中的应用及优缺点。

能力目标：材料组织分析能力：培养学生利用显微镜等技术手段对材料的组织结构进行深入分析和判断的能力；科学思维与创新意识培养：通过对比不同组织结构的共性与差异，激发学生对材料科学的好奇心和探究欲，培养其创新思维和独立解决问题的能力。

思政目标：透过现象看本质的科学态度培养：在讨论和分析片状珠光体组织结构的差异与共性时，引导学生培养透过现象看本质的科学态度，理解事物内在联系的重要性；科技发展与创新意识的教育。

10.8.2　课程思政元素与融入点

专业知识点	思政元素	课程思政的实施路径与方式
片状珠光体组织的认识发展过程	科学态度与方法；科技创新与发展；国家观与文化认同；专业精神与社会责任	构建分类建设新体系，明确通识课、专业课等不同类别课程的思政建设重点

10.8.3　课程思政案例

（1）案例教学目标。学生将全面理解片状珠光体等组织的定义、结构特性及在材料中的表现，掌握光学和电子显微镜的应用与优缺点。通过对比不同组织结构，培养学生的观察力和分析能力，引导他们运用科学思维方法，理解事物内在联系的重要性。介绍显微镜技术的进步对材料科学的影响，激发学生的创新意识和责任感，培养科学精神。结合中国在该领域的研究成果，增强学生的国家自豪感和文化认同感，培养专业精神和责任感。通过小组讨论和实验操作，培养学生的团队协作和交流沟通能力，营造积极的学习氛围。

（2）案例主要内容。大秦铁路是我国重要的煤炭运输通道，每天都有大量的重载列车频繁通过。为了确保铁轨在这样高强度的使用条件下依然能够保持良好的性能，铁路部门和相关科研单位对铁轨用钢的成分和热处理工艺进行了深入研究和精心优化。通过精确控制加热温度、保温时间以及冷却速度等参数，使铁轨中的片状珠光体组织达到最佳状态，既保证了铁轨具有足够的强度来承受重载列车的压力，又使其具备出色的耐磨性和抗

疲劳性能。在实际运行中，经过优化处理的铁轨能够稳定地工作，减少了因铁轨磨损和损坏而导致的维修次数和停运时间，提高了铁路运输的效率和安全性，为我国的经济发展提供了有力的支撑。同时，这种技术和经验也为其他重载铁路的建设和维护提供了宝贵的借鉴，推动了铁路行业的不断发展和进步。片状珠光体中的渗碳体薄片在这种恶劣的工况下展现出了卓越的性能。它能够有效地抵抗车轮的磨损，就如同坚固的盾牌，抵御着外界的不断冲击。渗碳体具有较高的硬度，其在铁轨表面形成一层坚硬的防护层，使得车轮在与铁轨接触时，不易对铁轨造成过度的磨损。而且，这种组织还能够阻止裂纹的扩展。在长期承受巨大压力和摩擦力的情况下，铁轨不可避免地会出现一些微小的裂纹，而片状珠光体的结构特点使得这些裂纹在扩展过程中遇到阻碍，从而延缓了铁轨损坏的进程，极大地延长了铁轨的使用寿命。

通过学习片状珠光体的分类及其结构特点，学生能够体会材料本身蕴含的人文精神及材料发展对个人、社会与国家的影响。在讨论珠光体、索氏体、屈氏体的结构形貌特点时，课程融入思政元素"如何透过现象看本质"，引导学生深入分析片状珠光体结构的核心（见图10-8）。此外，通过介绍观测显微镜的更新进步，让学生了解科技的迭代出新对于挖掘材料本质信息的重要性，从而培养他们的科学发展观与创新意识。"岁月烁真金，技艺承古韵"，这一主题不仅概括了片状珠光体组织的认识发展过程，更彰显了科技与文化的深度融合。通过本课程的学习，学生们将更加坚定地传承和发扬中华文化传统，为实现中华民族伟大复兴的中国梦贡献自己的力量。

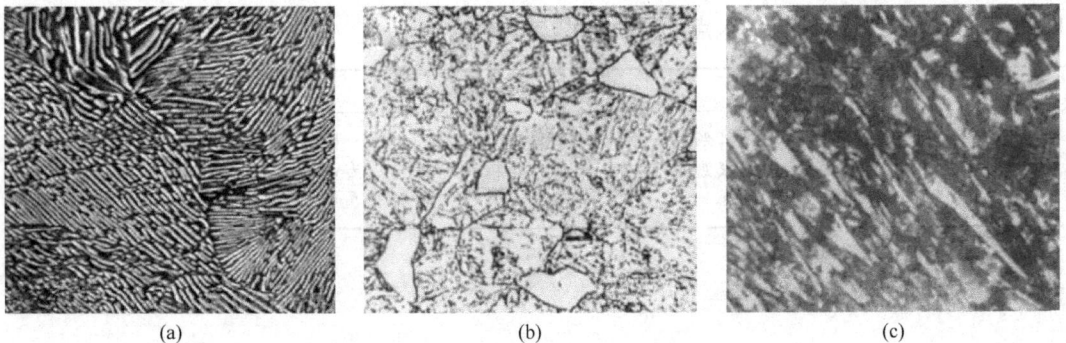

图10-8 金属材料中不同的组织形态对比
（a）片状珠光体；（b）索氏体；（c）马氏体

（3）教学反思。课程不仅是专业知识传授，更是思政教育的实践。在教授"片状珠光体组织"案例时，尝试将思政元素融入专业知识，实现科学育才与思政育人的结合。成功之处在于：一是思政元素与专业知识的有机结合；二是案例教学的巧妙运用；三是科学态度的培养。不足之处在于：一是思政教育的深度有待加强；二是学生参与度的差异性。改进措施为：一是深化思政教育内容；二是提高学生参与度；三是加强师生互动与交流。总之，本案例不仅教会学生专业知识，更在潜移默化中培养他们的爱国情怀、人文精神和专业能力。未来将继续努力，不断完善教学方法和手段，为培养更多优秀人才贡献力量。

📖 延伸阅读

片状珠光体的小故事

片状珠光体组织是由索比在 19 世纪中叶通过使用反射式显微镜观察抛光腐蚀的钢铁试样时发现的。这一发现不仅揭示了钢中珠光体的基本形态，还对钢的淬火和回火进行了初步探讨，从而为金相学的形成和发展奠定了基础。索比的这一工作标志着金相学从初步形成到逐步发展成为金属学、物理冶金和材料科学的一个重要分支。在随后的历史中，金相学的发展受益于马滕斯和奥斯蒙德等人作出的重要贡献，他们的工作对金相检验在工业中的应用和推广起到了关键作用。同时，罗伯茨·奥斯汀和鲁格泽布姆共同绘制出了 Fe-C 平衡图，为金相学提供了理论基础。到了 20 世纪中叶，金相学已经发展成为一门综合性的学科，涵盖了金属与合金的组织结构及其与物理、化学和力学性能之间的关系。

（资料来源：https://max.book118.com/html/2021/1122/6243031010004055.shtm）

10.9 熔铸理论史，文化共传承——热熔理论的发展历史

10.9.1 课程思政育人理念与目标

将马克思主义唯物辩证思想融入到专业知识和课程思政中，目的是让学生更好地认识科学发展的规律，树立正确的科学观念。此外，培养学生科学研究的基本素养和自豪感，并提高学生运用唯物辩证思想解决实际问题的能力。课程目标体现在知识、能力与思政三个层面，具体如下：

知识目标：了解经典热熔理论、爱因斯坦热熔理论和德拜热熔理论的基本内容；掌握热熔理论在陶瓷材料热学性能研究中的应用。

能力目标：学会运用唯物辩证思想分析和思考科学问题；培养学生的创造性思维和批判性思维。

思政目标：树立求真求实的科学精神；强调理论与实践之间的关系，培养学生的科学研究基本素养。

10.9.2 课程思政元素与融入点

专业知识点	思政元素	课程思政的实施路径与方式
经典热熔理论、爱因斯坦热熔理论和德拜热熔理论	求真求实的科学精神；否定之否定的唯物辩证思想；理论与实践的关系；科学研究的自豪感与基本素养	运用"互联网＋"教学展开线上思政，通过新媒体信息技术提高辅助教学水平，丰富教学材料展现形式

10.9.3 课程思政案例

（1）案例教学目标。通过学习热熔理论的基本概念和原理，学生将掌握其在陶瓷材料热学性能研究中的应用。了解经典热熔理论等理论的发展历程，学会运用唯物辩证思想分析科学问题，培养批判性和创造性思维。通过教学方法和案例分析，提高思辨能力和团

队协作能力，树立科学精神。强调理论与实践结合，增强实践意识和科研素养。激发对物理学等领域的探究兴趣，培养好奇心和求知欲。培养学生的民族自豪感和文化自信。促进跨学科知识体系的形成，提高解决实际问题的能力。

（2）案例主要内容。20世纪50年代之前，最早的热熔胶是蜡混合物、松香、沥青等天然热熔胶。后来，出现了以聚合物为基料的合成热熔胶。因其具有黏结快、效率高、不污染、无毒害、易储运等特性，合成的热熔胶深受重视并获得迅速发展。目前中国市场上的热熔胶有乙烯–醋酸乙烯酯共聚物类（EVA）、聚酰胺类（PA）、聚酯类（PET）、苯乙烯–丁二烯–苯乙烯嵌段共聚物（SBS）、苯乙烯–异戊二烯–苯乙烯嵌段共聚物（SIS）、聚氨酯类（PU）等主要品种，且有一定规模（见图10-9）。

图10-9　乙烯–醋酸乙烯酯共聚物类的热熔胶棒

热熔胶的发展得益于热熔理论的产生，热熔理论的产生源于对材料在高温条件下行为的深入研究。最初，科学家们通过观察和实验发现，某些材料在加热后会熔化并形成液态，这一过程中涉及能量的转化与物质的状态变化。随着材料科学的发展，热熔理论逐渐形成并被广泛应用于焊接、铸造和塑料加工等领域。该理论不仅为工业生产提供了理论基础，还推动了新材料的研发和应用，显著提高了制造业的效率和产品质量。如今，热熔理论在现代工程、建筑及汽车等多个行业中扮演着重要角色，为技术进步和经济发展做出了巨大贡献。

本案例探讨了热熔理论的新发展及其对材料制备的影响，学生将了解到科学研究的过程，认识到学以致用的重要性，从而培养科学研究的基本素养和自豪感。"熔铸理论史，文化共传承"，这一主题不仅总结了热熔理论的发展历史，更彰显了科技与文化的深度融合。通过本案例的学习，学生将能够运用唯物辩证思想解决实际问题，为未来的学术研究和职业发展奠定坚实基础。

（3）教学反思。在回顾热熔理论发展历史的课程时，深感将马克思主义唯物辩证思想融入专业知识与课程思政的重要性。通过注重引导学生认识科学发展规律，介绍热熔理论的演变，希望学生理解科学理论是在不断探索与修正中前进的，体现"求真求实"的科学精神和"否定之否定"的唯物辩证思想。在教学过程中，尝试激发学生的创造性思维和批判性思维，通过小组讨论和案例分析，鼓励学生提出见解并进行批判性分析。然而，在教学中也存在一定不足，如部分学生理解能力有限，思政元素融入不够等。针对这些问题，计划在未来的教学中做出改进：增加互动环节，提高学生参与度和兴趣；简化理论知识，降低理解难度；加强情感态度教育，注重培养学生的情感态度和价值观。

📖 延伸阅读

热熔胶的发展

1987 年连云港市热熔黏合剂厂从日本引进第一条 1000 t/年热熔胶生产线，用于生产 EVA 无线装订热熔胶和热熔胶棒。1988 年德国汉高公司在中国建立办事处，1989 年美国富乐公司在中国建立首家热熔胶外资生产企业等。这些跨国公司带动了热熔胶品种的增加和应用范围的扩大，以及技术水平与质量的提高，此后一批民企也如雨后春笋般出现。

2007 年中国大陆热熔胶的各个应用领域中，标签热熔压敏胶年用量为 3.96 万吨，用量最大，占热熔胶总用量的 16.4%，占热熔压敏胶总用量的 30%左右，但其中 50%左右为企业自给自用。一次性卫生用品热熔不干胶年用量 3.1 万吨。在热熔胶中，胶棒产量为 3.06 万吨，用量最大，这是中国热熔胶市场特色之一，这与中国小商品市场发达有关。其中 50%左右的胶棒产品用于出口，中国大陆在这个行业具有全球性领导地位。制鞋、木工是这 10 年发展较快的应用领域。另外其他类热熔胶也得到了全面发展，如高性能汽车内饰等用途的热熔压敏胶、聚烯烃类热熔胶包括聚乙烯、无规聚烯烃（APAO）、茂金属（metallocene）聚合物、特种弹性体等；低温聚氨酯和超低黏度的聚酰胺类等聚合物主要用于鞋业、包装等行业；饱和聚酯和聚酰胺类热熔胶重点用于服装行业。聚氨酯反应型热熔胶已被使用在木工家具、书刊装订、包装、鞋业和汽车等领域；热交联反应型 EVA 热熔胶主要用于太阳能胶膜。

这 10 年间各种热熔胶生产大小厂家数量也发展到 300 家以上，除外资和台资企业外，规模在 2000 t/年以上的大约有 20 家以上，规模达到 5000 t/年的大约有 8 家以上。在这 10 年间，热熔胶行业国内外的技术交流、技术培训、参观考察、学习等也十分活跃，特别是近几年的热熔胶高峰论坛更是盛况空前。2017 年热熔胶峰会的参加人数达到了 500 多人，从而使热熔胶的产业结构优化升级取得实质性进展，逐渐从过去的粗放型、模仿型、低水平向创新驱动型、高质量发展迈步，表现出逆势快速增长的良好势头。许多企业的技术水平，新设备、新工艺的采用，企业的市场综合竞争力、管理水平等各方面都有极大的提高。

（资料来源：https://www.sohu.com/a/205124168_284768）

10.10 创新驱锂动，文化伴行远——有趣的"摇椅电池"

10.10.1 课程思政育人理念与目标

本课程以潜移默化的方式将思政教育带入课堂教学，实现科学知识与思政元素融合传递给学生，并结合学生使用锂离子电池的性能提升切身感受，使学生了解材料的改进推动科技发展的过程，培养学生的科学发展观与创新意识。课程目标体现在知识、能力与思政三个层面，具体如下：

知识目标：掌握锂离子电池的基本原理、发展历程及主要性能指标；了解锂一次电池、锂二次电池与锂离子电池的区别与联系。

能力目标：学会分析锂离子电池的性能优劣及其影响因素；培养学生运用所学知识解决实际问题的能力。

思政目标：树立正确的科学观、发展观与文化观，理解科学发展的本质；培养学生的科学发展观与创新意识，激发其探索新能源技术的热情。

10.10.2　课程思政元素与融入点

专 业 知 识 点	思 政 元 素	课程思政的实施路径与方式
锂离子电池的发展过程	正确的科学观、发展观与文化观；科学发展规律；材料的核心作用；个人体验与情感共鸣	开展校外红色基地"体验式"教学育人活动

10.10.3　课程思政案例

（1）案例教学目标。掌握锂离子电池的基本原理、发展历程等，并了解其性能指标及在新能源产业中的应用。学会分析锂离子电池的性能优劣及影响因素，培养学生获取信息的能力。树立正确的科学观等，理解科学发展的规律，培养学生的科学发展观与创新意识，激发探索新能源技术的热情。引导学生体会材料在新能源产业中的关键作用，增强社会责任感与使命感。促进学生将专业知识与其他学科相结合，形成跨学科的知识体系，提高综合运用多学科知识解决实际问题的能力。

（2）案例主要内容。比亚迪的储能系统在全球储能市场中具有显著的影响力。当在电网负荷低谷期，如夜间等时段，电网中的多余电能可以用来给储能系统中的摇椅电池充电。此时，锂离子从正极移动到负极，将电能以化学能的形式储存起来。当电网处于高峰负荷时，如白天的用电高峰期，储能系统中的电池开始放电。锂离子从负极回到正极，释放出电能，将储存的化学能转换为电能并输送回电网，起到了削峰填谷的作用。这有助于平衡电网的电力供需，提高电网的稳定性和可靠性，并且可以有效地利用夜间的低价电能，降低整体的用电成本。比亚迪储能系统获得这种优势得益于其使用的是摇椅电池，这种电池的核心在于其充放电过程中锂离子的可逆移动，类似于摇椅的前后摆动，因此得名"摇椅电池"。与传统锂离子电池相比，摇椅电池通过创新的材料和结构设计，显著提高了能量密度和循环寿命，使其在电动汽车和可再生能源储存系统中展现出更大的应用潜力。摇椅电池的一个重要特点是其使用的电解质和电极材料的优化（见图 10-10）。

科技的发展离不开文化的传承。我们在追求创新的同时，也应传承那些坚韧不拔、勇于探索的科学精神。这种精神激励着一代又一代的科研人员不断突破自我，推动"摇椅电池"等科技成果的诞生和发展。同时，我们要将科技与人文关怀相结合，让科技更好地服务人类社会，实现经济、环境和社会的和谐共生。让我们以创新为驱动，让文化相伴

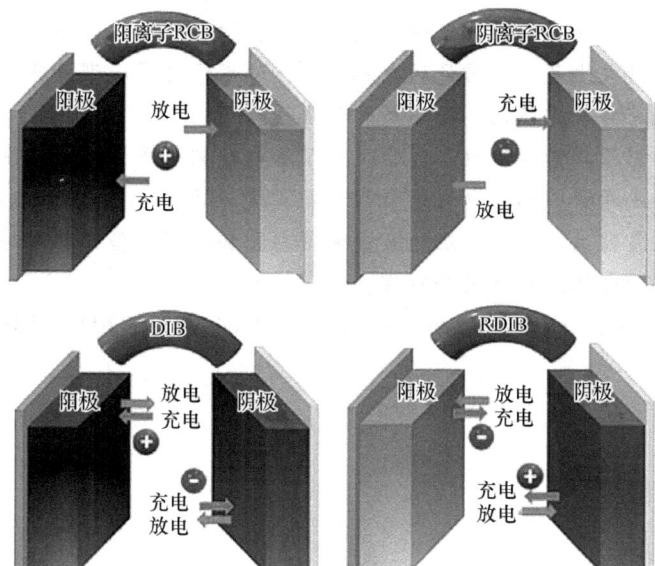

图 10-10　摇椅式电池的充放电机理图

而行，在科技的道路上越走越远，共同创造更加美好的未来。"创新驱锂动，文化伴行远"，这一主题不仅概括了锂离子电池的发展及特点，更体现了科技与文化的深度融合。通过本课程的学习，学生们将更加坚定地相信科学的力量，传承和发扬创新精神，为未来的科技发展贡献自己的力量。

（3）教学反思。通过逐步引入概念，激发学生好奇。强调科学发展规律，希望学生理解创新的重要性。采用生动教学，引导学生思考材料的作用，并结合经验谈性能提升。认识到引导学生和激发兴趣的成效，但部分学生参与度不高。计划增加互动环节，提高学生参与度；优化教学内容，针对性讲解；加强课后跟踪，巩固知识。通过反思，深刻认识到思政教育的重要性，并将继续探索改进教学方法，为学生提供高质量教育体验，培养他们成为有科学素养的公民。同时也意识到需关注学生的个体差异，因材施教，让每位学生都能从课堂中受益。

📖 延伸阅读

被称为摇椅电池的是什么电池

摇椅电池通常是铅酸电池，因为它们具有较高的能量密度，并且成本相对较低。摇椅电池通常用于各种小型设备，如遥控器、玩具车、手电筒等。这些电池通常具有一个或多个铅板，这些铅板之间填充着硫酸溶液。通过化学反应，电池产生电能，可以用来驱动设备。

然而，摇椅电池并非适用于所有设备或场景。例如，一些需要长时间使用或高功率输出的设备可能需要使用不同类型的电池，如锂离子电池或镍氢电池。此外，摇椅电池的充电时间、使用寿命和安全性也会因制造商和产品类型而异。

　　在选择电池时，需要考虑设备的功率需求、使用环境以及电池的充电方式等因素。为了确保电池的使用寿命和安全性，正确的充电方法、适当的储存条件和使用习惯都非常重要。总的来说，摇椅电池是一种常见的电池类型，适用于许多小型设备。然而，对于特定应用或场景，可能需要考虑使用不同类型的电池。

　　摇椅电池是指用于摇椅的电池，通常是为了给电动摇椅提供动力而设计的电池，主要有铅酸电池和锂电池两种。铅酸电池是常用的摇椅电池之一，它具有低成本、可靠性高、安全性能好，但重量较大。铅酸电池通常分为密封型和非密封型，非密封型铅酸电池容易泄漏，而密封型铅酸电池则更加安全可靠。

　　（资料来源：https://zhidao.baidu.com/question/1841777108202793580.html）

参 考 文 献

［1］侯丹娟. 高校课程思政建设研究［M］. 北京：中国经济出版社，2023.

［2］宗爱东. 课程思政：一场深刻的改革［M］. 上海：上海人民出版社，2022.

［3］陈华栋，等. 课程思政：从理念到实践［M］. 上海：上海交通大学出版社，2020.

［4］刘桂宇. 高校课程思政建设研究［M］. 北京：中国书籍出版社，2024.

［5］本书编写组. 弘扬科学精神——中国著名科学家的实践与思考［M］. 北京：人民出版社，2024.

［6］中共中央文献研究室. 毛泽东邓小平江泽民论世界观人生观价值观［M］. 北京：人民出版社，1997.

［7］邱杨，丘濂，艾江涛. 匠人匠心：用一生，做好一件事［M］. 北京：中信出版社，2016.

［8］屈陆. 大学生思想政治理论课社会实践指南［M］. 北京：科学出版社，2015.

［9］戴钢书. 高校思想政治理论课实践教学论［M］. 北京：中国人民大学出版社，2015.

［10］郑永廷. 思想政治教育方法论（修订版）［M］. 北京：高等教育出版社，2010.

［11］纪志永，杨占昌. 课程思政教学设计案例集［M］. 北京：科学出版社，2022.

［12］李树生，朱晓丽，姜绪宝，等. 功能高分子开展"课程思政"教育的探索与实践［J］. 大学化学，2021，36（3）：2008016.

［13］佘双好. 思想政治理论课程教学法探析［M］. 北京：中国人民大学出版社，2018.

［14］胡艳华，等. 创新、潜润、认同：新时代高校思想政治理论课教学改革探索［M］. 武汉：华中科技大学出版社，2020.